"十四五"职业教育国家规划教材

高职高专食品类、保健品开发与管理专业教材

（供保健品开发与管理专业用）

保健食品安全与功能性评价

（2023年修订版）

主　　编　李　宏　王文祥

副 主 编　张莉华　杨　萌

编　　者　（以姓氏笔画为序）

王文祥（福建医科大学）

杨　萌（山东药品食品职业学院）

李　宏（福建卫生职业技术学院）

何庆峰（天津农学院）

张莉华（浙江医药高等专科学校）

林清英（福建生物工程职业技术学院）

唐小峦（福建卫生职业技术学院）

黄宗锈（福建省疾病预防控制中心）

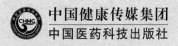

中国健康传媒集团

中国医药科技出版社

内容提要

本教材为"高职高专食品类、保健品开发与管理专业教材"之一，系根据本套教材的编写指导思想和原则要求，结合专业培养目标和本课程的教学目标、内容与任务要求编写而成。本教材具有专业针对性强、紧密结合新时代行业要求和社会用人需求、与职业技能鉴定相对接等特点；内容包括总论与各论，总论部分主要阐述保健食品功能性评价的一般程序、安全性评价与动物实验基本技术，各论主要阐述辅助降血糖、辅助降血脂、缓解视疲劳、缓解体力疲劳、增强免疫力、抗氧化、减肥、改善睡眠、提高缺氧耐受力、保护化学性肝损伤功能评价原理及评价技术等。本教材为书网融合教材，即纸质教材有机融合电子教材、教学配套资源（PPT、微课、视频、图片等）、题库系统、数字化教学服务（在线教学、在线作业、在线考试）。

本教材主要供全国高职高专保健品开发与管理专业教学使用，也可作为功能食品研发人员参考用书。

图书在版编目（CIP）数据

保健食品安全与功能性评价/李宏，王文祥主编 . —北京：中国医药科技出版社，2019. 1

高职高专食品类、保健品开发与管理专业教材

ISBN 978 - 7 - 5214 - 0309 - 1

Ⅰ.①保… Ⅱ.①李… ②王… Ⅲ.①疗效食品 - 食品安全 - 高等职业教育 - 教材 ②疗效食品 - 功能 - 评价 - 高等职业教育 - 教材 Ⅳ.①TS218

中国版本图书馆 CIP 数据核字（2018）第 266016 号

美术编辑 陈君杞
版式设计 南博文化

出版 **中国健康传媒集团** | 中国医药科技出版社
地址 北京市海淀区文慧园北路甲 22 号
邮编 100082
电话 发行：010 - 62227427 邮购：010 - 62236938
网址 www. cmstp. com
规格 889×1194mm $\frac{1}{16}$
印张 12 ¾
字数 272 千字
版次 2019 年 1 月第 1 版
印次 2023 年 8 月第 3 次印刷
印刷 三河市万龙印装有限公司
经销 全国各地新华书店
书号 ISBN 978 - 7 - 5214 - 0309 - 1
定价 **33.00 元**

获取新书信息、投稿、为图书纠错，请扫码联系我们。

出版说明

为深入贯彻落实《国家中长期教育改革发展规划纲要（2010—2020年）》和《教育部关于全面提高高等职业教育教学质量的若干意见》等文件精神，不断推动职业教育教学改革，推进信息技术与职业教育融合，对接职业岗位的需求，强化职业能力培养，体现"工学结合"特色，教材内容与形式及呈现方式更加切合现代职业教育需求，以培养高素质技术技能型人才，在教育部、国家药品监督管理局的支持下，在本套教材建设指导委员会专家的指导和顶层设计下，中国医药科技出版社组织全国120余所高职高专院校240余名专家、教师历时近1年精心编撰了"高职高专食品类、保健品开发与管理专业教材"，该套教材即将付梓出版。

本套教材包括高职高专食品类、保健品开发与管理专业理论课程主干教材共计24门，主要供食品营养与检测、食品质量与安全、保健品开发与管理专业教学使用。

本套教材定位清晰、特色鲜明，主要体现在以下方面。

一、定位准确，体现教改精神及职教特色

教材编写专业定位准确，职教特色鲜明，各学科的知识系统、实用。以高职高专食品类、保健品开发与管理专业的人才培养目标为导向，以职业能力的培养为根本，突出了"能力本位"和"就业导向"的特色，以满足岗位需要、学教需要、社会需要，满足培养高素质技术技能型人才的需要。

二、适应行业发展，与时俱进构建教材内容

教材内容紧密结合新时代行业要求和社会用人需求，与职业技能鉴定相对接，吸收行业发展的新知识、新技术、新方法，体现了学科发展前沿、适当拓展知识面，为学生后续发展奠定了必要的基础。

三、遵循教材规律，注重"三基""五性"

遵循教材编写的规律，坚持理论知识"必需、够用"为度的原则，体现"三基""五性""三特定"。结合高职高专教育模式发展中的多样性，在充分体现科学性、思想性、先进性的基础上，教材建设考虑了其全国范围的代表性和适用性，兼顾不同院校学生的需求，满足多数院校的教学需要。

四、创新编写模式，增强教材可读性

体现"工学结合"特色，凡适当的科目均采用"项目引领、任务驱动"的编写模式，设置"知识目标""思考题"等模块，在不影响教材主体内容基础上适当设计了"知识链接""案例导入"等模块，以培养学生理论联系实际以及分析问题和解决问题的能力，增强了教材的实用性和可读性，从而培养学生学习的积极性和主动性。

五、书网融合，使教与学更便捷、更轻松

全套教材为书网融合教材，即纸质教材与数字教材、配套教学资源、题库系统、数字化教学服务有机融合。通过"一书一码"的强关联，为读者提供全免费增值服务。按教材封底的提示激活教材后，读者可通过电脑、手机阅读电子教材和配套课程资源（PPT、微课、视频、动画、图片、文本等），并可在线进行同步练习，实时反馈答案和解析。同时，读者也可以直接扫描书中二维码，阅读与教材内容关联的课程资源（"扫码学一学"，轻松学习PPT课件；"扫码看一看"，即刻浏览微课、视频等教学资源；"扫码练一练"，随时做题检测学习效果），从而丰富学习体验，使学习更便捷。教师可通过电脑在线创建课程，与学生互动，开展布置和批改作业、在线组织考试、讨论与答疑等教学活动，学生通过电脑、手机均可实现在线作业、在线考试，提升学习效率，使教与学更轻松。

编写出版本套高质量教材，得到了全国知名专家的精心指导和各有关院校领导与编者的大力支持，在此一并表示衷心感谢。出版发行本套教材，希望受到广大师生欢迎，并在教学中积极使用本套教材和提出宝贵意见，以便修订完善，共同打造精品教材，为促进我国高职高专食品类、保健品开发与管理专业教育教学改革和人才培养做出积极贡献。

中国医药科技出版社

2019年1月

数字化教材编委会

主　　编　李　宏　王文祥
副 主 编　张莉华　杨　萌
编　　者　(以姓氏笔画为序)

王文祥 (福建医科大学)

杨　萌 (山东药品食品职业学院)

李　宏 (福建卫生职业技术学院)

何庆峰 (天津农学院)

张莉华 (浙江医药高等专科学校)

林清英 (福建生物工程职业技术学院)

唐小峦 (福建卫生职业技术学院)

黄宗锈 (福建省疾病预防控制中心)

前言

QIANYAN

中国的保健食品行业起步于20世纪80年代，伴随着我国社会的不断进步、经济的快速发展与人民生活水平的提高，保健食品行业也在飞跃式发展。但飞速发展的同时也出现了一些问题，因此国家出台了一系列法规与指南，针对保健食品功能进行了明确的分类与标准化评价，但上述法规与指南中的文字专业性较强，所以亟待一本适合高职高专学生学习、能够帮助行业人士解决实际工作中问题的教材。

《保健食品安全与功能性评价》课程教材系本专业专业基础课教材，学习本课程教材主要为从事保健食品生产、评价、管理等相关岗位奠定理论知识基础。本门课程教材的先阐述了保健食品的概念、各国发展现状及保健食品功能性评价申报的一般流程；由于保健食品功能性评价往往和安全性评价同时进行，因此在第二章专门设置了安全性评价相关内容，还特别设置了动物实验基本技术一章以提高学生的实训技能。其后各章的编写以保健食品的功能性评价方法为基点，紧密结合与各功能相关岗位的背景知识，列举了部分保健食品原料及机制；高度概括了保健食品评价功能的主要内容、评价原则及结果判定，并提供实际案例，以利于学生加深理解与实际操作；检测方法严格按照国家评价标准为相关实训提供翔实的素材。

本教材编写的出发点是直面工作岗位，因此在全书的编写体例上，以切合学生职业方向和用人单位需求为导向，立足于教师教学和学生学习需要，将"教、学、做"融合为一体。编写内容上预先认真咨询了行业专家，从27类保健食品功能性评价方法中选取了10类最常见的功能性评价进行详细撰写。本教材为书网融合教材，即纸质教材有机融合电子教材、教学配套资源（PPT、微课、视频、图片等）、题库系统、数字化教学服务（在线教学、在线作业、在线考试）。

本教材由李宏、王文祥担任主编，张莉华、杨萌担任副主编。全书由李宏拟定大纲及统稿，王文祥对书中内容进行补充和修改。具体分工为：李宏编写第一章和第八章，王文祥编写第二章和第三章，林清英编写第四章，黄宗锈编写第五章和第七章，张莉华编写第六章和第九章，杨萌编写第十章和第十二章，唐小峦编写第十一章，何庆峰编写第十三章。

本教材主要适用于全国高职高专院校保健品开发与管理专业的师生使用，也适用于从事相关保健品行业的人员使用。

本教材是多位老师和专家的智慧结晶，得到了各参编院校和单位的大力支持，在此表示衷心的感谢，特别感谢多年从事毒理学评价的福建省疾病预防控制中心黄宗锈主任，在编写过程中提供了宝贵的实践案例。由于此类教材市面上较少，加之编者水平有限，书中难免存在不足之处，恳请读者批评指正，以便修订完善。

编　者
2019 年 1 月

目录

MULU

第一章 概 论

第一节 保健食品的概念

扫码"学一学"

一、保健食品的特征

（一）我国保健食品的定义

保健食品简称为保健品，又称为功能食品，是指声称具有特定保健功能或者以补充维生素、矿物质为目的的食品，适宜于特定人群食用，具有调节机体功能，不以治疗疾病为目的，并且对人体不产生任何急性、亚急性或者慢性危害的食品。只有经过国家食品药品监督管理局批准的食品才能称为保健食品。

（二）保健食品的基本属性

1. 食品属性 保健食品应无毒无害，具有营养价值并符合卫生要求。是以调节机体功能为主要目的，不是以治疗疾病为目的。

2. 功能属性 保健食品功能必须是明确的、有针对性适用人群、经科学验证其功能。

3. 人群属性 是针对特定人群设计的，食用范围不同于一般食品，如辅助降血糖食品，适用于糖耐量受损及糖尿病患者。

（三）保健食品的特征

根据我国的食品和药品管理体系基本与国际上接轨，目前可分为：一般食品、保健食品、特殊医学用途配方食品和药品 4 类。保健食品介于食品与药品之间，其目的、使用人群、使用方法等都与食品和药品有明显的不同，见表 1-1。

表1-1　我国食品药品体系分类及对比

项目	普通食品	保健食品	特殊医学用途配方食品	药品
目的	提供营养生存需要	特定保健功能	满足对特殊人群营养素或者膳食的特殊需要，专门加工配制而成的配方食品	治疗疾病
使用规定	随意	不能替代正常膳食与药品	需在营养医师（或医师、营养治疗管理师等）的指导	医师处方或药师指导下使用
适用人群	所有人群	符合相应功能的特定人群食用	进食受限、消化吸收障碍、代谢紊乱或者特定疾病状态人群	患者
摄取量	一般不做食用量规定	根据说明书，不能替代正常膳食与药品	严格按照医嘱与产品说明书服用	严格按照医嘱与药品说明书服用
摄取方法	经口入胃肠道	经口入胃肠道	经口入胃肠道，鼻饲	口服、肌内注射、皮下注射、静脉给药、皮肤黏膜给药
安全性	对人体完全无危害	对人体无急性、亚急性、慢性、致癌、致畸、致突变等毒性	对人体完全无危害	大部分具有不良反应
批准文号	一般不需要批准文号	国食健字××××，食健备××××或食健注××××	国食注字TY××××	国药准字××××
宣传限制	不可宣传功能	可宣传功能但不可宣传疗效	可针对特殊人群宣传功能	须注明药理作用

保健食品有一个天蓝色的帽形标志（图1-1），业内俗称"蓝帽子"。

由于历史沿革，市面上有几种保健食品批准文号，具体如下。

1. 2003年7月8日止原卫生部批准的保健食品批准证书

（1）国产保健食品批准文号格式：卫食健字（XX年）第XX号。如卫食健字（97）第008号。

（2）进口保健食品批准文号格式：卫进食健字（XX年）第XX号。如卫进食健字（2001）第053号。

图1-1　保健食品标志

2. 2003年12月12日起原国家食品药品监督管理局批准的保健食品批准证书

（1）国产保健食品批准文号格式：国食健字G＋4位年代号＋4位顺序号。如国食健字G20070120。

（2）进口保健食品批准文号格式：国食健字J＋4位年代号＋4位顺序号。如国食健字J20100356。

3. 2016年7月1日起执行备案与注册制

（1）国产保健食品备案号格式：食健备G＋4位年代号＋2位省级行政区域代码＋6位顺序编号。进口保健食品备案号格式：食健备J＋4位年代号＋00＋6位顺序编号。

（2）国产保健食品注册号格式：国食健注G＋4位年代号＋4位顺序号。进口保健食品注册号格式：国食健注J＋4位年代号＋4位顺序号。

二、保健食品发展历史与现状

（一）我国保健食品与传统医学

我国的保健食品与传统医学发展密切相关，《淮南子·修务训》即有记载："古者之民，茹毛饮血，采树木之实，食蠃蛖之余，时多疾病之害，于是神农乃教民播种五谷，相土地之宜，燥湿、肥饶、高下，尝百草之滋味，水泉之甘苦，令民知所避就"，表明我们的祖先在长期选择食物的过程中发现有的食物本身就可以防病治病。后在历史发展过程中提出食疗概念，如《内经·脏气法时论》认为"肝气青，宜食粳米；心色赤，宜食小豆；肺色白，宜食麦；脾色黄，宜食大豆；肾色黑，宜食黄黍"，可见常见食物都可以作为食疗保健的原材料。又有《素问》记载"枣为脾之果，脾病宜食之"，古人认为大枣最能滋养血脉、润泽肌肉、强脾健胃、固肠止泻、调和百药，与现代医学研究发现大枣内含有多种维生素，能提高人体免疫力不谋而合。此外，牛乳粥、百合粉粥、芡实粉粥、羊肉粥、枸杞粥、莲子粉粥、酸枣仁粥、绿豆粥等养生粥类亦有强身健体的作用。古人对于食疗的地位也有明确的阐述，如《千金方·食治》云："知其所犯，以食治之，食疗不愈，然后命药"，准确定位了保健食疗与药物治疗的关系。

（二）我国保健食品现状

目前，我国是世界上第二大保健食品市场，目前我国的保健食品处于快速发展阶段，行业发展与国家相关监管法规的完善密切相关。一般认为分为三个阶段。

1. 初始兴起阶段（1984—1995 年） 当时监管法律主要为《中药保健药品管理规定》和《新资源食品卫生管理办法》，市场较为无序和混乱，主要宣传的是滋补与营养作用，保健功能大部分未进行科学验证，仅通过所含营养素成分推断。在该阶段，全国企业规模为1984 年不到 100 家发展为 1995 年 300 家，产值从 16 亿元增长至 300 多亿元。

2. 徘徊与调整发展阶段（1996—2004 年） 针对前一阶段保健食品市场乱象出台了一系列法规以纠正市场，1995 年修订实施的《中华人民共和国食品卫生法》首次赋予保健食品的法律地位，1996 年卫生部颁布《保健食品管理办法》对保健食品的审批、生产、标示、广告、监管、检验机构认定等做出了具体的规定，同年发布的《保健食品功能学评价程序和检验方法》明确提出了保健食品功能的鉴定方法，并于 2003 年发布《保健食品检验与评价技术规范》进一步完善检测细则。在此阶段，全国企业规模从 1995 年 300 多家发展为 3000 多家，由于密集管理政策的出台迫使不规范的企业退出市场，产业发展出现暂时的整顿与停滞，随着保健食品管理纳入法制轨道，产值从 300 多亿元攀升到最高峰 500 多亿元后回落至 200 亿元左右。

3. 复苏及快速发展阶段（2005 年至今） 2005 年国家出台了《保健食品注册管理办法（试行)》，对保健食品的申请与审批、原料与辅料、标签与说明书/试验与检验、再注册、复审、法律责任等内容做出了具体规定。2012 年发布了《关于印发抗氧化功能评价方法等 9 个保健功能评价方法的通知》，增加了抗氧化功能、对胃黏膜损伤有辅助保护功能、辅助降血糖功能、缓解视疲劳功能、改善缺铁性贫血功能、辅助降血脂功能、促进排铅功能、减肥功能、清咽功能评价方法。2016 年发布了《保健食品注册与备案管理办法》进一步规范了国产与进口保健食品的管理。经过 10 余年保健食品的市场整顿规范及生活水平、人民对健康关注程度及人口老龄化水平的升高，我国保健食品市场快速增长，2009 年市场产值约为 900 亿元，2016 年达到 2621 亿元，保持稳步增长态势。企业规模方面，截止 2017 年 6 月获得 GMP 认证的保健食品企业已达 3000 余家；获批保健食品批文中，国产产品 15 879 个，进口产品 752 个。

（三）日市的保健食品发展历史

日本保健食品市场起步较晚，但其是最早政府认可保健食品的国家，1987 年，日本文部省在《食品功能的系统性解释与开发》最先使用"功能食品"主题词；1989 年厚生省进一步明确定义，功能食品是对人体能充分显示身体的防御功能、调节生理节奏，以及预防疾病和促进康复等方面的工程化食品。1991 年提出"特殊保健用途食品"（food for specified health use）。2001 年，日本厚生劳动省制定并实施了有关"保健食品"新的标示法规《保健机能食品制度》，是以营养补助食品以及声称具有保健作用和有益健康的产品为主要对象，将其大体分为两类：特定保健用食品（类似于中国的保健食品）和营养功能食品（类似于中国保健食品中的营养素补充剂）。按保健功能分类为：改善胃肠道环境（如益生素、乳酸菌等，益生素包括不被吸收的多糖和低聚糖等）、降低血胆固醇水平（如大豆蛋白及多肽、植物甾醇、壳聚糖、褐藻酸钠等）、降低血甘油三酯水平（如球蛋白多肽、EPA、二酯酰甘油、短链脂肪酸、茶叶中的儿茶酚类等）、降血压（如 ACE 抑制性寡肽、京尼平苷酸、γ-氨基丁酸等）、降低血糖水平（如不被吸收的糊精、茶多酚、小麦白蛋白、淀粉酶抑制剂等）、增强矿物质吸收（如酪蛋白磷酸肽、血红素铁、多聚谷氨酸等）、预防龋齿（如糖醇、钙肽复合物等）、改善骨健康与强度（牛奶碱性蛋白质、异黄酮）8 类。

（四）美国保健市场发展历史

目前美国是全球最大的保健食品市场，年销售各类保健食品总金额高达百亿美元以上。1938 年美国批准实施的《食品药品与化妆品法案》是美国食品药品监督管理局（FDA）对食品、药品和化妆品的管理首次制定了明确的法律依据。1994 年美国的《膳食补充品、健康与教育法案》将在美国任何具有保健作用的食品均归入"膳食补充剂"（dietary supplement）范畴，其定义为"以维生素、矿物质、草药（或其他草本植物）、氨基酸或以上成分经浓缩、代谢变化、配方、提取或混合后形成的产品，以补充膳食为目的，不能代替普通食品或作为餐食的唯一品种"。主要有以下类型：维生素制剂（单一成分如维生素 C 制剂或复合维生素制剂等）、氨基酸类、植物提取物类（如人参或银杏叶提取物制剂）、动物来源产品（如鱼油）、壳聚糖（虾蟹壳中提取所得的）、氨基葡萄糖、硫酸软骨素、微藻类或海藻类产品（如螺旋藻、小球藻和昆布提取物制剂等）、真菌类（如面包酵母菌制剂和各种食用菌提取物制剂如香菇多糖和虫草多糖等）、微量元素制剂及人工合成激素类。1997 年通过的《膳食补充剂修正法案》又进一步对膳食补充剂类产品进行了如下补充规定：可在饮食之外对人体有益处的食品；含有一种或几种营养物质（如维生素、矿物质、植物成分或其他成分）；可加工成胶囊剂、片剂或液体剂等适合消费者口服的剂型；不能替代普通食物或膳食的替代品；在产品外包装正面应标明"膳食补充剂"字样。2003 年 FDA 颁布《消费者最佳营养方案保健信息》，允许膳食补充剂进行 6 个方面的健康声明：减少癌症风险（如西红柿提取物、钙、绿茶、硒、维生素 C、维生素 E 等）；减少心血管疾病（如坚果提取物、油橄榄提取物、OMEGA-3 等）；改善认知功能（磷脂酰丝氨酸）；改善糖尿病（吡啶甲酸铬）；改善高血压（钙）；防止新生儿神经管缺陷（叶酸）。

三、保健食品的分类

保健食品分类方式多样，有按功能、功效因子、原料来源等方式，目前主要有以下两种分类方式。

（一）按发展阶段分类

1. 第一代保健食品　包括各类强化食品，是最原始的功能食品，它是根据各类人群的营养需要，有针对性地将营养素添加到食品中去。这类食品仅根据食品中的各类营养素和其他有效成分的功能来推断整个产品的功能，而这些功能并没有经过任何试验予以证实。

2. 第二代保健食品 必须经过动物和人体试验，证明该产品具有某项保健功能。

3. 第三代保健食品 不仅需要经过动物和人体试验来证明具有某项保健功能，还需要确知具有该功效的有效成分（或称功效成分/标志性成分）的结构及含量，并要求在食品中有稳定的形态。

目前，欧美、日本等国都在大力发展第三代保健产品。我国的保健食品目前人多数为第二代，第三代产品也正在我国蓬勃兴起。

（二）按功能分类

根据《保健食品功能性评价程序与检验方法规范》一般将目前国内受理的保健功能分为 27 项。

1. 其中与症状减轻，辅助药物治疗与降低疾病风险相关的保健功能有以下 16 项：辅助降血压、辅助降血糖、辅助降血脂、缓解视疲劳、调节肠道菌群、促进消化、通便、对胃黏膜损伤有辅助保护功能、改善营养性贫血、改善睡眠、清咽、增加骨密度、对辐射危害有辅助保护功能、促进排铅、提高缺氧耐受力。

2. 对化学性肝损伤的辅助保护作用与增进健康、增强体质有关的保健功能有以下 11 项：抗氧化、增强免疫力、缓解体力疲劳、减肥、辅助改善记忆、祛黄褐斑、祛痤疮、改善皮肤水分、改善皮肤油分、促进泌乳、改善生长发育。

第二节 保健食品申报与审批

扫码"学一学"

根据最新的法规，我国对保健食品实行备案和注册双轨制。无论是国产或者进口保健食品的申报均分为备案与注册两种办法，每个保健食品批准文号或备案号只能对应一个产品，均需要提供功能性评价及安全性评价的资料，但国产与进口保健食品所需要的材料略有不同。

保健食品备案，是指保健食品生产企业依照法定程序、条件和要求，将表明产品安全性、保健功能和质量可控性的材料提交食品药品监督管理部门进行存档、公开、备查的过程。

保健食品注册，是指食品药品监督管理部门根据注册申请人申请，依照法定程序、条件和要求，对申请注册的保健食品的安全性、保健功能和质量可控性等相关申请材料进行系统评价和审评，并决定是否准予其注册的审批过程。

一、保健食品的备案

（一）备案的申请人

国产保健食品的备案人一般是保健食品生产企业，已注册保健品的注册人也作为备案人；进口保健食品的备案人，应当是上市保健食品境外生产厂商。

（二）备案的对象

1. 保健食品使用的原料已经列入保健食品原料目录的保健食品。

2. 首次进口的属于补充维生素、矿物质等营养物质的保健食品。上述保健食品中的其营养物质应当是列入保健食品原料目录的物质。

3. 备案的产品配方、原辅料名称及用量、功效、生产工艺等应当符合我国法律、法规、规章、强制性标准以及保健食品原料目录技术要求的规定。

（三）申请国产保健食品备案应当提交的材料

1. 产品配方材料，包括原料和辅料的名称及用量、生产工艺、质量标准，必要时还应当按照规定提供原料使用依据、使用部位的说明、检验合格证明、品种鉴定报告等。

2. 产品生产工艺材料，包括生产工艺流程简图及说明，关键工艺控制点及说明。

3. 安全性和保健功能评价材料，包括目录外原料及产品的安全性、保健功能试验评价材料，人群食用评价材料；功效成分或者标志性成分、卫生学、稳定性、菌种鉴定、菌种毒力等试验报告，以及涉及兴奋剂、违禁药物成分等检测报告。

4. 直接接触保健食品的包装材料种类、名称、相关标准等。

5. 产品标签、说明书样稿；产品名称中的通用名与注册的药品名称不重名的检索材料。

6. 保健食品备案登记表，以及备案人对提交材料真实性负责的法律责任承诺书。

7. 备案人主体登记证明文件复印件。

8. 产品技术要求材料。

9. 具有合法资质的检验机构出具的符合产品技术要求全项目检验报告。

10. 其他表明产品安全性和保健功能的材料。

（四）申请进口保健食品备案应当提交的材料

除了（三）中提及的材料，申请进口保健食品备案还应提交以下材料。

1. 产品生产国（地区）政府主管部门或者法律服务机构出具的注册申请人为上市保健食品境外生产厂商的资质证明文件。

2. 产品生产国（地区）政府主管部门或者法律服务机构出具的保健食品上市销售一年以上的证明文件，或者产品境外销售以及人群食用情况的安全性报告。

3. 产品生产国（地区）或者国际组织与保健食品相关的技术法规或者标准。

4. 产品在生产国（地区）上市的包装、标签、说明书实样。

二、保健食品的注册

（一）申请人

国产保健食品注册申请人应当是在中国境内登记的法人或者其他组织；进口保健食品注册申请人应当是上市保健食品的境外生产厂商，并委托国内代理机构进行申请。

（二）申请注册的保健食品范围

1. 产品声称的保健功能应当已经列入保健食品功能目录。

2. 使用保健食品原料目录以外原料（以下简称目录外原料）的保健食品。

3. 首次进口的保健食品（属于补充维生素、矿物质等营养物质的保健食品除外）。其中首次进口的保健食品，是指非同一国家、同一企业、同一配方申请中国境内上市销售的保健食品。例如同一国家不同企业的相同产品也需按首次进口产品进行注册。

（三）国产保健食品注册应当提交的材料

1. 保健食品注册申请表，以及申请人对申请材料真实性负责的法律责任承诺书。

2. 注册申请人主体登记证明文件复印件。

3. 产品研发报告，包括研发人、研发时间、研制过程、中试规模以上的验证数据，目录外原料及产品安全性、保健功能、质量可控性的论证报告和相关科学依据，以及根据研发结果综合确定的产品技术要求等。

4. 产品配方材料，包括原料和辅料的名称及用量、生产工艺、质量标准，必要时还应当按照规定提供原料使用依据、使用部位的说明、检验合格证明、品种鉴定报告等。

5. 产品生产工艺材料，包括生产工艺流程简图及说明，关键工艺控制点及说明。

6. 安全性和保健功能评价材料，包括目录外原料及产品的安全性、保健功能试验评价材料，人群食用评价材料；功效成分或者标志性成分、卫生学、稳定性、菌种鉴定、菌种毒力等试验报告，以及涉及兴奋剂、违禁药物成分等检测报告。

7. 直接接触保健食品的包装材料种类、名称、相关标准等。

8. 产品标签、说明书样稿；产品名称中的通用名与注册的药品名称不重名的检索材料。

9. 最小销售包装样品 3 个。

10. 其他与产品注册审评相关的材料。

进口保健食品注册，除了上述 10 个材料外，还需要保健食品备案材料（四）中材料。

三、保健食品的审批

（一）保健食品申报审批机构

1. 国家市场监督管理总局负责保健食品注册管理，以及首次进口的属于补充维生素、矿物质等营养物质的保健食品备案管理。

2. 省、自治区、直辖市市场监督管理局负责本行政区域内保健食品备案管理。

（二）受理审批时限

1. 受理机构 3 个工作日将资料递交给审评机构。

2. 审评机构在 60 个工作日内完成审评工作，并向国家市场监督管理总局提交综合审评结论和建议。特殊情况下需要延长审评时间的，经审评机构负责人同意，可以延长 20 个工作日。

（三）主要审批内容

1. 产品研发报告的完整性、合理性和科学性。

2. 产品配方的科学性，及产品安全性和保健功能。

3. 目录外原料及产品的生产工艺合理性、可行性和质量可控性。

4. 产品技术要求和检验方法的科学性和复现性。

5. 标签、说明书样稿主要内容以及产品名称的规范性。

（四）审批流程

1. 注册流程 见图 1 - 2。

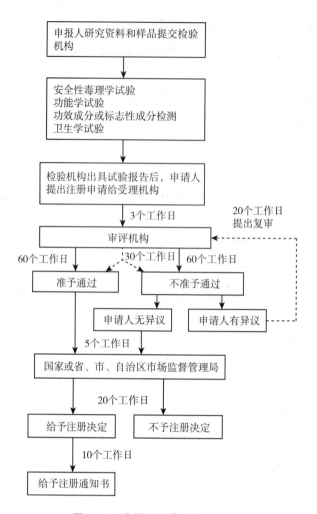

图 1-2 我国保健食品注册流程

2. 备案审批流程 对备案的保健食品，市场监督管理部门收到备案材料后，备案材料符合要求的，当场备案；不符合要求的，应当一次告知备案人补正相关材料。

（五）批准文号

如通过备案或注册，市场监督总局会发给批准号与凭证（表 1-2、表 1-3）。保健食品注册证书有效期 5 年，如原料已进入保健品原料目录，申请备案即可，否则需要申请延续注册。

表 1-2 国产保健食品备案凭证

产品名称	超力牌锌钙维生素 A 片
备案人	福建×××股份有限公司
备案人地址	福建省福州市鼓楼区 XX 路 58 号
备案结论	按照《中华人民共和国食品安全法》《保健食品注册与备案管理办法》等法律、规章的规定，予以备案
备案号	食健备 G201935000865
附件	产品说明书；产品技术要求

续表

备注	变更备案应注明：××××年××月××日，该产品"××××"中"××××"变更为"××××" 变更的内容和理由：××× 原产品名称及原注册批准文号：×××× （以上内容，如表格空间不足，可另附附件）

年　月　日

表 1-3　进口保健食品备案凭证

产品名称	中文名	×××鱼油软胶囊
	英文名	Fish oil capsule
备案人	中文名	×××生物有限公司
	英文名	×××. Inc
备案人地址	中文地址	加拿大渥太华布兰德道 100 号邮编 K1V9H2
	英文地址	No100, Brand road, Ottawa, CA, k1v9h2
生产企业	中文名	×××有限公司
	英文名	×××. LLC
产品生产国（地区）		加拿大
备案结论		按照《中华人民共和国食品安全法》《保健食品注册与备案管理办法》等法律、规章的规定，予以备案
备案号		食健备 J201900000012
附件		产品说明书；产品技术要求
备注		变更备案应注明：×××年××月××日，该产品"××××"中"××××"变更为"××××" 变更的内容和理由：××× 原产品名称及原注册批准文号：××× （以上内容，如表格空间不足，可另附附件）

年　月　日

扫码"学一学"

第三节　保健食品功能性评价的基本要求

一、有关保健食品功能检验的基本要求

（一）对检验机构的要求

保健食品注册检验机构必须经由国家市场监督管理总局遴选确定，获得对保健食品功能检验项目的检验资质。

（二）对委托方需要提供的技术资料要求

委托方如实填写检验申请表，与检验机构签署委托检测协议书，并提交相关技术纸质资料和检验样品。检验机构仔细检查样品是否符合要求，通过查阅样品技术资料、受理登记资料，提取出与检验相关的信息，部分内容见表 1-4。

1. 委托方需认真填写保健食品注册备案检验申请表，签署委托检验检测协议书。

2. 提供所申请保健功能样品配方及配方依据各 1 份，配方中应详细注明原料名称及用量。

3. 提供生产工艺流程图 1 份，应有详细的工艺说明。

4. 提供产品说明书，应有每日服用量和服用方法。

5. 必要时提供产品质量标准。

6. 提供其他的证明材料。

7. 以上材料需加盖申请单位公章。

表 1-4　部分与样品检验相关的信息（以缓解体力疲劳为例）

样品名称	××牌	样品登记号	××2018-0001号
委托单位	××保健食品有限公司	生产日期/批号	××××
样品性状	胶囊，内容物为棕色粉末，定型包装，外观完好无损	配方组成及含量	每1000g样品含：西洋参Xg；其余原辅料名称及含量略
用法用量	口服，每天2次，每次2粒	产品规格	0.45g/粒×50粒/瓶
样品数量	40瓶	保存方式	密封，常温，置干燥处
保健功能	缓解体力疲劳功能	保质期	24个月
检验项目	缓解体力疲劳功能检验	检验期限	80天

二、对样品的要求

1. 应提供受试样品的原料组成，并尽可能提供受试样品的物理、化学性质（包括化学结构、纯度、稳定性等）有关资料。

2. 应提供功效成分或特征成分、营养成分的名称及含量。

3. 所提供的样品应是规格化的定型产品，样品的包装和标签应完整无损。

4. 委托方应一次性提供所申请保健功能检验所需的所有样品数量。

5. 用于本功能检验的样品批号，必须是卫生学检验样品三批次中的某一批号；用于本功能检验的样品批号与毒理学检验的样品批号一致。

6. 委托方需提供对照品、辅料、空白试样等。

7. 受试样品优先选用经口灌胃方式给予实验动物，如无法灌胃再采用加入饮水或饲料中给予；如因每日推荐量太大，超过动物最大的灌胃承受量时，可适当减少样品中非功效成分的含量，并在原始记录及报告中做出详细说明。

8. 如样品含有乙醇，应使用定型的产品进行本功能实验，3个剂量组的乙醇含量调整与定型产品相同；如受试样品的推荐量较大，超过动物最大的灌胃承受量时，可将其浓缩，浓缩液体的乙醇含量恢复与定型产品相同；如乙醇含量超过15%，3个剂量组的乙醇含量可降至15%。应使用原产品的酒基来调整乙醇含量；实验剂量设计时，应增加同浓度的乙醇对照组。

9. 如冲泡式样品（如袋泡剂），应使用样品水提取物进行本功能实验。提取的方式与产品推荐饮用的方式相同；如无特殊推荐饮用方式，则采用在常压下，用10倍样品量的80~90℃温度的蒸馏水浸泡30~60分钟，同样方式过滤提取2次，将2次水提取物合并，在60~70℃条件下减压浓缩至检验所需的浓度。

10. 可用于保健食品的原料。

（1）普通食品的原料可作为保健食品的原料。

（2）既是食品又是药品的物品，即"药食两用"清单，共87种：丁香、八角茴香、刀豆、小茴香、小蓟、山药、山楂、马齿苋、乌梢蛇、乌梅、木瓜、火麻仁、代代花、玉竹、甘草、白芷、白果、白扁豆、白扁豆花、龙眼肉（桂圆）、决明子、百合、肉豆蔻、肉桂、余甘子、佛手、杏仁（甜、苦）、沙棘、牡蛎、芡实、花椒、赤小豆、阿胶、鸡内金、麦芽、昆布、枣（大枣、酸枣、黑枣）、罗汉果、郁李仁、金银花、青果、鱼腥草、姜（生姜、干姜）、枳椇子、枸杞子、栀子、砂仁、胖大海、茯苓、香橼、香薷、桃仁、桑叶、桑葚、橘红、桔梗、益智仁、荷叶、莱菔子、莲子、高良姜、淡竹叶、淡豆豉、菊花、菊苣、黄芥子、黄精、紫苏、紫苏籽、葛根、黑芝麻、黑胡椒、槐米、槐花、蒲公英、蜂蜜、榧子、酸枣仁、鲜白茅根、鲜芦根、蝮蛇、橘皮、薄荷、薏苡仁、薤白、覆盆子、藿香。

（3）可用于保健食品的物品名单，共114种：人参、人参叶、人参果、三七、土茯苓、大蓟、女贞子、山茱萸、川牛膝、川贝母、川芎、马鹿胎、马鹿茸、马鹿骨、丹参、五加皮、五味子、升麻、天门冬、天麻、太子参、巴戟天、木香、木贼、牛蒡子、牛蒡根、车前子、车前草、北沙参、平贝母、玄参、生地黄、生何首乌、白及、白术、白芍、白豆蔻、石决明、石斛、地骨皮、当归、竹茹、红花、红景天、西洋参、吴茱萸、怀牛膝、杜仲、杜仲叶、沙苑子、牡丹皮、芦荟、苍术、补骨脂、诃子、赤芍、远志、麦门冬、龟甲、佩兰、侧柏叶、制大黄、制何首乌、刺五加、刺玫果、泽兰、泽泻、玫瑰花、玫瑰茄、知母、罗布麻、苦丁茶、金荞麦、金樱子、青皮、厚朴、厚朴花、姜黄、枳壳、枳实、柏子仁、珍珠、绞股蓝、胡芦巴、茜草、荜茇、韭菜子、首乌藤、香附、骨碎补、党参、桑白皮、桑枝、浙贝母、益母草、积雪草、淫羊藿、菟丝子、野菊花、银杏叶、黄芪、湖北贝母、番泻叶、蛤蚧、越橘、槐实、蒲黄、蒺藜、蜂胶、酸角、墨旱莲、熟大黄、熟地黄、鳖甲。

保健食品中生何首乌每日用量不得超过 1.5 g，制何首乌每日用量不得超过 3.0 g，此前批准超过此用量的产品，下调至此规定用量；保健功能包括对化学性肝损伤有辅助保护功能的产品，应取消该保健功能或者配方中去除何首乌。含何首乌保健食品，标签标识中不适宜人群增加"肝功能不全者、肝病家族史者"，注意事项增加"本品含何首乌，不宜长期超量服用，避免与肝毒性药物同时使用，注意监测肝功能"。

养殖梅花鹿及其产品可作为保健食品原料使用。其中，养殖梅花鹿鹿茸、鹿胎、鹿骨的申报与审评要求，按照可用于保健食品的物品名单执行；鹿角应当按照有关规定提供该原料和辅料相应的安全性毒理学评价试验报告及相关的食用安全资料。

（4）列入《食品添加剂使用标准》和《营养强化剂使用标准》中的食品添加剂和营养强化剂。

（5）可用于保健食品的真菌（11种）和益生菌种（9种）。真菌名单如下：酿酒酵母、产朊假丝酵母、乳酸克鲁维酵母、卡氏酵母、蝙蝠蛾拟青霉、蝙蝠蛾被毛孢、灵芝、紫芝、松杉灵芝、红曲霉、紫红曲霉；益生菌名单如下：两歧双歧杆菌、婴儿两歧双歧杆菌、长两歧双歧杆菌、短两歧双歧杆菌、青春两歧双歧杆菌、保加利亚乳杆菌、嗜酸乳杆菌、嗜热链球菌、干酪乳杆菌干酪亚种。

11. 保健食品中禁用物品及禁止非法添加的物品。

（1）保健食品禁用物品，共59种：八角莲、八里麻、千金子、土青木香、山莨菪、川乌、广防己、马桑叶、马钱子、六角莲、天仙子、巴豆、水银、长春花、甘遂、生天南星、生半夏、生白附子、生狼毒、白降丹、石蒜、关木通、农吉痢、夹竹桃、朱砂、米壳（罂粟壳）、红升丹、红豆杉、红茴香、红粉、羊角拗、羊踯躅、丽江山慈菇、京大戟、昆明山海棠、河豚、闹羊花、青娘虫、鱼藤、洋地黄、洋金花、牵牛子、砒石（白砒、红砒、砒霜）、草乌、香加皮（杠柳皮）、骆驼蓬、鬼臼、莽草、铁棒槌、铃兰、雪上一枝蒿、黄花夹竹桃、斑蝥、硫磺、雄黄、雷公藤、颠茄、藜芦、蟾酥。

（2）保健食品中禁止非法添加的药物，见表1-5。

表1-5　保健食品中禁止非法添加药物

序号	保健功能	可能非法添加物质名称
1	减肥功能产品	西布曲明、麻黄碱、芬氟拉明
2	辅助降血糖（调节血糖）功能	甲苯磺丁脲、格列苯脲、格列齐特、格列吡嗪、格列喹酮、格列美脲、马来酸罗格列酮、瑞格列奈、盐酸吡格列酮、盐酸二甲双胍、盐酸苯乙双胍
3	缓解体力疲劳（抗疲劳）功能	那红地那非、红地那非、伐地那非、羟基豪莫西地那非、西地那非、豪莫西地那非、氨基他打拉非、他达拉非、硫代艾地那非、伪伐地那非和那莫西地那非等PDE5型（磷酸二酯酶5型）抑制剂
4	增强免疫力（调节免疫）功能	那红地那非、红地那非、伐地那非、羟基豪莫西地那非、西地那非、豪莫西地那非、氨基他打拉非、他达拉非、硫代艾地那非、伪伐地那非和那莫西地那非等PDE5型（磷酸二酯酶5型）抑制剂
5	声称改善睡眠功能	地西泮、硝西泮、氯硝西泮、氯氮䓬、奥沙西泮、马来酸咪哒唑仑、劳拉西泮、艾司唑仑、阿普唑仑、三唑仑、巴比妥、苯巴比妥、异戊巴比妥、司可巴比妥、氯美扎酮
6	辅助降血压（调节血脂）功能	阿替洛尔、盐酸可乐定、氢氯噻嗪、卡托普利、哌唑嗪、利舍平、硝苯地平

三、对实验内容的要求

所有的保健食品声称功能确定均必须通过功能性评价与安全性评价，功能性评价有动物实验与人体试食试验两种，而不同功能性评价要求的实验内容有所不同，见表1-6。

表1-6　保健食品功能性分类及实验要求

序号	分类	保健功能	动物实验	人体试食试验
1		辅助降血压	√	√
2		辅助降血糖	√	√
3		辅助降血脂	√	√
4		缓解视疲劳		√
5		调节肠道菌群	√	√
6		促进消化	√	√
7		通便	√	√
8	与症状减轻，辅助药物治疗与降低疾病风险相关的保健功能	对胃黏膜损伤有辅助保护功能	√	√
9		改善营养性贫血	√	√
10		改善睡眠	√	
11		清咽	√	√
12		增加骨密度	√	
13		对辐射危害有辅助保护功能	√	
14		促进排铅	√	√
15		提高缺氧耐受力	√	
16		对化学性肝损伤的辅助保护作用	√	

续表

序号	分类	保健功能	动物实验	人体试食试验
17	与增进健康、增强体质有关	抗氧化	√	√
18		增强免疫力	√	
19		缓解体力疲劳	√	
20		减肥	√	√
21		辅助改善记忆	√	√
22		祛黄褐斑		√
23		祛痤疮		√
24		改善皮肤水分		√
25		改善皮肤油分		√
26		促进泌乳	√	√
27		改善生长发育	√	√

（一）动物实验

1. 剂量设计 各种动物实验至少应设 4 个剂量组，其中含空白对照组，必要时另设阳性对照组。在 3 个剂量组中，其中一个剂量应相当于人体推荐摄入量（折算为每千克体重的剂量）的 5 倍（大鼠）或 10 倍（小鼠），且最高剂量原则上不得超过人体推荐摄入量的 30 倍。特别注意受试样品的功能实验剂量必须在毒理学评价确定的安全剂量范围之内。

2. 给药时间 根据具体实验而定，一般为 7~30 天。当给予受试样品的时间不足 30 天而实验结果阴性时，应延长至 30 天重新进行实验；当给予受试样品的时间超过 30 天而实验结果仍阴性时，则可终止实验。

3. 动物选择 根据各种实验的具体要求，合理选择实验动物。常用大鼠和小鼠，品系不限，推荐使用近交系动物。动物的性别、年龄依实验需要进行选择。动物的数量要求为小鼠每组 10~15 只（单一性别），大鼠每组 8~12 只（单一性别）。动物应达到清洁级实验动物的要求。动物饲养环境须达到屏障动物房级别。

（二）人体试食试验

人体试验应在最大程度保护受试者安全的前提下进行。人体试验的计划方案及进度，必须经过有关专家论证，并经伦理委员会批准。试食试验期限原则上不得少于 30 天（个别情况除外），必要时可以适当延长。进行人体试食试验的单位应是保健食品功能学检验机构。如需进行与医院共同实施的人体试食试验，功能学检验机构必须选择三级甲等医院共同进行。

1. 对保健食品的要求

（1）受试样品必须符合本程序；对受试样品的要求，并就其来源、组成、加工工艺和卫生条件等提供详细说明；提供与试食试验同批次受试样品的卫生学检测报告，其检测结果应符合有关卫生标准的要求。

（2）一般而言受试样品必须在动物实验功能确定其具有需验证的某种特定的保健功能有效之后进行。缓解视疲劳、祛黄褐斑、祛痤疮、改善皮肤水分、改善皮肤油分实验直接进行人体试验。

2. 对受试对象的要求

（1）试食试验报告中每组受试者的有效例数不少于 50 人，且试验的脱离率不得超过 15%。

（2）选择受试者必须严格遵照自愿的原则，根据所需判定功能的要求进行选择。确定受试对象后要进行谈话，使受试者充分了解试食试验的目的、内容、安排及有关事项，解答受试者提出的与试验有关的问题，消除可能产生的疑虑。

（3）充分了解受试者既往病史，排除不适宜该保健功能的受试者或可能影响到结果的受试者。

（4）志愿受试者应填写参加试验的知情同意书，并接受知情同意书上确定的陈述"我已获得有关试食试验食物的功能及安全性等有关资料，并了解了试验目的、要求和安排，自愿参加试验，遵守试验的要求和纪律，积极主动配合，如实反映试验过程中的反应，逐日记录活动和生理的重要事件，接受规定的检查。"志愿受试者和医学监护人在知情同意书上签字。志愿者填写知情同意书后应经试食试验负责单位批准。

3. 观察指标的确定　在被确定为志愿受试者之前及试验结束后，应进行系统的常规体检（必要时进行胸透和腹部 B 超检查）。检查指标如下。

（1）一般性指标　主观感觉、进食状况、生理指标（血压、心率等）、症状和体征、常规的血液学指标（血红蛋白、红细胞和白细胞计数，必要时做白细胞分类），生化指标（转氨酶、血清蛋白质、白蛋白/球蛋白比值，尿素、肌酐、血脂、血糖等）。

（2）功效性指标　与保健作用有关的指标，如降血糖、缓解体力疲劳等方面的指标。

（三）实验数据统计方法

1. 计量资料　采用方差分析，但需按方差分析的程序先进行方差齐性检验。方差齐，计算 F 值，F 值 $< F_{0.05}$，结论：各组均数间差异无显著性；F 值 $\geqslant F_{0.05}$，$P \leqslant 0.05$，用多个实验组和一个对照组间均数的两两比较方法进行统计；对非正态或方差不齐的数据进行适当的变量转换，待满足正态或方差齐要求后，用转换后的数据进行统计；若变量转换后仍未达到正态或方差齐性，使用秩和检验。

2. 计数资料　可用 X^2 检验，四格表总例数小于 40，或总例数等于或大于 40 但出现理论数等于或小于 1 时，应改用确切概率法。

本章小结

保健食品又称为功能食品，指的是具有特定保健功能或者以补充维生素、矿物质为目的的食品，即适宜于特定人群食用，具有调节机体功能，不以治疗疾病为目的，并且对人体不产生任何急性、亚急性或者慢性危害的食品。与食品和药品相比，保健食品的目的、适用人群和标注均有明显的差异。保健食品目前执行备案与注册制度。保健食品根据功能性评价类型可以分为 27 类，其功能性评价可以分为动物实验与人体试食试验两个部分，其中动物实验对样品、实验设计分组、统计学检验及判定均有明确的规定，人体试食试验对伦理学及受试对象有严格的要求。

扫码"练一练"

思考题

1. 第一代、第二代、第三代保健食品有什么区别？

2. 保健食品中哪些种类要进行人体试食试验？

3. 进口保健食品备案所需要的材料有哪些？

4. 保健食品功能评价中动物实验一般应如何分组及确定给药剂量？

（李 宏）

第二章 保健食品安全性评价

> **知识目标**
>
> 1. **掌握** 保健食品安全性评价的主要内容；保健食品安全性毒理学评价试验结果判定方法；常见保健食品安全性评价的基本检测技术。
> 2. **熟悉** 保健食品存在的安全性问题。
> 3. **了解** 保健食品毒理学安全性评价时应考虑的问题。
>
> **能力目标**
>
> 1. 能够应用急性毒性试验、30天与90天喂养试验、慢性毒性试验与致癌试验、遗传毒性试验、致畸试验进行保健食品安全性评价。
> 2. 能够应用保健食品安全性评价中对受试保健食品的处理方法。

扫码"学一学"

第一节 保健食品安全性评价概述

一、毒理学基本概念

1. 毒物 可能引起机体损伤的物质。

2. 绝对致死剂量或浓度（LD_{100} 或 LC_{100}） 引起一组受试实验动物全部死亡的最低剂量或浓度。

3. 半数致死剂量或浓度（LD_{50} 或 LC_{50}） 引起一组受试实验动物半数死亡的剂量或浓度。

4. 最小致死剂量或浓度（MLD，LD_{01} 或 MLC，LC_{01}） 一组受试实验动物中，仅引起个别动物死亡的最小剂量或浓度。

5. 最大无致死剂量或浓度（LD_0 或 LC_0） 一组受试实验动物中，不引起动物死亡的最大剂量或浓度。

6. 阈剂量（thresholddose） 外源化学物引起个别动物（生物体）出现"最轻微毒作用"（有时可以是某种非致死性有害毒作用）的最小剂量或浓度。

7. 观察到有害作用的最低水平（lowest observed adverse effect lord，LOAEL） 在规定的暴露条件下，化学物机体引起（人或实验动物）某种有害作用的最低剂量和浓度。

8. 未观察到有害作用水平（no observed adverse effect level，NOVEL） 在规定的暴露条件下，外源化学物不引起机体（人或实验动物）可检测到的有害作用的最高剂量或浓度。

二、保健食品安全性评价的法律背景

《中华人民共和国食品安全法》（2015 年修订版）对保健食品的安全性提出了具体的要

求。其中第七十四条"国家对保健食品、特殊医学用途配方食品和婴幼儿配方食品等特殊食品实行严格监督管理";第七十五条"保健食品声称保健功能,应当具有科学依据,不得对人体产生急性、亚急性或者慢性危害";第七十七条"依法应当注册的保健食品,注册时应当提交保健食品的研发报告、产品配方、生产工艺、安全性和保健功能评价、标签、说明书等材料及样品,并提供相关证明文件。依法应当备案的保健食品,备案时应当提交产品配方、生产工艺、标签、说明书以及表明产品安全性和保健功能的材料"。均明确提出了对保健食品安全性评价的要求。

三、保健食品存在的安全性问题

(一)保健食品原料存在的安全隐患

1. 中草药作为保健食品原料本身的安全性问题　在保健食品中,有很大一部分是以中药提取物作为原料的。据统计,目前有灵芝、银杏、五味子、刺五加、葛根、人参、红景天、松花粉、虫草等200多种中药提取物正用于保健食品的生产。正因为如此,多种中草药粗提取物的毒性将成为保健食品质量安全的问题之一。

2. 原料外源性污染引起的安全问题　由于我国保健食品大量使用中药提取物为原料,而我国在中药材种植中大量使用农药、化肥等农业投入品,所以农药残留量高、有害元素超标等质量安全问题直接影响到了我国保健食品的质量安全。

(二)摄入限量问题

许多保健食品原料都在摄入量上具有一定的限制,超过限量就会出现不同程度的中毒症状或累积性中毒。所以,保健食品并不代表着吃得越多,功效就越好。目前保健品市场上比较常见的原料杏仁、桃仁、肉豆蔻、决明子等均具有一定的限量标准,食用过多均能引起中毒甚至死亡。当以中药材作为保健食品的原料时,按照中医"辨证施治"理论,其用量是有限制的。随意加大用量,反而会适得其反。

对于营养素补充剂的食用安全性也应特别引起注意。长期过量补充微量营养素易造成蓄积,产生毒性,尤其是同时长期服用多种营养素产品时,过量的危险性就会明显增大。如大量补钙会产生便秘、诱发或加重肾结石,并可能对其他二价金属离子(如铁、锌)产生拮抗作用;过量摄入铁可促进体内的过氧化作用;过量摄入维生素A、维生素D可在体内蓄积,对多种器官产生毒副作用等。

(三)新资源食品在用于保健食品原料的安全性问题

新资源食品的种类非常多,其安全性应严格按照《新食品原料安全性审查管理办法》有关规定审核。有的食品新资源过去就是药用植物,如苦丁茶,现作为保健食品资源开发,应进行安全性评价;又如葛根,它可以降血压、醒酒、改善冠状动脉循环,有着2000多年的药用历史,但作为醒酒保健饮料来开发仍应进行安全性评价。

(四)保健食品新技术带来的安全性问题

1. 纳米技术　由纳米技术制成的纳米材料是一种人工制造的新的物质形态,对它的认识才刚刚开始,尚未注意到其特殊性可能对机体产生的潜在性危害。其可能会带来以下安全性问题:①纳米级的药物制剂,由于粒径变小,可能造成按常规一般剂量服用时,由于吸收明显增加而导致中毒；②宏观物体被制成纳米材料后，由于粒径变的极小，较容易通过血脑屏障和血睾屏障，对中枢神经系统、精子生成过程和精子形态以及精子活力产生不良影响，也可通过胎盘屏障对胚胎早期的组织分化和发育产生不良影响，导致胎儿畸形。

2. 螯合技术　螯合技术的安全性也应引起关注。如甘氨酸钙（螯合钙）和 EDTA 铁（络合铁）与传统的钙、铁的吸收利用率明显不同，螯合钙仅为推荐摄入量的 1/5 时就可能造成中毒，EDTA 铁可能影响人体其他必需金属离子的络合作用。

3. 转基因技术　转基因技术虽然给人们带来丰富的食物和巨大的经济效益，但转基因食品因其可能存在的毒性、过敏性、抗药性等危害，转基因材料作为保健食品原料存在一定的远期风险。

扫码"学一学"

第二节　保健食品安全性评价的基本内容

一、保健食品安全性毒理学评价试验

1. 第一阶段　急性毒性试验，包括 LD_{50}、联合急性毒性、一次最大耐受量试验。

目的是测定 LD_{50}，了解受试保健食品的毒性强度、性质和可能的靶器官，为进一步进行毒性试验的剂量和毒性观察指标的选择提供依据，并根据 LD_{50} 进行毒性分级。

2. 第二阶段　遗传毒理学试验、传统致畸试验、30 天喂养试验。

遗传毒理学试验包括基因突变试验（Ames 试验）、骨髓细胞微核试验或哺乳动物骨髓细胞染色体畸变试验、TK 基因突变试验、小鼠精子畸形分析或睾丸染色体畸变分析试验以及显性致死试验、果蝇伴性隐性致死试验、非程序性 DNA 合成试验等。遗传毒理学试验的目的是对受试保健食品的遗传毒性以及是否具有潜在致癌作用进行筛选。

传统致畸试验的目的是了解受试保健食品是否具有致畸作用。

30 天喂养试验的目的是对只需进行一、二阶段毒性试验的受试保健食品，在急性毒性试验的基础上，通过 30 天喂养试验，进一步了解其毒性作用，观察对生长发育的影响，并可初步估计最大未观察到有害作用剂量。

3. 第三阶段　亚慢性毒性试验，包括 90 天喂养试验、繁殖试验和代谢试验。

90 天喂养试验和繁殖试验的目的是观察受试保健食品以不同剂量水平经较长期喂养后对动物的毒性作用性质和作用的靶器官，了解受试保健食品对动物繁殖及对子代的发育毒性，观察对生长发育的影响，并初步确定最大未观察到有害作用剂量和致癌的可能性；为慢性毒性和致癌试验的剂量选择提供依据。

代谢试验目的是了解受试保健食品在体内的吸收、分布和排泄速度以及蓄积性，寻找可能的靶器官；为选择慢性毒性试验的合适动物种系提供依据；了解代谢产物的形成情况。

4. 第四阶段　慢性毒性试验（包括致癌试验）。

该试验的目的是了解经长期接触受试保健食品后出现的毒性作用以及致癌作用；最后确定最大未观察到有害作用剂量，为受试保健食品能否应用于食品的最终评价提供依据。

二、不同保健食品选择安全性评价试验的原则要求

根据国家法律与保健食品原料的发展，不同的保健食品安全性评价试验的选择要求不同，具体如下。

1. 以普通食品、原卫生部规定的药食同源物质以及允许用做保健食品的物质名单以外的动植物或动植物提取物和微生物制品为原料生产的保健食品，应对该原料和用该原料生产的保健食品分别进行安全性评价。该原料原则上按以下 4 种情况确定试验内容。用该原料生产的保健食品原则上须进行第一、二阶段的毒性试验，必要时进行下一阶段的毒性试验。

（1）国内外均无食用历史的原料或成分作为保健食品原料时，应对该原料或成分进行 4 个阶段的安全性试验。

（2）仅在国外少数国家或国内局部地区有食用历史的原料或成分，原则上应对该原料或成分进行第一、二、三阶段的毒性试验，必要时进行第四阶段，具体又分以下 3 种情况：①若根据有关文献资料及成分分析，未发现有毒或毒性甚微、不至对健康构成危害的物质，以及较大数量人群有长期食用历史而未发现有害作用的动植物及微生物等，可以先对该物质进行第一、二阶段的毒性试验，经初步评价后，决定是否需要进行下一阶段的毒性试验。②凡以已知的化学物质为原料，国际组织已对其进行过系统的安全性毒理学评价，同时申请单位又有资料证明我国产品的质量规格与国外产品一致，则可将该化学物质先进行第一、二阶段毒性试验，若试验结果与国外产品的结果一致，一般不要求进行进一步的毒性试验，否则应进行第三阶段毒性试验。③在国外多个国家广泛食用的原料，在提供安全性评价资料的基础上，进行第一、二阶段毒性试验，根据试验结果决定是否进行下一阶段毒性试验。

2. 原卫生部规定允许用于保健食品的动植物或动植物提取物和微生物制品（普通食品和原卫生部规定的药食同源物品名单除外）为原料生产的保健食品，进行急性毒性试验、三项致突变试验和 30 天喂养试验，必要时进行传统致畸试验和下一阶段试验。

3. 以普通食品和原卫生部规定的药食同源物品名单为原料生产的保健食品，分以下情况确定试验内容。

（1）列入营养强化剂和营养补充剂名单的已知化合物生产的保健食品，原料来源、生产工艺和产品均符合国家规定的有关要求，一般不要求进行毒性试验。

（2）以普通食品和原卫生部规定的药食同源物品名单为原料并用传统工艺生产的保健食品，且食用方式与传统食用方式相同，一般不要求进行毒性试验。

（3）用水提物配制生产的保健食品，如服用量为原料的常规用量，且有关资料未提示其具有不安全性的，一般不要求进行毒性试验。如服用量大于常规用量时，需进行急性毒性试验、三项致突变试验和 30 天喂养试验，必要时进行传统致畸试验。

（4）用水提以外的其他常用工艺生产的保健食品，如服用量为原料的常规用量时，应进行急性毒性试验、三项致突变试验。如服用量大于原料的常规用量时，需增加 30 天喂养试验，必要时进行传统致畸试验和下一阶段毒性试验。

4. 益生菌类或其他微生物类等保健食品在进行 Ames 试验或体外细胞试验时，应将微生物灭活后进行。

5. 针对不同食用人群和（或）不同功能的保健食品，必要时应针对性地增加敏感指标及敏感试验。

三、保健食品安全性毒理学评价试验结果判定

1. 急性毒性试验　如 LD_{50} 小于人的可能摄入量的 10 倍，则放弃该受试保健食品用于保健食品，不再继续其他毒理学试验；如大于 10 倍者，可进入下一阶段毒理学试验。

2. 遗传毒性试验　如三项试验（Ames 试验或 V79/HGPRT 基因突变试验，骨髓细胞微核试验或哺乳动物骨髓细胞染色体畸变试验，及 TK 基因突变试验或小鼠精子畸形分析/睾丸染色体畸变分析）中的任一项中，体外或体内有一项或以上试验阳性，则表示该受试保健食品很可能具有遗传毒性和致癌作用，一般应放弃该受试物用于保健食品；如三项试验均为阴性，则可继续进行下一步的毒性试验。

3. 30 天喂养试验　仅进行第一、二阶段毒理学试验时，若 30 天喂养试验的最大未观察到有害作用剂量大于或等于人体推荐摄入量的 100 倍，综合其他各项试验结果可初步做出安全性评价；对于人体推荐量较大的保健食品，在最大灌胃容量或在饲料中的最大掺入量剂量组未发现有明显毒性作用，综合其他各项试验结果和受试保健食品配方、接触人群范围及功能等有关资料可初步做出安全性评价；若出现毒性反应的剂量小于人体推荐摄入量的 100 倍，或发生毒性反应的剂量组受试物在饲料中的比例小于或等于 10%，且剂量又小于人体推荐摄入量的 100 倍，原则上放弃该受试保健食品用于保健食品，但对某些特殊原料和功能的保健食品，如果个别指标实验组与对照组出现差异，要对其各项试验结果和配方、接触人群范围及功能等因素综合分析后，决定该受试保健食品是否可用于保健食品或进入下一阶段毒性试验。

4. 传统致畸试验　在以 LD_{50} 或 30 天喂养实验的最大未观察到有害作用剂量设计的各个受试保健食品剂量组，如果在任何一个剂量组观察到受试保健食品的致畸作用，则应放弃该受试保健食品用于保健食品，如果观察到有胚胎毒性作用，则应进行进一步的繁殖试验。

5. 90 天喂养试验、繁殖试验

（1）保健食品进行第三阶段试验时，最大未观察到有害作用剂量大于或等于人体推荐摄入量的 100 倍，可进行安全性评价；若出现毒性反应的剂量小于人体摄入量的 100 倍，或发生毒性反应的剂量组受试保健食品在饲料中的比例小于 8%，且剂量又小于人体摄入量的 100 倍者表示毒性较强，应放弃该受试保健食品用于保健食品。

（2）属于我国创新的保健食品的原料或成分进行第三阶段试验时，根据这两项试验中的最敏感指标所得最大未观察到有害作用剂量进行评价，其原则是：最大未观察到有害作用剂量小于或等于人体推荐摄入量的 100 倍者表示毒性较强，应放弃该受试保健食品用于保健食品；最大未观察到有害作用剂量大于 100 倍而小于 300 倍者，应进行慢性毒性试验；大于或等于 300 倍者则不必进行慢性毒性试验，可进行安全性评价。

6. 慢性毒性和致癌试验　根据慢性毒性试验所得的最大未观察到有害作用剂量进行评价，原则如下。

（1）最大未观察到有害作用剂量 ≤ 人体推荐摄入量的 50 倍者，表示毒性较强，应放弃该受试保健食品用于保健食品。

（2）最大未观察到有害作用剂量大于人体推荐摄入量的 50 倍而小于 100 倍者，经安全性评价后，决定该受试保健食品是否可用于保健食品。

（3）最大未观察到有害作用剂量 ≥ 人体推荐摄入量的 100 倍者，则可考虑允许使用于

保健食品。

7. 若受试保健食品掺入饲料的最大加入量（超过5%时应补充蛋白质到与对照组相当的含量，添加的受试保健食品原则上30天喂养最高不超过饲料的10%，90天喂养不超过8%）或液体受试保健食品经浓缩后仍达不到最大未观察到有害作用剂量为人的可能摄入量的规定倍数时，综合其他的毒性试验结果和实际食用或饮用量进行安全性评价。

保健食品安全性毒理学评价程序见图2-1。

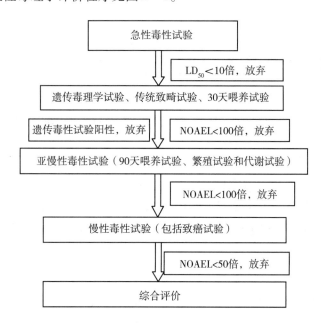

图2-1 保健食品安全性毒理学评价程序

四、保健食品安全性毒理学评价时应考虑的问题

1. 试验指标的统计学意义和生物学意义 在分析试验组与对照组指标统计学上差异的显著性时，应根据其有无剂量－反应关系、同类指标横向比较及与本实验室的历史性对照范围比较的原则等来综合考虑指标差异有无生物学意义。此外，如在受试保健食品组发现某种罕见的肿瘤增多，尽管在统计学上与对照组比较差异无显著性，仍要给以关注。

2. 生理性作用与毒性作用 对试验中某些毒理学表现，在结果分析评价时要注意区分是生理现象还是受试保健食品的毒性作用。

3. 时间－效应关系 对由受试保健食品引起的毒性效应，要考虑在同一剂量水平下毒性效应随时间的变化情况。

4. 特殊人群和敏感人群 对孕妇、乳母、儿童食用的保健食品，应特别注意其胚胎毒性或生殖发育毒性、神经毒性和免疫毒性。

5. 推荐摄入量较大的保健食品 应考虑给予受试保健食品量过大时，可能影响营养素摄入量及其生物利用率，从而导致某些毒理学表现，而非受试保健食品的毒性作用。

6. 含乙醇的保健食品 在结果分析评价时应考虑乙醇本身可能的毒性作用而非其他成分的作用。

7. 动物年龄对实验结果的影响 对某些功能的保健食品进行安全性评价时要考虑动物年龄对实验结果的影响。幼年动物和老年动物可能对受试保健食品更为敏感。

8. 安全系数　由动物毒性实验结果推论到人时，鉴于动物、人的种属和个体之间的生物学差异，安全系数通常为 100，但可根据受试保健食品的原料来源、理化性质、毒性大小、代谢特点、蓄积性、接触的人群范围、食品中的使用量和人体摄入量、使用范围及功能等因素来综合考虑其安全系数的大小。

9. 人体资料　由于存在着动物与人之间的种属差异，在将动物实验结果推论到人时，应尽可能收集人群食用受试保健食品后反应的资料，必要时，在确保安全的前提下，遵照有关规定进行必要的人体试食试验。

第三节　保健食品安全性评价基本检测技术

一、保健食品安全性评价中对受试保健食品及处理的要求

1. 对受试保健食品的要求

（1）以单一已知化学成分为原料的受试保健食品，应提供受试保健食品（必要时包括杂质）的物理、化学性质（包括化学结构、纯度、稳定性等）。配方产品，应提供受试物的配方，必要时应提供受试保健食品各组成成分特别是功效成分或代表性成分的物理、化学性质（包括化学名称、结构、纯度、稳定性、溶解度等）及检测报告等有关资料。

（2）提供原料来源、生产工艺和方法、推荐人体摄入量、使用说明书等有关资料。

（3）受试保健食品应是符合既定生产工艺和配方的规格化产品，其组成成分、比例及纯度应与实际产品相同。

2. 对受试保健食品处理的要求

（1）对某些受试保健食品进行不同的试验时，应针对试验的特点进行特殊处理，选择适合于受试保健食品的溶剂、乳化剂或助悬剂。所选溶剂、乳化剂或助悬剂本身应不产生毒性作用，与受试保健食品各成分之间不发生化学反应，且保持其稳定性。一般可选用蒸馏水、食用油、淀粉、明胶、羧甲基纤维素等。

（2）如受试保健食品推荐量较大，在按其推荐量 100 倍设计试验剂量时，往往超过动物的最大灌胃容量或超过掺入饲料中的规定限量（30 天喂养不超过 10%，90 天喂养不超过 8%），此时可允许去除无功效作用的辅料部分（糊精、羧甲基纤维素等）后进行试验。

（3）袋泡茶类受试保健食品的处理：可用该受试保健食品的水提取物进行试验，提取方法应与产品推荐饮用的方法相同。如产品无特殊推荐饮用方法，可采用以下提取条件进行：常压、温度 80~90℃，浸泡时间 30 分钟，水量为受试保健食品质量的 10 倍或以上，提取 2 次，将其合并浓缩至所需浓度，并标明提取液、浓缩液与原料的比例关系。

（4）膨胀系数较高的受试保健食品处理：应考虑受试保健食品的膨胀系数对受试保健食品给予剂量的影响，依此来选择合适的受试保健食品给予方法（灌胃或掺入饲料）。

（5）液状保健食品需要进行浓缩处理时，应采用不破坏其中有效成分的方法。可使用温度 60~70℃，减压或常压蒸发浓缩、冷冻干燥等方法。

（6）含乙醇的保健食品的处理：推荐量较大的含乙醇的受试保健食品，在按其推荐量 100 倍设计剂量时，如超过动物最大灌胃容量时，可以进行浓缩，乙醇体积分数低于 15% 的受试保健食品，浓缩后的乙醇应恢复至受试保健食品定型产品原来的体积分数；乙醇体

积分数高于 15% 的受试保健食品，浓缩后应将乙醇恢复到 15%，并将各剂量组的乙醇体积分数调整一致。不需要浓缩的受试保健食品乙醇体积分数大于 15% 时，应将各剂量组的乙醇体积分数调整至 15%。当进行 Ames 试验和果蝇试验时，应将乙醇去除。调整或稀释受试保健食品乙醇体积分数时，原则上应使用该保健食品的酒基。

（7）产品配方中含有某一已获批准用于食品的物质，在按其推荐量 100 倍设计试验剂量时，如该物质的剂量达到已知的毒作用剂量，在原有剂量设计的基础上，则应考虑增加个去除该物质或降低该物质剂量（如降至最人未观察到有害作用剂量，NOAEL）的受试保健食品高剂量组，以便对保健食品中其他成分的毒性作用及该物质与其他成分的联合毒性作用做出评价。

（8）以鸡蛋等食品为载体的特殊保健食品，允许将其加入饲料，并按动物营养素需要量调整饲料配方后进行实验。

二、急性毒性试验

一般使用霍恩法。

1. 实验动物　一般可选择健康成年大鼠或小鼠，两种性别，大鼠的体重 180～220 g，小鼠体重 18～22 g，同一性别的动物个体间体重相差一般不超过平均体重的 ±20%。也可选用其他实验动物。雌性动物应未交配或妊娠过。

2. 受试保健食品的配制与给予　可把受试物溶解或悬浮于合适的溶剂中。一般采用经口灌胃途径一次性给予受试物，给予受试物前动物需禁食，大鼠整夜禁食（一般为 16 小时左右），小鼠需禁食 4～6 小时。给予受试物后大鼠仍需继续禁食 3～4 小时，小鼠需 1～2 小时。也可 1 天内多次给予，每次间隔 4～6 小时，24 小时内不超过 3 次，合并作为一次剂量计算。1 天内多次给予受试物时，应根据染毒间隔时间的长短给动物一定量的饲料。受试物的给予期间可给动物自由饮水。

3. LD_{50} 的计算方法（Korbor 法）

（1）预试验　一般在预试验中得到动物全部死亡或 90% 以上死亡的剂量，动物不死亡或 10% 以下死亡的剂量，作为正式试验的最高与最低剂量。

一般设 5～10 个剂量组，每组每种性别 6～10 只动物。剂量选预试验得到的最高、最低剂量换算为常用对数，然后将最高、最低剂量的对数差，按所需要的组数，分为对数等距的几个剂量组。给予受试物后，观察 1～2 周，记录动物死亡数、死亡时间及中毒表现。

（2）试验结果的计算　数据包括各组剂量（mg/kg，g/kg）、剂量对数（X）、动物数（n）、动物死亡数（r）、动物死亡百分比（P），以及统计公式中要求的其他计算数据项目。根据试验条件及试验结果，可选用公式（2 - 1）、（2 - 2）、（2 - 3）中的一个，求出 $lgLD_{50}$，再查其反对数，即为 LD_{50}（mg/kg，g/kg）。

$$lgLD_{50} = \sum \frac{1}{2}(X_i + X_{i+1})(P_{i+1} - P_i) \qquad (2-1)$$

式中，X 与 X_{i+1} 及 P_{i+1} 与 P_i 分别为相邻两组的剂量对数以及动物死亡百分比。按本试验设计且各组间剂量对数等距时，可按公式（2 - 2）计算。

$$lgLD_{50} = X_k - \frac{d}{2}(P_i + P_{i+1}) \qquad (2-2)$$

式中，X_k 为最高剂量对数；其他同式（2-1）。

按本试验设计目各组间剂量对数等距，最高、最低剂量组动物死亡百分比分别为 100（全死）和 0（全不死时）时，则按公式（2-3）计算。

$$\lg LD_{50} = X_k - d\left(\sum P - 0.5\right) \tag{2-3}$$

式中，$\sum P$ 为各组动物死亡百分比之和；其他同公式（2-2）。

$\lg LD_{50}$ 的标准误（S）的按公式（2-4）计算。

$$S_{\lg LD_{50}} = d\sqrt{\frac{\sum P_i(1-P_i)}{n}} \tag{2-4}$$

95% 可信限（X）的按公式（2-5）计算。

$$X = \lg^{-1}\left(\lg LD_{50} \pm 1.96 S_{\lg LD_{50}}\right) \tag{2-5}$$

此法计算简便，可信限不大，结果准确可靠。

4. 观察指标　临床观察包括皮肤、被毛、眼、黏膜以及呼吸系统、泌尿生殖系统、消化系统和神经系统等，注意观察有无震颤、惊厥、流涎、腹泻、呆滞、嗜睡和昏迷等。在试验开始和结束时称取并记录动物体重，并且在观察期每周至少称取动物体重 1 次。全面观察并记录动物变化发生的程度和持续时间，评估可能的毒作用靶器官。死亡时间记录应当尽可能精确。

病理学检查：试验期间死亡和试验结束处死的动物都要进行大体解剖检查，记录每只动物的大体病理学改变，出现大体解剖病理改变时应做病理组织学观察。

5. 结果判定　描述中毒表现和提示毒作用特征，根据 LD_{50} 值确定受试物的毒性分级，具体见表 2-1。

表 2-1　急性毒性（LD_{50}）剂量分级表

级别	大鼠经口 LD_{50}（mg/kg）	相当于人的致死量	
		mg/kg	g/人
极毒	<1	稍尝	0.05
剧毒	1~50	500~4000	0.5
中等毒	51~500	4000~30 000	5
低毒	501~5000	30 000~250 000	50
实际无毒	>5000	250 000~500 000	500

三、遗传毒性试验

一般应用哺乳动物红细胞微核实验。

1. 实验动物　推荐使用小鼠。通常用 7~12 周龄，体重 25~35 g 的小鼠。在试验开始时，动物体重差异应不超过每种性别平均体重的 ±20%。每组用两种性别的动物，至少各 5 只。

2. 受试保健食品的配制与给予　受试物溶解或悬浮于合适的溶剂中，现用现配。一般采用灌胃的方法给予受试物。

3. 剂量设计　应设 3 个剂量组，最高剂量组原则上为动物出现严重中毒表现和/或个别动物出现死亡的剂量，一般可取 1/2 LD_{50}，低剂量组应不表现出毒性，分别取 1/4 LD_{50} 和 1/8 LD_{50} 作为中、低剂量。急性毒性试验给予受试物最大剂量（最大使用浓度和最大灌胃容量）动物无死亡而求不出 LD_{50} 时，高剂量的选择可以参考以下几个方案：①10 g/kg；②人的可能摄入量的 100 倍；③一次最大灌胃剂量进行设计，再下设中、低剂量组。另设溶剂对照组。阳性对照物可用环磷酰胺 40 mg/kg BW，推荐经口给予。

4. 实验步骤　常用 30 小时给受试物法。即两次给受试物间隔 24 小时，第二次给受试物后 6 小时采集样本。若采集骨髓样本，处死后取胸骨或股骨，用止血钳挤出骨髓液与玻片一端的小牛血清混匀，常规涂片，或用小牛血清冲洗股骨骨髓腔制成细胞悬液涂片，涂片自然干燥后放入甲醇中固定 5～10 分钟。当日固定后保存。将固定好的涂片放入 Giemsa 应用液中，染色 10～15 分钟。立即用 pH 6.8 的磷酸盐缓冲液或蒸馏水冲洗、晾干。若采集外周血样本，从尾静脉或其他适当的血管采集外周血，血细胞立即在存活状态染色或制备涂片并染色，利用 DNA 特异性染料（如吖啶橙或 Hoechst 33258 加 Pyronin－Y）。选择细胞完整、分散均匀、着色适当的区域，在油镜下观察。对每个动物的骨髓至少观察 200 个红细胞，对外周血至少观察 1000 个红细胞，嗜多染红细胞在总红细胞中比例不应低于对照组的 20%。每个动物至少观察 2000 个嗜多染红细胞以计数含微核细胞率，以千分率表示。如一个嗜多染红细胞中有多个微核存在时，只按一个细胞计。

5. 结果评价　试验组与对照组相比，试验结果含微核细胞率有明显的剂量反应关系并有统计学意义时，即可确认为阳性结果。若统计学上差异有显著性，但无剂量－反应关系时，则应进行重复试验。结果能重复可确定为阳性。

四、致畸试验

1. 实验动物　一般选用产仔多、代谢过程与人接近的动物。啮齿类动物首选大鼠，非啮齿类动物首选家兔。大鼠一般体重 200～250 g，雄性大鼠最佳交配日龄为 90 日，雌性大鼠为 80 日。雌性大鼠为未经产的。动物数量要保证每个剂量组孕鼠至少有 20 只。

2. 受试保健食品的配制与给予　受试物均匀溶解或悬浮在适当的媒介中，一般采用灌胃给予受试物。

3. 剂量设计　通常至少选用三个剂量组和一个对照组，最高剂量应引起孕鼠的毒性反应，例如体重减轻等，但母体的死亡率不应超过 10%。低剂量组应为对母体和胚胎不引起毒性反应的水平。中间剂量在低剂量和高剂量之间，间距应呈等比数列关系。对于可以获得 LD_{50} 的受试物，可以以 1/5～1/3LD_{50} 作为高剂量组剂量，低剂量组不出现毒性反应，中间设置中剂量组，差距一般为等比级数在 2～4 之间。需要时可以设立阳性对照组。

4. 实验步骤　试验可用 1 雄∶1 雌或 1 雄∶2 雌交配。所有雌鼠在交配期应每天检查精子或阴栓，直到证明已交配为止，交配后将雌、雄鼠分开。查到精子或阴栓的当天为受孕 0 天。将全部受孕鼠随机分配到各剂量组和对照组。经口灌胃给予受试物，大鼠从受孕第 6 天到第 15 天，每天一次，连续 10 天。观察母体的中毒体征及死亡情况，记录妊娠大鼠的摄食、饮水及增重情况。产仔前一日处死动物，剖腹取出子宫称重。记录着床数、死胎数、黄体数、吸收胎数、活胎数、活胎的雌雄比。测量活胎鼠的性别、体重及体长，检查活胎数的外观畸形。将 1/2 活胎仔投入 Bouins 液，供内脏检查；1/2 投入 90% 乙醇液中固定，供骨骼畸形检查。

外观畸形的检查主要依靠肉眼观察。按照从头部、颜面、四肢躯干、尾部的顺序。注意头的大小，有无脑膨出、脑露、无耳或少耳、开眼、唇裂、短颌、短肢、畸形足、断尾或无尾等。

头部检查需要在不同的部位做切面进行观察。一般采用四个切面。第一个切面经口从舌与两口角向枕部横切，可观察大脑、间脑、小脑、舌及腭裂；第二个切面将颅顶部沿眼球前缘垂直作额状切面，检查鼻道；第三个切面沿眼球正中，垂直作颌面切面，检查眼球；第四个切面，沿眼球后缘垂直做第四个额状切面，观察脑室和侧脑室。沿腹中线、肋骨下缘水平做十字形切线，打开胸腹腔，依次检查心、肺、横隔膜、肝、胃、肠等器官的大小、位置，再检查肾脏、输尿管、膀胱、子宫、睾丸位置及发育情况，之后切开肾脏，观察肾盂。

骨骼系统的检查，要先制作成透明标本，染色后按顺序观察颅骨、胸骨、肋骨、肢骨、趾骨、椎骨和尾骨。

5. 结果评价 对所有的指标进行统计学分析，判断能否得到最小致畸剂量和最大不致畸剂量，分别见公式（2-6）与（2-7）。

$$致畸指数 = \frac{雌鼠半数致死剂量}{最小致畸剂量} \tag{2-6}$$

$$致畸危害指数 = \frac{最大不致畸剂量}{最大可能摄入量} \tag{2-7}$$

致畸指数 < 10 为不致畸；10 ≤ 致畸指数 ≤ 100 为致畸；致畸指数 > 100 为强致畸。致畸危害指数 > 300 表明受试物对人危害小；100 ≤ 致畸危害指数 ≤ 300 表明受试物对人危害中等；致畸危害指数 < 100，表明受试物对人危害大。

五、30 天与 90 天喂养试验

1. 实验动物 一般啮齿类动物首选大鼠。应选用健康雌、雄两种性别大鼠，周龄应不超过 6 周，体重 50~100 g。试验开始时动物体重的差异不应超过平均的 ±20%。试验期间濒死动物应及时解剖、固定，每组动物非试验因素死亡率应小于 10%，每组生物标本损失率应小于 10%。

试验至少设 3 个受试物剂量组，1 个阴性（溶剂）对照组，每组 20 只动物，雌、雄各10 只。动物组内个体间体重差异应小于 10%，各组间平均体重差异不应超过 5%。

2. 剂量设计 原则上高剂量应使部分动物出现比较明显的毒性反应，但不引起死亡；低剂量不宜出现任何观察到毒效应（相当于 NOAEL），且高于人的实际接触水平；中剂量介于两者之间，可出现轻度的毒性效应，以得出 LOAEL。一般递减剂量的组间距以 2~4 倍为宜，如受试物剂量总跨度过大，可加设剂量组。试验剂量的设计参考急性毒性 LD_{50} 剂量和人体实际摄入量进行。

已获得 LD_{50} 的受试物，以 LD_{50} 的 5%~15% 作为最高剂量组，此 LD_{50} 百分比的选择主要参考 LD_{50} 剂量反应曲线的斜率。28 天经口毒性试验的 NOAEL 或 LOAEL 可作为 90 天经口毒性试验的最高剂量组，然后在此剂量下设几个剂量组，最低剂量组至少是人体推荐摄入量的 3 倍。求不出 LD_{50} 的受试物，试验剂量应涵盖人体预期摄入量的 100 倍，无法达到人体预期摄入量 100 倍时，高剂量组可以按最大给予量设计，但前提是不影响动物摄食及营养平衡。

3. 观察指标

（1）一般临床观察　观察期限为 30 天（或 90 天），若设恢复期观察，停止给予受试物后继续观察 14 天（或 28 天），以观察受试物毒性的可逆性、持续性和迟发效应。至少每天观察一次动物的一般临床表现，记录动物出现的异常情况，异常症状出现的时间、程度和持续时间及死亡情况。观察内容包括被毛、皮肤、眼、黏膜、分泌物、排泄物、呼吸系统、神经系统、行为表现（如流泪、竖毛反应、躁动、冷漠、探究活动、步态、姿势、刺激性、强直性或阵挛性活动、刻板反应、反常行为、瞳孔大小、异常呼吸），对周围环境、食物、水的兴趣等。对体质弱的动物应隔离，濒死和死亡动物应及时解剖。

（2）体重、饲料及饮水量　每周记录体重、摄食量，灌胃给予受试物每周测体重 2 次，根据体重调整灌胃量，掺入饲料给予受试物需计算受试物经饲料实际摄入量，若受试物经饮水给予，同时记录饮水量，每天 1 次。计算食物利用率；试验结束时，计算动物体重增长量、总摄食量、总食物利用率。

体重反映受试物对动物的生长发育状态，剂量组动物体重增长比对照组低 10%，并有剂量 - 反应关系时，由受试物引起的毒效应可能性较大。但动物体重的改变也可受食欲或食物的消化的影响，应结合其他指标进行分析。

（3）眼科检查　在试验前和试验结束时，至少对高剂量组和对照组动物进行眼科检查，观察角膜、结膜、晶状体、虹膜等；若发现动物有眼科变化，则应对所有动物进行检查。

（4）血液学检查　大鼠试验中期、试验结束、恢复期结束进行血液学指标测定。采集腹主动脉血，观察指标为白细胞计数及分类、红细胞计数、血红蛋白浓度、红细胞压积、血小板计数、凝血酶原时间（PT）、活化部分凝血活酶时间（APPT）等。

（5）临床生化学检查　大鼠试验中期、试验结束、恢复期结束，在大鼠禁食过夜 16 小时状态下空腹采血，进行血液生化指标测定。测定指标应包括电解质平衡、糖、脂和蛋白质代谢、肝肾功能等方面。至少包含丙氨酸氨基转移酶（ALT）、天冬氨酸氨基转移酶（AST）、碱性磷酸酶（ALP）、谷氨酰转肽酶（GGT）、尿素（Urea）、肌酐（Cr）、血糖（Glu）、总蛋白（TP）、白蛋白（Alb）、总胆固醇（TC）、甘油三酯（TG）、氯、钾、钠指标。必要时可检测钙、磷、尿酸（UA）、总胆汁酸（TBA）、胆碱酯酶、山梨醇脱氢酶、高铁血红蛋白、激素等指标。应根据受试物的毒作用特点或构效关系增加检测内容。应注意谷氨酰转肽酶（GGT）测试人与大鼠试剂盒的区别。

（6）尿液检查　大鼠在试验中期、试验结束、恢复期结束时进行尿液常规检查。包括尿外观（颜色和浊度）、尿蛋白、相对密度、pH、葡萄糖和潜血等。若预期有毒反应指征，应增加尿液检查的有关项目如尿沉渣镜检、细胞分析等。

（7）病理检查　试验期间死亡的动物均应及时解剖，记录所有肉眼可见的异常变化，为进一步的组织学检查提供依据。试验结束时，必须对所有动物进行大体检查，包括体表、颅、胸、腹腔及其脏器，并称脑、心脏、胸腺、肾上腺、肝、肾、脾、睾丸、附睾、子宫、卵巢的绝对重量，计算脏/体比值（每 100 g 体重中脏器湿重所占的质量）或脏/脑比值。

4. 结果评价　应将临床观察、生长发育情况、血液学检查、血生化检查、尿液检查、大体解剖、脏器重量和脏体比值、病理组织学检查等各项结果，结合统计结果进行综合分析，初步判断受试物毒作用特点、程度、靶器官，剂量－效应、剂量－反应关系、受试物毒作用的可逆性（恢复期）。在综合分析的基础上得出 30 天或 90 天的经口毒性 LOAEL 和（或）NOAEL。初步评价受试物经口的安全性，并为进一步的慢性毒性试验提供依据。

六、慢性毒性试验与致癌试验

1. 实验动物　首选大鼠，周龄为 6～8 周。每组动物数至少 40 只，雌雄各半，雌鼠应为非经产鼠、非孕鼠。若计划试验中期剖检或试验结束做恢复期的观察，应增加动物数。其中中期剖检每组至少 20 只，雌雄各半。试验期间动物自由饮水和摄食，可按性别分笼饲养。试验期间每组动物非试验因素死亡率应小于 10%。

2. 观察指标

（1）一般观察　试验期间至少每天观察一次动物的一般临床表现，并记录动物出现中毒的体征、程度和持续时间及死亡情况。观察内容包括被毛、皮肤、眼、黏膜、分泌物、排泄物、呼吸系统、神经系统、自主活动（如流泪、竖毛反应、瞳孔大小、异常呼吸）及行为表现（如步态、姿势、对处理的反应、有无强直性或阵挛性活动、刻板反应、反常行为等）。如有肿瘤发生，记录肿瘤发生时间、发生部位、大小、形状和发展等情况。对濒死和死亡动物应及时解剖并尽量准确记录死亡时间。

（2）体重、摄食量及饮水量　试验期间前 13 周每周记录动物体重、摄食量和饮水量（当受试物经饮水给予时），之后每 4 周一次；选择犬进行试验时，应每周记录体重、摄食量和饮水量（当受试物经饮水给予时）。试验结束时，计算动物体重增长量、总摄食量、食物利用率（前 3 个月，啮齿类动物）、总食物利用率（非啮齿类动物）、受试物总摄入量。

（3）眼部检查　试验前对动物进行眼角膜、球结膜、虹膜的检查。试验结束时，对高剂量组和对照组动物进行上述部位检查，若发现高剂量组动物相对于对照组动物有不同变化，则应对其他组动物进行检查。

（4）血液学检查　按照《食品安全国家标准 慢性毒性试验》（GB 15193.26—2015），试验第 3、6、12 个月及试验结束时（试验期限为 12 个月以上时）对所有动物进行血液学检查；检查指标包括白细胞计数及分类（至少三分类）、红细胞计数、血小板计数、血红蛋白浓度、红细胞压积、红细胞平均容积（MCV）、红细胞平均血红蛋白量（MCH）、红细胞平均血红蛋白浓度（MCHC）、凝血酶原时间（PT）、活化部分凝血活酶时间（APTT）等。如果对造血系统有影响，应加测网织红细胞计数和骨髓涂片细胞学检查。

（5）血生化检查　检查指标包括电解质平衡、糖、脂和蛋白质代谢、肝、肾功能等方面。至少包含谷丙转氨酶（ALT）、谷草转氨酶（AST）、碱性磷酸酶（AKP）、谷氨酰转肽酶（GGT）、尿素（Urea）、肌酐（Cr）、血糖（Glu）、总蛋白（TP）、白蛋白（Alb）、总胆固醇（TC）、甘油三酯（TG）、钙、氯、钾、钠、总胆红素、磷、尿酸（UA）、总胆汁酸（TBA）、球蛋白、胆碱酯酶、山梨醇脱氢酶、高铁血红蛋白、激素等。

（6）尿液检查　试验第 3 个月、第 6 个月和第 12 个月及试验结束时应对所有动物进行尿液检查；检查项目包括外观、尿蛋白、相对密度、pH、葡萄糖和潜血等，若预期有毒反应指征，应增加尿液检查的有关项目，如尿沉渣镜检、细胞分析等。

（7）病理检查　所有实验动物包括试验过程中死亡或濒死而处死的动物及试验期满处

死的动物都应进行解剖和全面系统的肉眼观察，包括体表、颅、胸、腹腔及其脏器，并称量脑、心脏、肾脏、脾脏、子宫、卵巢、睾丸、附睾、胸腺、肾上腺的绝对重量，计算相对重量（脏/体比值和脏/脑比值），如需要还要检查甲状腺/甲状旁腺、前列腺等器官。

3. 结果评价 对受试物的慢性毒性表现、剂量 – 反应关系、靶器官、可逆性，慢性毒性相应的 NOAEL 和/或 LOAEL 进行确定。

本章小结

本章主要介绍了保健食品安全性评价概述；保健食品安全性评价的基本内容；保健食品安全性评价的基本检测技术等内容。通过本章的学习，让同学们能直观了解保健食品存在的安全性问题、保健食品安全性评价的程序及结果判断方法、急性毒性试验、遗传毒性试验、致畸试验、30 天与 90 天喂养试验、慢性毒性试验与致癌试验的基本操作技术等。

? 思考题

1. 保健食品存在哪些安全性问题？

2. 保健食品安全性评价的主要内容有哪些？

3. 如何进行急性毒性试验设计？

扫码"练一练"

（王文祥）

第三章　动物实验基本技术

扫码"学一学"

第一节　实验动物基础知识

一、实验动物与动物实验

（一）实验动物

实验动物指由人工培育，来源清楚，遗传背景明确，对其携带的微生物和寄生虫实行监控，用于生命科学研究、药品与生物制品生产和检定以及其他科学研究的动物。

（二）动物实验

动物实验指人为的改变环境条件，观察并记录动物演出型的变化，以揭示生命科学领域客观规律的行为。

二、实验动物的分类

（一）实验动物品种、品系的概念

1. 种　生物学分类的最基本单位。在实验动物学中，种是指具有繁殖后代能力的同一类的动物，而有生殖隔离的动物则是异种动物。

2. 品种　研究者根据不同需要而对同一"种"的动物进行改良和选择（即定向培育），具有某种特定外形和生物学特征，并能较稳定地遗传的动物群体。如新西兰白兔和青紫蓝兔属于同种，但不是同一个品种。

3. 品系　在实验动物学中把基因高度纯合的动物称作品系动物。例如 C57BL/6 小鼠是近交系动物中的一个品系，属于低肿瘤发生，高补体活性的动物。

（二）按照遗传学控制原理分类

1. 近交系　经过至少连续 20 代的全同胞兄妹交配或亲子交配培育而成，品系内所有个体都可追溯到第 20 代或以后代数的一对共同祖先，近交系数大于 99%。

（1）近交系特点　近交系具有基因纯合性且基因型稳定，相同环境因素作用下表现型一致使研究结果有统计学意义，各品系具有特异性、遗传背景清楚的特点。可作为有价值的动物模型，是标准实验教材。

（2）常用近交系实验动物示例。

①BALB/C 小鼠。血压较高。1923 年近交培育而成，SPF 级动物，雌雄寿命平均分别为 561 天和 509 天。多数个体 6 月龄后出现免疫球蛋白增多症，乳腺癌肿瘤发病率仅有 3%。两性老龄小鼠易发生心脏病变、多发动脉硬化症。

②SHR 大鼠。1963 年京都医学院的 Okamoto 利用有显著高血压症状的远交 Wistar Kyoto 雄性鼠和带有轻微高血压症状的雌性鼠交配，自此兄妹交配并连续选择自发高血压性状的大鼠。毛色为白色，具有严重的自发性高血压，收缩压可达 200 mmHg，心血管疾病发生率高，还可作为多动症的动物模型。

2. 封闭群或远交群　以非近亲交配方式进行繁殖生产的一个实验动物种群，在不从其外部引入新个体的条件下，至少连续繁殖 4 代以上。

（1）封闭群特点　整个群体的基因频率变化不大，但基因组成杂合使群体内个体差异大，生活力、生育力强，具有繁殖率高等遗传学的特点，可用于大量生产。

（2）常用封闭群实验动物示例。

①昆明种（KM）小鼠。我国目前饲养最广泛的封闭群实验小鼠，1946 年从印度某研究所引入云南昆明饲养的品种，故名昆明种。毛色为白色，具有是高产、抗病力强、适应性强，常见自发肿瘤为乳腺癌、发病率约 25%。

②ICR（CD-1）小鼠。白色，1973 年从日本国立肿瘤研究所引进，该品种的小鼠生殖力强且产仔成活率高，应用范围与昆明种小鼠类似。

③Wistar 大鼠。我国最早引进的大鼠封闭群品种，由美国费城 Wistar 研究所在 1907 年育成。其被毛呈白色，特征为头部较宽，耳朵较长、尾的长度小于身长。Wistar 大鼠温顺，性周期稳定，早熟多产，生长发育快。乳腺癌发病率很低，对传染病抵抗力强，但目前各地饲养的封闭群遗传差异较大。

④SD 大鼠。1925 年由美国的 Sprague dawley 农场使用 Wistar 大鼠育成的封闭群大鼠，特征为头部狭长，尾的长度与身长接近。品系对性激素敏感，自发肿瘤率低，对呼吸道疾病有较强的抵抗力，大多用于安全性实验及营养与生长发育有关的研究。

3. 杂交群　具有一定的杂交优势，生命力强，遗传背景清楚，有一定的遗传特性。来自两个近交系的杂交一代可重复性也较好。缺点是其下一代即可能发生遗传学上的性状分离。

4. 突变系　在繁殖过程中某一基因突发变异的动物。

（三）按微生物和寄生虫学控制程度分级

根据对微生物和寄生虫的控制程度，我国将实验动物划分为 4 个等级。

1. 普通动物（1 级动物）　不携带主要人畜共患病病原和动物烈性传染病病原的动物。

2. 清洁动物（2 级动物）　除普通级动物应排除的病原外，不携带对动物危害大和对科学研究干扰大的病原的动物。

3. 无特定病原体动物（3 级动物）　除普通、清洁级动物应排除的病原外，还不携带主要潜在感染或条件致病病原的动物。

4. 无菌动物，其中包括悉生动物（4 级动物）　不能检出任何活的微生物和寄生虫的动物。悉生动物来源于无菌动物，指在无菌动物体内，植入一种或几种已知微生物的动物。

国际上把实验动物的微生物和寄生虫控制分成普通动物、SPF 动物和无菌动物 3 个等级。

三、选择实验动物的主要原则

在原卫生部颁布的《保健食品检验与评价技术规范》中，应用于保健食品审评的功能学检验共有 27 个项目，其中需要做动物实验的有 22 项。当前，动物实验和实验动物都要求符合实验室操作规范和标准操作程序，对实验动物和实验室条件、工作人员素质、技术水平和操作方法都要求标准化。所有功能食品的评价实验都必须按规范进行。这是动物实验和实验动物总的要求。

（一）实验动物 3R 原则

Replacement（替代）、Reduction（减少）和 Refinement（优化）。其中，"替代"是指尽可能采用可以替代实验动物的替代物；"减少"是指减少实验用的动物和实验的次数；"优化"是指对待实验动物和动物实验工作应做到尽善尽美。详见第二节。

（二）功能食品的评价选择动物原则

进行功能食品的功效评价时使用的动物应为清洁动物。但从微生物学和寄生虫学标准去选择实验动物，应选用 3 级实验动物（SPF 级），因为 3 级实验动物已经排除了人兽共患疾病，排除了实验动物本身的传染病，也排除了影响实验研究的相应微生物和寄生虫，使实验研究在没有或很少有外源干扰的情况下进行，有利于实验的进展和获得可靠的数据。

（三）实验动物适龄原则

慢性实验或促生长发育功能食品研究，应选择幼龄动物。在延缓衰老的功能食品研究中常选用老龄动物，因其机体的代谢和各种功能反应已接近老年。

四、常用实验动物简介

（一）小鼠

在哺乳类实验动物中，小鼠被广泛应用于功能食品评价的各项实验中。原因包括：①小鼠个体小，饲养方便，繁殖快，质量控制严格，低廉。②有大量的不同特点的近交品系、突变品系、封闭群及杂交一代动物，小鼠实验研究资料丰富、参考对比性强。③全世界科研工作者均用国际公认的品系和标准的条件进行实验，其实验结果的科学性、可靠性、重复性都高，自然会得到国际认可，这是最重要的一点。

1. 生活习性　小鼠性情温顺，易于捕捉，胆小怕惊，对外来刺激敏感，喜居光线暗淡的环境。习惯于昼伏夜动，其进食、交配、分娩多发生在夜间。一昼夜活动高峰有两次，一次在傍晚后 1～2 小时内，另一次为黎明前。小鼠门齿生长较快，需常啃咬坚硬食物，有随时采食习惯。小鼠为群居动物，群养时雌雄要分开，雄鼠群体间好斗，群体中处于优势者保留胡须，而处于劣势者则掉毛，胡须被拔光。小鼠对温湿很敏感，一般温度以 18 ~ 22℃，相对湿度以 50% ~60% 最佳。

2. 解剖学特点

（1）外观　小鼠体型小，一般雄鼠大于雌鼠。嘴尖，头呈锥体型，嘴脸前部两侧有触须，耳耸立成半圆形。尾长约与体长相等，健康 90 日龄的昆明种小鼠体长为 90 ~110 mm，体重为 35 ~ 55 g。小鼠尾有平衡、散热、自卫等功能。被毛颜色有白色、野生色、黑色、肉桂色、褐色、白斑等。小鼠被毛滑，紧贴体表，四肢匀称，眼睛亮而有神，无汗腺，尾部有四条明显的血管，主要通过尾巴散热。

（2）内脏器官　胸腔内有气管、肺、心脏和胸腺，腹腔内有肝脏、胆囊、胃、肠、膀胱、脾等器官。小鼠为杂食动物，食管细长约 2 cm，胃容量小 1.0 ~ 1.5 mL，功能较差，不耐饥饿，肠道较短，盲肠不发达。肠内能合成维生素 C。有胆囊，胰腺呈弥散状分布在十二指肠、胃底及脾门处，色淡红，不规则，似脂肪组织。肝脏是腹腔内最大的脏器，由 4 叶组成，具有分泌胆汁，调节血糖、贮存肝糖和血液、形成尿素、中和有毒物质等功能。具体见图 3 - 1。

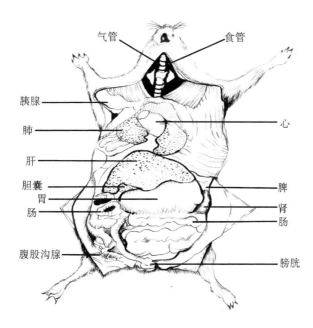

图 3 - 1　小鼠解剖图

（3）淋巴系统　淋巴系统很发达，包括淋巴管、淋巴结、胸腺、脾脏、外周淋巴结以及肠道派伊尔淋巴集结。脾脏可贮存血液并含有造血细胞、雄鼠脾脏明显大于雌鼠。外来刺激可使淋巴系统增生。

（4）生殖系统　雌鼠生殖系统包括卵巢、输卵管、子宫、阴道、阴蒂腺、乳腺等，子宫呈"Y"形，雄鼠生殖系统包括睾丸、附睾、精囊、副性腺、输精管和阴茎等。

3. 生理学特征　小鼠体型较小，新生仔鼠 1.5 g 左右，45 天体重达 18 g 以上。健康小鼠寿命可达 18 ~24 个月，最长可达 3 年。小鼠体重的增长、寿命等与品系的来源、饲养营养水平、健康状况、环境条件等有密切关系。近交系小鼠与普通小鼠相比，一般生活能力弱，寿命较短。

小鼠成熟早，繁殖力强，新生仔鼠周身无毛，通体肉红，两眼未睁，两耳粘贴在皮肤上。一周开始爬行，12 天睁眼。雌鼠 35～50 日龄性成熟，配种一般适宜在 65～90 日龄，妊娠期 19～21 天，每胎产仔 8～12 只。雄鼠在 35 日龄开始生成精子，60 日龄体成熟。

4. 遗传学特性　小鼠共有 20 对染色体，已培育出许多近交系，小鼠是遗传学研究中最常用的哺乳类实验动物之一，也是目前遗传学背景知识研究的最详尽的动物之一。

5. 小鼠的应用

（1）增强免疫功能食品的研究　在免疫缺损的小鼠中，已有几种提供给研究者使用。如 T 淋巴细胞缺乏的裸鼠、严重联合免疫缺损小鼠、T 和 B 淋巴细胞缺损小鼠、T 和 NK 细胞缺损小鼠等。它们已成为人和动物肿瘤或组织接种用动物，也是研究免疫功能食品的良好模型。

（2）抗衰老、抗肿瘤功能食品研究　小鼠寿命短，常用于研究衰老的起因和机理。晚期小鼠老年病多，肿瘤发病率高，如乳腺瘤、白血病、肺肿瘤、肾肿瘤等。退行性疾病出现率也很高，如类淀粉沉着病和肾病等。

（3）其他　小鼠还用于其他许多功能的研究，如促生长发育、改善肠胃道、抗龋齿、抗疲劳、减肥、改善性功能，对抗缺氧、低压、化学毒物、辐射、意外创伤等应激反应等。

（二）大鼠

大鼠，属于哺乳纲、啮齿目、鼠科、大鼠属，为野生褐家鼠的变种。由于大鼠体型相对较大，遗传学较为一致，对实验条件反应也较为近似，常被誉为精密的生物工具。

1. 生活习性　大鼠习惯昼伏夜动，白天休息，夜间和清晨比较活跃，采食、交配多在此时间进行。大鼠性格较温顺，行动迟缓，易于捉取。但当捕捉方法粗暴、缺乏维生素 A 或受到其他同类尖叫声的影响时，则难于捕捉，甚至攻击人。尤其是处于怀孕和哺乳期的母鼠，由于上述原因，会咬饲养人员喂饲时伸进鼠笼的手。大鼠门齿较长，终生不断生长，喜啃咬，所以喂饲的颗粒饲料要求软硬适中。大鼠对外环境的适应性强，成年大鼠很少患病。大鼠对外界刺激反应敏感，在高分贝噪声刺激下，常常发生母鼠吃仔现象，故饲养室内应尽量保持安静。

2. 解剖学特点

（1）外形　大鼠外观与小鼠相似，但体型较大。成年雄性大鼠身体前部比后部大，雌性大鼠身体相对瘦长，后部比前部大，头部尖小。大鼠尾部被覆短毛和环状角质鳞片。新生仔鼠体重约 5.5～10 g，机据环境和营养状况不同，1.5～2 个月达到 180～220 g，其体长不小于 18～20 cm，可供实验使用，成年雄性大鼠体重约 300～800 g，成年雌性大鼠体重 250～400 g。大鼠皮肤缺少汗腺，汗腺仅分布于爪垫上，主要通过尾巴散热。

（2）内脏器官　大鼠的胃属单室胃，分为前胃和后胃，前胃壁薄，半透明状；后胃不透明，富含肌肉和胃腺，伸缩性强。肠道分为小肠和大肠。小肠分为十二指肠、空肠和回肠。大肠包括盲肠、结肠和直肠，终止于肛门。大鼠肝分为 6 叶，即左叶、左副叶、右叶、右副叶、尾状叶及乳头叶，再生能力极强，被切除 60%～70% 后仍可再生。大鼠无胆囊，胆管直接与十二指肠相通。胃与脾下方有如树枝状的肉色组织，即胰腺。胰腺呈长条片状，颜色较暗，质地较坚硬，分为左、右两叶，左叶在胃的后面与脾相连，右叶紧连十二指肠。大鼠有左肺和右肺，左肺单叶，右肺分为上叶、中叶、下叶和后叶4叶。大鼠有左、右肾，均呈蚕豆形，右肾比左肾高。心脏有4个腔，即左心房、左心室、右心房和右心室。

（3）生殖系统　雌鼠子宫为"Y"形的双子宫，雄鼠副性腺发达。

3. 生理学特征　健康大鼠寿命可达30～36个月，大鼠体重的增长、寿命等与品系的来源、饲养营养水平、健康状况、环境条件等有密切关系。近交系大鼠与普通大鼠相比，一般生活能力弱，寿命较短。

4. 繁殖特性　大鼠成熟快，繁殖力强，在6～8周龄时达到性成熟，约于3月龄时达到体成熟。雌性大鼠为全年多发情动物，其性周期4～5天，分为动情前期、动情期、动情后期和动情间期。大鼠妊娠期为19～23天，平均21天，每窝产仔6～12只；产后24小时内出现一次发情；哺乳期为21～28天，一般情况下可在21天离乳，冬季气候寒冷，离乳时间宜定在25～28天。大鼠最适交配日龄为雌鼠80日龄，雄鼠90日龄。

5. 大鼠的应用

（1）降血脂、降血压类功能食品的研究　大鼠的血压反应比家兔好，常用于进行降压功能因子的研究；也常用于研究、评价最大作用量、功能因子排泄速率和蓄积倾向；慢性实验确定功能因子的吸收、分布和排泄、剂量反应和代谢以及服用受试物后的临床和组织学检查。大鼠血压及血管阻力对功能因子反应敏感，常用灌流大鼠肢体血管或离体的心脏进行心血管药理学研究及筛选有关的功能因子。

（2）抗肿瘤功能食品的研究　在肿瘤研究中常常使用大鼠，可使用生物、化学的方法诱发大鼠肿瘤，或人工移植肿瘤进行研究，也有利用体外组织培养研究肿瘤的某些特性。

（3）强肾、改善胃肠道消化功能性食品的研究　大鼠的垂体－肾上腺系统功能发达，可用于垂体－肾上腺系统的研究。利用手术摘除其他内分泌器官，可以了解各腺体的作用和它们之间的相互关系。大鼠无胆囊，胆管相对较粗大，可采用胆总管直接插管收集胆汁进行消化功能的研究。

（4）营养、代谢方面的研究　大鼠对营养缺乏比较敏感，是营养、代谢研究的重要材料。用于维生素、蛋白质、氨基酸、钙、磷代谢研究；动脉粥样硬化、淀粉样变性、酒精中毒、十二指肠溃疡、营养不良等方面的研究都可以使用大鼠。

（5）改善记忆功能食品的研究　大鼠的神经系统与人类相似，广泛用于高级神经活动的研究，如奖励和惩罚实验、迷宫实验、饮酒实验以及神经官能症、精神发育阻滞的研究。

（6）延缓衰老功能食品的研究　近几年，常用老龄大鼠（12月龄以上）探索延缓衰老的方法、研究饮食方式和寿命的关系、研究老龄死亡的原因等。

（7）其他　大鼠还可用于改善人类有关疾病的功能食品研究，如糖尿病、胃溃疡、中毒性肝损伤和老年病等。

（三）生理、生化数据

大鼠和小鼠常用生理、生化数据见表3－1。

表 3 – 1　大鼠小鼠常用生理、生化数据

	指标	小鼠	大鼠
生理指标	平均体重/g	雄性 29	201～300
	肝脏体重比（％）	5.18	4.07
	脾脏体重比（％）	0.38	0.43
	心率（次/分钟）	300～650	260～450
	正常血压（收缩压）（mmHg）	12.69～18.40	10.93～15.99
	正常血压（舒张压）（mmHg）	8.93～11.99	7.99～12.12
	饲料量（克/只·天）	2.8～7.0	9.3～18.7
生化指标	血糖	3.53～9.86	2.8～7.56
	胆固醇	0.68～2.13	0.26～1.40

扫码"学一学"

第二节　实验动物的 "3R" 原则

"3R" 即 Replacement（替代）、Reduction（减少）和 Refinement（优化）三个英文间的缩写，基本意思是采用其他手段代替实验动物，尽量减少实验动物用量，设法改良动物实验方法以减少动物疼痛和不安。3R 最先由 W. M. S. Russell 和 R. L. Burch 于 1959 年提出，目前已被人们普遍接受，并正在努力付诸实施。

一、替代

20 世纪 60 年代就已开始实验动物替代物的研究。几十年来，这方面的研究工作取得了长足发展。

1. 用体外培养器官、组织、细胞等代替实验动物　如在病毒培养中使用鸡胚代替动物。

2. 用低等动物代替高等动物　如用果蝇作遗传学研究。此外，也可用植物代替动物研究某些生命现象的分子机制。

3. 用物理或化学方法代替动物实验　例如医学教学中，使用机械模型代替动物来观察呼吸过程。

二、减少

为了尽可能减少使用实验动物的数量，目前主要采取了以下措施。

1. 合用动物　鼓励不同学科的研究人员，按照不同的研究目的，合用同一批实验动物进行联合研究。

2. 改进统计学设计　即采用适当的实验设计和统计学方法减少实验动物用量，也能得出同样的结果。

3. 用低等动物代替高等动物　减少高等动物特别是非人灵长类动物的用量。

4. 使用高质量动物　也就是"以质量代替数量"。

三、优化

主要指技术路线和手段的精细设计与选择，使动物实验得到良好的结果并减少实验动

物的痛苦。这主要包括以下内容。

1. 减少对机体的侵袭　如采用导管装置从动物体内取样而不用解剖动物。这样做，不但不损伤动物，而且可以重复取样，既减少了动物用量，又保证了研究的持续性和重复性。

2. 改良仪器设备　如采用光纤和激光、电子等仪器，通过遥控遥测等办法进行动物实验，可以在既不干扰动物又不处死动物的情况下，用极少量的动物获得理想的实验结果，而且还可以最大限度地减少动物痛苦。

3. 进一步控制疼痛　在实验过程中，合理及时地使用麻醉剂、镇痛剂或镇静剂，以减少动物在实验过程中遭受的不安、不适和疼痛。在必须处死动物时，施行安乐死术，以尽人道主义责任。

第三节　实验动物的管理

扫码"学一学"

一、实验动物的环境控制

（一）实验动物环境的基本概念

实验动物环境可分为内环境和外环境。内环境是指实验动物设施或动物实验设施内部的环境。如温度、湿度、气流速度、氨及其他气体的浓度、光照、噪音等。外环境是指实验动物设施或动物实验设施以外的周边环境，如气候或其他自然因素、邻近的民居或厂矿单位、交通和水电资源等。

实验动物环境条件对动物的健康和质量以及对动物实验结果有直接的影响，尤其是高等级的实验动物，环境条件要求更加严格和恒定。

（二）影响实验动物环境的因素及其控制

1. 气候因素　包括温度、湿度、气流和风速等。在普通级动物的开放式环境中，主要是自然因素在起作用，仅可通过动物房舍的建筑座向和结构、动物放置的位置和空间密度等方面来做有限的调控。在隔离系统或屏障、亚屏障系统中的动物，主要是通过各种设备，对上述的因素予以人工控制。

（1）温度　最适宜温度 20 ~ 25℃，温差 3 ~ 4℃。低温时新陈代谢增加，摄食增加。除灵长类，其他动物汗腺不发达或无汗腺，高温时散热困难，难以维持体温恒定。温度与脏器重量呈负相关。高温时雄性动物睾丸萎缩，精子活力下降；雌性动物性周期紊乱，泌乳下降。

（2）湿度　适宜的相对湿度是 40% ~ 70%。高温高湿导致机体蒸发散热受阻。高湿利于微生物繁殖和传播。湿度过低可导致粉尘飞扬，而微生物主要附着在粉尘上，动物室内变态反应原的含量随湿度的下降而上升。低湿，散热增加，产热增加，摄食增加。低湿容易导致大鼠坏尾症。

（3）气流与风速　适宜的气流速度是 0.1 ~ 0.2 m/s。气流速度和散热正相关，实验动物体表面积与体重的比值较大，对气流速度更敏感。气流速度过大或气流直吹，动物体表散热过大。气流速度小，散热慢。洁净程度越高，要求换气次数越多。一般屏障环境的换气次数为 10 ~ 20 次/小时，隔离环境为 20 ~ 50 次/小时。合理组织气流和风速可调节室内温度和湿度，又可降低室内粉尘和有害气体污染，控制传染病的流行。

2. 理化因素 包括光照、噪音、粉尘、有害气体、杀虫剂和消毒剂等。这些因素可影响动物生理系统的功能及生殖机能，需要严格控制，并实施经常性的监测。

（1）光照 一般的工作照度为 150 ~ 300 Lx，而动物照度为 15 ~ 20 Lx。明暗交替时间 12/12 小时或 10/14 小时。照度对动物的生殖生理和行为活动有较大影响，强光长时间照射引起角膜退行性变化。

（2）噪音 一般要求 60 dB 以下。人的音域为 1000 ~ 2000 Hz，而小鼠的音域为 1000 ~ 5000 Hz。噪声过大可引起小鼠听力性痉挛。而且对生殖影响较大，如母鼠食仔。另外还会引起动物呼吸、心跳、血压、肾上腺皮质激素等生理指标变化。

（3）空气洁净状况 一般要求氨浓度要低于 14 mg/m³，否则提示气体污染。有害气体常常有氨、甲基硫醇、硫化氢等。对空气中的颗粒也有要求。

3. 生物因素 国家标准规定亚屏障系统设施内空气落下的菌数少于或等于 12.2 个/皿，屏障系统设施内空气落下的菌数少于或等于 2.45 个/皿，隔离系统设施内空气落下的菌数少于或等于 0.49 个/皿。

（三）实验动物的房舍设施

实验动物设施是实验动物和动物实验设施的总称，是为实现对动物实行控制目标而专门设计建造。实验动物设施依其不同使用功能而划分为各个功能区域，各自有不同的要求。按照《实验动物环境与设施》（GB 14925—2001）国家标准规定，实验动物环境设施分为 4 等，控制程度从低到高，依次为开放系统、亚屏障系统、屏障系统和隔离系统。每一系统均有各自独特的要求，可参考国家标准。

（四）实验动物饲养的辅助设施和设备

这是指在动物房舍设施内用于动物饲养的器具和材料，主要包括笼具、笼架、饮水装置和垫料等，还有层流架、隔离罩和运输笼等。这些器具和物品与动物直接接触，产生最直接的影响。

1. 笼具和笼架 国家标准规定，小鼠每只饲养所需居所最小空间为 0.0065 ~ 0.01 m²，最小高度为 0.13 ~ 0.15 m。大鼠每只饲养所需居所最小空间为 0.015 ~ 0.025 m²，最小高度为 0.18 m。因此笼具应具备足够的活动空间，通风和采光良好，坚固耐用，操作方便，适合于消毒、清洗和储运等特点。

现在我国普遍采用无毒塑料鼠盒，不锈钢丝笼盖，金属笼架。笼架一般可移动，并可经受多种方法消毒灭菌。用清洁层流架小环境控制饲养二、三级实验鼠不失为一种较好的方法。笼盒既要保证有活动的空间，又要阻止鼠咬磨牙咬破鼠盒逃逸，且便于清洁消毒。饮水器可使用玻璃瓶、塑料瓶，瓶塞上装有金属饮水器或玻璃饮水管，容量一般为 250 mL 或 500 mL。

2. 动物饲养用的饮水设备 一般采用饮水瓶、饮水盆和自动饮水器。小动物多使用不易破碎的饮水瓶。这些器材的制造材料要求耐高温高压和消毒药液的浸泡。

3. 运输笼和垫料 我国目前多采用在普通饲养盒外包无纺布的简易运输笼运输实验鼠。垫料是小鼠生活环境中直接接触的铺垫物，起吸湿（尿）、保暖、做窝的作用。目前采用的动物垫料主要是木材加工厂的下脚料，如多种阔叶树木的刨花、锯末、碎木屑等，但切忌用针叶木（松、桧、杉）刨花做垫料，这类垫料发出具有芳香味的挥发性物质，可对肝细胞产生损害，使实验受到干扰。垫料必须经消毒灭菌处理，除去潜在的病原体和有害物质。

二、实验动物的日常管理

1. 小鼠的日常饲养管理

（1）饲养环境　小鼠喜阴暗、安静的环境，对环境湿度、温度很敏感。饲养环境控制应达到相应要求：温度在 16～26℃，相对湿度 40%～70%，一般小鼠饲养盒内温度比环境高 1～2℃，温度高 5%～10%。噪音 60dB 以下，氨浓度 2×10^{-5}g/L 以下，通风换气 8～12 次/小时。

（2）饲喂　成年小鼠的采食量一般为 3～7 g/d，幼鼠一般为 1～3 g/d。对于小鼠群养盒，每周固定两天添加饲料，其他时间根据情况随时注意添加。灭菌饲料使用料铲给食。饲料不宜给得过多，过多易受微生物污染。饲料在加工、运输、储存过程中应严防污染、发霉、变质，一般的饲料储存时间夏季不超过 15 天，冬季不超过 30 天。

（3）饮水　小鼠饮用水为 pH 2.5～2.8 的酸化水，用饮水瓶给水，每周换水 2～3 次，成年鼠饮水量一般为 4～7 mL/d，要保证饮水的连续不断，拧紧瓶塞。一般日常饲养应先加水瓶再加饲料，加饲料时检查有无水瓶漏水，完成当日工作离开饲养室前应再次检查水瓶和饲料。实验动物饮用水处理器应当定期清洗维护。定期对滤芯和管路进行清洗或更换。

2. 大鼠的日常饲养管理

（1）饲养环境　大鼠的饲养管理基本与小鼠相同，但要注意以下事项：①饲养环境中相对湿度不得低于 40%，避免坏尾病的发生；②哺乳母鼠对噪声特别敏感，强烈噪声容易引起吃仔现象的发生；③由于大鼠体型较大，排泄物多，产生的有害气体也多，因此必须控制大鼠的饲养密度，确保室内通风良好，勤换垫料；④大鼠用的垫料除了要注意消毒外，还应注意控制它的物理性能，垫料携带的尘土容易引起异物性肺炎，软木刨花可引起幼龄大鼠的肠堵塞；⑤大鼠体型较大，饲料和饮水的消耗量也大，要经常巡视观察，及时补充；⑥妊娠母鼠容易缺乏维生素 A，要定期予以补充。

（2）饲喂　大鼠随时采食，是多餐习性的动物。成年大鼠的胃容量为 4～7 mL。50 g 大鼠的食料量约为 9.3～18.7 g/d，注意事项与小鼠相同。

（3）饮水　大鼠饮用水为 pH 2.5～2.8 的酸化水，用饮水瓶给水，每周换水 2～3 次，成年鼠饮水量一般为 20～45 mL/d，要保证饮水的连续不断。

3. 观察和记录　管理人员应观察鼠的摄料饮水量、活动程度、双目是否有神、尾巴颜色等，记录饲养室温度、程度、通风状况，记录鼠生产笼号、胎次、出生仔数等。饲养人员必须及时填写，决不能后补记录。

外观判断实验鼠健康的标准：①食欲旺盛；②眼睛有神，反应敏捷；③体毛光滑，肌肉丰满，活动有力；④身无伤痕，尾不弯曲，天然孔腔无分泌物，无畸形；⑤粪便黑色呈麦粒状。

4. 清洁卫生和消毒　饲养员进入饲养室前必须更衣，肥皂水洗手并用清水冲洗干净，戴上消毒过的口罩、帽子、手套后方可进入。坚持每月小消毒和每季度大消毒的制度。笼具、食具至少每月彻底消毒一次，鼠舍内其他用具也应随用随消毒。可高压消毒或用 0.2% 过氧乙酸浸泡。

每周应至少更换两次垫料。一级以上动物的垫料在使用前应经高压消毒灭菌。要保持饲养室内外整洁，门窗、墙壁、地面等无尘土。垫料、饲料经高压消毒后放到清洁准备间储存，但储存时间不超过 15 天。鼠盒、饮水瓶每月用 0.2% 过氧乙酸浸泡 3 分钟或高压灭菌。

5. 疾病预防　为了保持动物的健康，必须建立封闭防疫制度以减少鼠群被感染的机会。应注意以下几点：①新引进的动物必须在隔离室进行检疫，观察无病时才能与原鼠群一起饲养；②饲养人员出入饲养区必须遵守饲养管理守则，按不同的饲养区要求进行淋浴、更衣，洗手以及必要的局部消毒；③严禁非饲养人员进入饲养区；④严防野生动物（野鼠、蟑螂等）进入饲养区。

第四节　实验动物的基本操作

一、实验动物的捉拿与固定

1. 小鼠的捉拿与固定　通常用右手提起小鼠尾巴将其放在鼠笼盖或其他粗糙的表面上，在小鼠向前挣扎爬行时，用左手拇指和食指捏住其双耳及颈部皮肤，将小鼠置于左手掌心、无名指和小指夹其背部皮肤和尾部，即可将小鼠完全固定，见图 3-2。

图 3-2　小鼠的固定、捉取

2. 大鼠的捉拿与固定　4～5 周龄以下的大鼠，提取和固定的方法与小鼠相同，但周龄较大的大鼠牙齿尖锐，抓取时要小心，要带好防护手套。需抓住大鼠的尾根部，不能抓尾尖，也不能让大鼠悬在空中时间过长，否则易导致大鼠尾部皮肤脱落，也容易被大鼠咬伤。取出大鼠放在笼盖上，轻轻向后拉尾，在大鼠向前挣扎爬行时，用左手拇指和食指夹住大鼠的颈部，不要过紧，其余三指及掌心捂住大鼠身体中段。将其拿起，翻转为仰卧位，右手拉住尾巴，见图 3-3。

图 3-3　大鼠的固定、捉取

二、实验动物的标记

目前标记编号方法主要有染色法、耳孔法、烙印法、挂牌法等标记编号方式。此外，还有针刺法、断趾编号法、剪尾编号法、被毛剪号法、笼子编号法等。其中最常用的是染色法。染色法适用于被毛白色的实验动物如大白鼠、小白鼠等。染色法是用化学药品在实验动物身体明显的部位，如被毛、四肢等处进行涂染，以染色部位、颜色不同来标记区分实验动物。

1. 常用染色剂

（1）30 ~ 50 g/L 苦味酸溶液，可染成黄色。

（2）5 g/L 中性红或品红溶液，可染成红色。

（3）20 g/L 硝酸银溶液，可染成咖啡色（涂染后在可见光下暴露 10 分钟）。

（4）煤焦油酒精溶液，可染成黑色。

2. 染色方法

（1）单色涂染法 用单一颜色的染色剂涂染实验动物不同部位的方法。根据每单位笼内饲养的动物只数不同，选择不同的染色方式。常规的涂染顺序是从左到右、从上到下。左前肢为 1 号、左侧腹部为 2 号、左后肢为 3 号、头部为 4 号、背部为 5 号、尾根部为 6号、右前肢为 7 号、右侧腹部为 8 号、右后肢为 9 号、不作染色标记为 10 号。此法简单、易认，在每组实验动物不超过 10 只的情况下适用。

（2）双色涂染法 采用两种颜色同时进行染色标记的方法。例如用苦味酸（黄色）染色标记作为个位数，用品红（红色）染色标记作为十位数。个位数的染色标记方法同单色标记法；十位数的染色标记方法参照单色涂染法，即左前肢为 10 号、左侧腹部为 20 号、左后肢为 30 号、头部为 40 号、背部为 50 号、尾根部为 60 号、右前肢为 70 号、右侧腹部为 80 号、右后肢为 90 号，第 100 号不做染色标记。比如标记第 12 号实验动物，在其左前肢涂染品红（红色），在其左侧腹部涂上苦味酸（黄色）即可。双色法色法可标记 100 位以内的号码。

三、实验动物的给药方式

1. 灌胃 专用灌胃针由注射器和喂管组成，喂管尖端焊有一金属小圆球，金属球中空，用途是防止喂管插入时造成损伤。金属球弯成 20°角，以适应口腔与食道之间弯曲。将喂管插头紧紧连接在注射器的接口上，吸入定量的药液；左手捉住动物，右手拿起准备好的注射器。将喂管针头尖端放进动物口咽部，顺咽后壁轻轻往下推，喂管会顺着食管滑入动物的胃，插入深度约 3 cm。用中指与拇指捏住针筒，食指按着针竿的头慢慢往下压，即可将注射器中的药液灌入动物的胃中。在插入过程中如遇到阻力或可看见 1/3 的针管，则将喂管取出重新插入，因为这时喂管并没有插入胃中，见图 3 - 4。

2. 腹腔注射 左手提起并固定小鼠，使鼠腹部朝上，鼠头略低于尾部，右手持注射器将针头在下腹部白线的两侧进行穿刺，针头刺入皮肤后，使注射针头与皮肤呈 45°角刺入腹肌，穿过腹肌进入腹腔，当针尖穿过腹肌进入腹膜腔后抵抗感消失。固定针头，保持针尖不动，回抽针栓，如无回血、肠液和尿液后即可注射药液。注射量为小鼠 0.1 ~ 0.2 mL/10 g，大鼠 0.5 mL/100 g，见图 3 - 4。

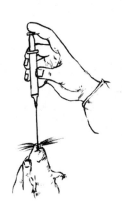

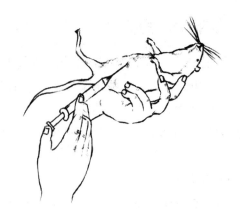

图3-4　灌胃与腹腔注射

3. 皮下注射　皮下注射给药是将药液推入皮下结缔组织，经毛细血管、淋巴管吸收进入血液循环的过程。小鼠皮下注射常选项背或大腿内侧的皮肤。操作时，常规消毒注射部位皮肤，然后将皮肤提起，注射针头取一钝角角度刺入皮下，把针头轻轻向左右摆动，易摆动则表示已刺入皮下，再轻轻抽吸，如无回血，可缓慢地将药物注入皮下。拔针时左手拇、食指捏住进针部位片刻，以防止药物外漏。注射量为 0.1～0.3 mL/10 g。大鼠皮下注射部位可在背部或后肢外侧皮下，操作时

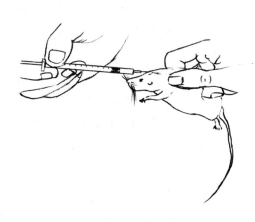

图3-5　皮下注射

轻轻提起注射部位皮肤，将注射针头刺入皮下后推入药液。一次注射量不超过 1 mL/100 g，见图3-5。

4. 皮内注射给药　将药液注入皮肤的表皮和真皮之间，观察皮肤血管的通透性变化或皮内反应，接种、过敏实验等一般作皮内注射。先将注射部位的被毛剪掉，局部常规消毒，左手拇指和食指按住皮肤使之绷紧，在两指之间，用结核菌素注射器连接4.5号针头穿刺，针头进入皮肤浅层，再向上挑起并稍刺入，将药液注入皮内。注射后皮肤出现白色小皮丘，而皮肤上的毛孔极为明显。注射量为 0.1 mL/次。

5. 肌内注射给药　小鼠体积小，肌肉少，很少采用肌内注射。当给小鼠注射不溶于水而混悬于油或其他溶剂中的药物时，采用肌内注射。操作时一人固定小鼠，另一人用左手抓住小鼠的一条后肢，右手拿注射器。将注射器与半腱肌呈90°迅速插入1/4，注入药液。用药量不超过 0.1 mL/10 g。大鼠操作与小鼠相同。

6. 尾静脉注射　将实验鼠放在金属笼或鼠夹中，通过金属笼或鼠夹的孔拉出尾巴，用左手抓住实验鼠尾巴中部。小鼠的尾部有3条静脉分别位于尾部的两侧及背侧面，一般采用左右两侧的静脉进行注射。置尾部于45～50℃温水中浸泡几分钟或用75%酒精棉球反复擦拭尾部，以达到消毒和使尾部血管扩张及软化表皮角质的目的。进行尾部静脉注射时，以左手拇指和食指捏住鼠尾两侧，使静脉更为充盈，用中指从下面托起尾巴，以无名指夹住尾巴末梢，右手持4号针头注射器，使针头与静脉平行（小于30°），从尾巴下1/4处进针，开始注入药物时应缓慢，仔细观察，如果无阻力，无白色皮丘出现，说明已刺入血管，

可正式注入药物。有的实验需连日反复尾静脉注射给药，注射部位应尽可能从尾端开始，按次序向尾根部移动，更换血管位置注射给药。注射量为小鼠 0.05 ~ 0.1 mL/10 g。拔出针头后，用拇指按住注射部位轻压 1 ~ 2 分钟，防止出血，见图 3 - 6。

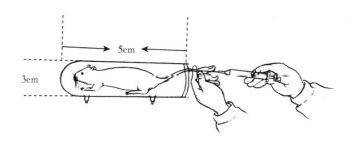

图 3 - 6　尾静脉注射

四、实验动物的取血

采血方法的选择，决定于实验的目的、所需血量以及动物种类。凡用血量较少的检验如血液涂片等，可刺破组织取毛细血管的血。

采血时要注意：①采血场所有充足的光线；室温：夏季最好保持在 25 ~ 28℃，冬季 15 ~ 20℃为宜；②采血用具与采血部位一般需要进行消毒；③采血用的注射器和试管必须保持清洁干燥；④若需抗凝全血，在注射器或试管内需预先加入抗凝剂。

1. 尾尖采血　左手拇指和食指从背部抓住小鼠颈部皮肤，将小鼠头朝下，小鼠固定后将其尾巴置于 50℃热水中浸泡数分钟，使尾部血管充盈。擦干尾部，再用剪刀或刀片剪去尾尖 1 ~ 2 mm，用试管接流出的血液，同时自尾根部向尾尖按摩。取血后用棉球压迫止血并用 6% 液体火棉胶涂在伤口处止血。每次采血量 0.1 mL。

2. 眼眶静脉丛采血　采血者的左手拇指和食指从背部较紧地握住小鼠或大鼠的颈部，应防止动物窒息。当取血时左手拇指及食指轻轻压迫动物的颈部两侧，使眶后静脉丛充血。右手持接 7 号针头的 1 mL 注射器或长颈 3 ~ 4 cm 硬质玻璃滴管（毛细管内径 0.5 ~ 1.0 mm），使采血器与鼠面成 45°的夹角，刺入深度：小鼠 2 ~ 3 mm，大鼠 4 ~ 5 mm。当感到有阻力时即停止推进，同时，将针退出 0.1 ~ 0.5 mm，边退边抽。若穿刺适当血液能自然流入毛细管中，当得到所需的血量后，即除去加于颈部的压力，同时，将采血器拔出，以防止术后穿刺孔出血。体重 20 ~ 25 g 的小鼠每次可采血 0.2 ~ 0.3 mL；体重 200 ~ 300 g 大鼠每次可采血 0.5 ~ 1.0 mL，可适用于某些生物化学项目的检验。

3. 摘眼球采血　左手抓住实验鼠颈部皮肤，轻压在实验台上，取侧卧位，左手食指尽量将鼠眼周皮肤往颈后压，使眼球突出。用眼科弯镊迅速夹去眼球，将鼠倒立，用器皿接住流出的血液。采血量小鼠 0.6 ~ 1.0 mL，大鼠 4.0 ~ 8.0 mL。

4. 腹主动脉采血　最好先将动物麻醉，仰卧固定在手术架上，从腹正中线皮肤切开腹腔，使腹主动脉清楚暴露，用注射器吸出血液，防止溶血。或用无齿镊子剥离结缔组织，夹住动脉近心端，用尖头手术剪刀，剪断动脉，使血液喷入盛器。

5. 心脏采血　实验鼠仰卧位固定，剪去胸前区被毛，皮肤消毒后，用左手食指在左侧第 3 ~ 4 肋间触摸到心搏处，右手持带有 4 或 5 号针头的注射器，选择心搏最强处穿刺，当刺中心脏时，血液会自动进入注射器。每次采血量 0.5 ~ 0.6 mL。

6. 断头采血　采血者的左手拇指和食指以背部较紧地握住实验鼠的颈部皮肤，并作动物头朝下倾的姿势。右手用剪刀猛剪鼠颈，将 1/2 ~ 4/5 的颈部前剪断，让血自由滴入盛器。小鼠可采约 0.8 ~ 1.2 mL，大鼠 5 ~ 10 mL。

五、实验动物的麻醉

在进行在体动物实验时，为了使动物更接近生理状态，宜选用清醒状态的动物，有的实验则必须使用清醒动物。但在进行手术时或实验时为了消除疼痛或减少动物挣扎而影响实验结果，常人为麻醉动物后再进行实验。麻醉动物时，应根据不同的实验要求和不同的动物种属选择适当的麻醉药。

1. 局部麻醉　浸润麻醉、阻滞麻醉和椎管麻醉常用 5 ~ 10 g/L 普鲁卡因，表面麻醉宜选用 20 g/L 丁卡因溶液。

2. 全身麻醉

（1）吸入麻醉　小鼠、大鼠常用乙醚吸入麻醉。将浸过乙醚的脱脂棉花铺在麻醉用的玻璃容器底部，实验动物置于容器内，容器加盖。乙醚具挥发性，经呼吸道进入肺泡后对动物进行麻醉，吸入后 15 ~ 20 分钟开始发挥作用，适用于时间短的手术过程或实验。

（2）注射麻醉　适用于多种动物，注射方法不一。不同动物对注射麻醉药的反应不尽相同，故需根据实验的目的针对不同的实验动物选用合适的麻醉药种类和剂量。

①巴比妥类。各种巴比妥类药物的吸收和代谢速度不同，其作用时间亦有差异。戊巴比妥作用时间为 1 ~ 2 小时，属中效巴比妥类，实验中最为常用。常配成 10 ~ 50 g/L 的水溶液，由静脉或腹腔给药。巴比妥类对心血管系统也有复杂的影响，故不是研究心血管机能的实验动物的理想麻醉药品。

②氯醛糖。溶解度较小，常配成 10 g/L 水溶液。使用前需先在水浴锅中加热，使其溶解，但加热温度不宜过高，以免降低药效。适用于研究要求保留生理反射（如心血管反射）或研究神经系统反应的实验。

六、实验动物的处死

1. 颈椎脱臼法　本法最常用于小鼠。用拇指和食指压住小鼠头的后部，另一手捏住小鼠尾巴，用力向后上方牵拉，使之颈椎脱臼，延脑与脊髓离断而死亡。大鼠也可用此法。

2. 大量放血法　大鼠可采取摘除眼球，由眼眶动脉放血致死。断头，切开股动脉亦可使其大量失血而死。

本章小结

本章主要介绍了实验动物与动物实验的基本概念；实验动物的分类及常用的实验动物简介；实验动物伦理学规范；实验动物的遗传学分类；实验动物的管理；实验动物的捕拿与固定；实验动物的标记；实验动物的给药方式；实验动物的取血；实验动物的麻醉及处死等内容。通过本章的学习，让同学们能直观了解实验动物的基础知识、实验动物的伦理学规范及基本的实验操作等。

扫码"练一练"

? 思考题

1. 何谓实验动物？何谓动物实验？

2. 实验动物的伦理学原则有哪些？

3. 如何对实验动物进行标记？

4. 如何进行实验动物的灌胃、腹腔注射、皮下注射等给药方式操作？

（王文祥）

第四章　辅助降血糖功能评价

扫码"学一学"

第一节　血糖、健康及相关保健食品

血糖是指血液中所含的葡萄糖。葡萄糖是人体主要供能物质之一，食物中的糖类物质经消化道分解吸收后主要以葡萄糖的形式吸收，体内各个组织器官所需的能量大部分来自葡萄糖，体内糖分解代谢和合成代谢保持动态平衡，才能使血糖浓度也相对稳定，适当的血糖浓度对维持机体正常生理活动，特别是维持脑及神经系统的功能十分重要。

人体正常空腹血糖含量为 3.9 ~ 6.1 mmol/L，餐后 2 小时血糖含量小于 7.8 mmol/L。正常情况下，血糖的来源和去路能维持正常的动态平衡，从而维持体内血糖浓度的相对稳定。人血糖的来源包括：①食物消化、吸收；②肝内储存的糖原分解；③脂肪和蛋白质的转化。血糖的去路包括：①氧化转变为能量；②转化为糖原储存于肝脏、肾脏和肌肉中；③转变为脂肪和蛋白质等其他营养成分加以储存。

一、血糖平衡调节

人体血糖含量保持动态平衡，是以激素调节为主、神经调节为辅来共同完成的。人体内有多种激素能够调节血糖含量，但以胰岛素和胰高血糖素的作用为主。当血糖浓度升高时，可以使胰岛 B 细胞的活动增强，并分泌胰岛素。胰岛素是唯一能够降低血糖含量的激素，一方面能够促进血糖进入肝脏、肌肉、脂肪等组织细胞，并在这些细胞中合成糖原，转化成脂肪，氧化分解；另一方面，又能抑制肝糖原的分解和非糖物质转化成葡萄糖。总体来说，既增加了血糖的去路，又减少了血糖的来源，从而使血糖含量降低。当血糖含量降低时，就使胰岛 A 细胞的活动增强并分泌胰高血糖素，主要作用于肝脏，它能强烈地促进肝糖原分解，促进非糖物质转化成葡萄糖，从而使血糖含量升高。其过程如图 4 - 1 所示。

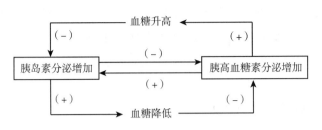

图 4 - 1　血糖平衡调节示意图

除此之外，还有几种方式对血糖平衡起到调节作用。

1. 神经系统的调节作用　胰岛 A 细胞和胰岛 B 细胞还受神经系统的控制，交感神经兴奋能刺激 A 细胞分泌胰高血糖素；副交感神经兴奋能刺激 B 细胞分泌胰岛素。

2. 肾脏的调节作用　正常情况下，肾小管能将肾小球滤出的葡萄糖重吸收回血液，所以正常人的尿中不含葡萄糖。肾脏所能保持的最高血糖含量称作肾糖阈。只有当血糖含量超过了肾糖阈，超过了肾小管的重吸收能力时，才会有一部分葡萄糖随尿排出。

3. 肾上腺皮质激素的调节作用　肾上腺皮质激素是肾上腺髓质部分分泌的一种激素，它能促进肝糖原分解为葡萄糖，从而使血糖含量升高。

二、糖尿病

糖尿病（DM）是一组以血浆葡萄糖（简称血糖）水平升高为特征的代谢性疾病群。引起血糖升高的病理生理机制是胰岛素分泌缺陷及（或）胰岛素作用缺陷。

血糖明显升高时可出现多尿、多饮、体重减轻，有时尚可伴多食及视物模糊。糖尿病可危及生命的急性并发症为酮症酸中毒及非酮症性高渗综合征。糖尿病患者长期血糖升高可致器官组织损害，引起脏器功能障碍以致功能衰竭。在这些慢性并发症中，视网膜病变可导致视力丧失；肾病变可导致肾功能衰竭；周围神经病变可导致下肢溃疡、坏疽、截肢和关节病变；自主神经病变可引起胃肠道、泌尿生殖系及心血管等症状与性功能障碍；周围血管及心脑血管并发症明显增加，并常合并有高血压、脂代谢异常。

（一）发病机制

糖尿病的发病机制可归纳为不同病因导致胰岛 B 细胞分泌缺陷和（或）周围组织胰岛素作用不足。胰岛素分泌缺陷可由于胰岛 B 细胞组织内兴奋胰岛素分泌及合成的信号在传递过程中的功能缺陷，亦可由于自身免疫、感染、化学毒物等因素导致胰岛 B 细胞破坏，数量减少。胰岛素作用不足可由于周围组织中复杂的胰岛素作用信号传递通道中的任何缺陷引起。胰岛素分泌及作用不足的后果是糖、脂肪及蛋白质等物质代谢紊乱。依赖胰岛素的周围组织（肌肉、肝及脂肪组织）的糖利用障碍以及肝糖原异生增加导致血糖升高、脂肪组织的脂肪酸氧化分解增加、肝酮体形成增加及合成甘油三酯增加；肌肉蛋白质分解速率超过合成速率以致负氮平衡。这些代谢紊乱是糖尿病及其并发症、伴发病发生的病理生理基础。

（二）临床表现

糖尿病的临床表现可归纳为糖、脂肪及蛋白质代谢紊乱症候群和不同器官并发症及伴发病的功能障碍两方面表现。初诊时糖尿病患者可呈现以下一种或几种表现。

1. 慢性物质代谢紊乱　患者可因血糖升高后尿糖排出增多致渗透性利尿而引起多尿、烦渴及多饮。组织糖利用障碍致脂肪及蛋白质分解增加而出现乏力、体重减轻，儿童尚可见生长发育受阻。组织能量供应不足可出现易饥及多食。此外，高血糖致眼晶状体渗透压改变影响屈光度而出现视物模糊。

2. 急性物质代谢紊乱　可因严重物质代谢紊乱而呈现酮症酸中毒或非酮症性高渗综合征。

3. 器官功能障碍患者　可因眼、肾、神经、心血管疾病等并发症或伴发病导致器官功能不全等表现方始就诊而发现糖尿病。

4. 感染　患者可因并发皮肤、外阴、泌尿道感染或肺结核就诊而发现糖尿病。

5. 无糖尿病症状　患者并无任何糖尿病症状，仅在常规健康检查、手术前或妊娠常规化验中被发现。必须指出，糖尿病流行病学调查表明至少约半数糖尿病患者无任何症状，仅在检测血糖后方始确诊。

（三）糖尿病的诊断

糖尿病的诊断由血糖水平确定，判断为正常或异常的分割点主要是依据血糖水平对人类健康的危害程度人为制定的。随着血糖水平对人类健康影响的研究及认识的深化，糖尿病诊断标准中的血糖水平分割点将会不断进行修正。

我国目前采用国际上通用的世界卫生组织（WHO）糖尿病专家委员会 1999 年提出的诊断标准：糖尿病症状 + 任意时间血浆葡萄糖水平≥11. 1 mmol/L（200 mg/dL）或空腹血浆葡萄糖（FPG）水平≥7. 0 mmol/L（126 mg/dL）或口服葡萄糖耐量试验（OGTT）试验中，2 小时血浆葡萄糖（2 hPG）水平≥11. 1 mmol/L（200 ng/dL）。

标准中数值为静脉血浆葡萄糖水平，用葡萄糖氧化酶法测定。如用毛细血管及（或）全血测定葡萄糖值，其诊断分割点有所变动。糖尿病诊断是依据空腹、任意时间或口服葡萄糖耐量试验（OGTT）中 2 小时血糖值；糖尿病症状指急性或慢性糖、脂肪、蛋白质代谢紊乱表现；任意时间指 1 天内任何时间，与上次进餐时间及食物摄入量无关；空腹指 8 ~ 14 小时内无任何热量摄入；OGTT 是指以 75 g 无水葡萄糖为负荷量，溶于水内口服（如为含 1 分子水的葡萄糖则为 82. 5 g）；必须注意，在无高血糖危象，即无糖尿病酮症酸中毒及高血糖高渗性非酮症昏迷状态下，一次血糖值达到糖尿病诊断标准者必须在另一日复测核实，如复测未达到糖尿病诊断标准，则需在随访中复查明确。

（四）糖尿病的分型

糖尿病分型包括病因分型及临床阶段两方面。

1. 病因分型　根据目前对糖尿病病因的认识，将糖尿病分为四大类，即 1 型糖尿病、2 型糖尿病、妊娠糖尿病及其他特殊类型糖尿病。其中 1 型糖尿病又分为 2 个亚型，其他特殊类型糖尿病有 8 个亚型，见表 4 - 1。

表 4 - 1　糖尿病分型

分型	特点
1 型糖尿病	胰岛 B 细胞破坏导致胰岛素绝对缺乏，包括：免疫介导性；特发性
2 型糖尿病	从主要以胰岛素抵抗为主伴相对胰岛素不足到主要以胰岛素分泌缺陷伴胰岛素抵抗

续表

分型	特点
妊娠糖尿病	在妊娠期间初次被诊断的糖尿病，不包括糖尿病合并妊娠
其他特殊类型糖尿病	病因学相对明确一些的高血糖状态，包括：B细胞功能的遗传缺陷；胰岛素作用的遗传缺陷；胰腺外分泌病变；内分泌腺病；药物或化学物诱导；感染；免疫介导的罕见类型；伴糖尿病的其他遗传综合征

2. 临床阶段　指无论病因类型，在糖尿病自然病程中患者的血糖控制状态可能经过以下阶段。

（1）正常血糖正常糖耐量阶段。

（2）高血糖阶段　本阶段又分为血糖调节受损（IGR）和糖尿病（DM）两个时期。

①血糖调节受损。此时期指个体由血糖调节正常发展为血糖调节受损，血糖升高但尚未达到或超过诊断分割点的时期，以空腹血糖及（或）负荷后2小时血糖判断为准。以空腹血糖进行判断时，空腹静脉血糖≥6.1 mmol/l（110 mg/dL）至<7.0 mmol/L（126 mg/dL）称为空腹血糖受损（IFG）；以负荷后2小时血糖判断时，负荷后2小时血糖≥7.8 mmol/L（140 mg/dL）至<11.1 mmol/L（200 mg/dL）称糖耐量受损（IGT）。就常见的1型及2型糖尿病而言，此时期的患者存在导致糖尿病的遗传缺陷，而赋予患者发生糖尿病的遗传易感性，致使2型糖尿病患者早期即有胰岛素分泌和胰岛素的作用缺陷，1型糖尿病患者早期即有自身免疫性异常。

②糖尿病。进展中可经过不需用胰岛素、为控制糖代谢而需用胰岛素及为了生存而需用胰岛素三个过程。患者可在阶段间逆转（如经生活方式或药物干预后）、可进展或停滞于某一阶段。患者可毕生停滞于某一阶段，不一定最终均进入需胰岛素维持生存的状态。

（五）糖尿病的监测指标

1. 血糖　血糖监测是糖尿病管理中的重要组成部分，血糖监测的结果可被用来反映饮食控制、运动治疗和药物治疗的效果并指导对治疗方案的调整。血糖水平的监测可通过检查血和尿来进行。但检查血糖是最理想的，如不能查血糖，可检查尿糖作为参考。

2. 糖化血红蛋白（HbA$_{1C}$）　葡萄糖与红细胞内的血红蛋白之间形成的非酶催化的稳定糖基化产物，糖化血红蛋白占总血红蛋白的比例与血糖的浓度成正比。因红细胞的寿命为120天，因此糖化血红蛋白的浓度可以反映约120天内的血糖平均水平。2010年，美国糖尿病学会（ADA）将HbA$_{1C}$≥6.5%纳入糖尿病的诊断标准。2011年，WHO将6.5%定为HbA$_{1C}$诊断糖尿病的临界值。

3. 糖化血浆蛋白　因人类血浆蛋白的半衰期为14~20天，因此，糖化血浆蛋白可反映1~2周内的血糖平均水平。常用的糖化血浆蛋白检测方法检测的是果糖胺。在一些特殊情况下，如透析性的贫血、急性全身性疾病期、肝病、糖尿病合并妊娠、降糖药物调整期等，糖化血浆蛋白可能更能准确反映短期内的平均血糖变化。因目前尚未建立糖化血浆蛋白值与糖尿病血管并发症发病率之间的关系，糖化血浆蛋白不能作为检测血糖控制的指标。

4. 尿糖和酮体的监测

（1）尿糖的监测　包括单次尿糖监测和分段尿糖监测。尿糖监测不能代替血糖的监测。因尿糖不能精确地反映血糖的动态变化，尤其是老年人。如果血糖水平在肾糖阈值（多数人为180 mg/dL）之下时尿糖监测就不能反映血糖的变化。尿糖的控制目标应为阴性。

（2）酮体的监测　尿酮体的监测是 1 型糖尿病、糖尿病合并妊娠和妊娠糖尿病患者日常糖尿病管理中的重要组成部分。在这些患者，尿酮体的检测阳性提示已有酮症酸中毒存在或即将发生酮症酸中毒，需要立即采取相应的措施改善血糖的控制和及早控制酮症或酮症酸中毒。任何糖尿病患者，在应激、发生其他伴随疾病或血糖超过 16.7 mmol/L（300 mg/dL）时，均应进行常规的尿酮体监测。

三、常用于辅助降血糖功能的物品或原料

辅助降血糖保健食品常用主要原料有黄芪、蜂胶、灵芝、葛根、桑叶、苦瓜、山药、枸杞子、西洋参、知母、黄精、生地黄、玉竹、人参、女贞子、山茱萸、麦冬、苦荞麦、丹参等及其提取物。主要功效成分有总黄酮、总皂苷、总多糖、铬盐、葛根素、茶多酚、原花青素等。

1. 黄芪　已被列入可用于保健食品的物品名单中，味甘，性微温，归肺、脾经，具有补气升阳、益气固表、利水消肿、托毒生肌作用，可用于脾肺气虚诸证。黄芪及其提取物中黄酮类、皂苷、多糖类物质能够刺激胰岛素分泌，改善胰岛素抵抗、改善糖尿病血管病变等病理性损伤。

2. 桑叶　已被列入既是食品又是药品的物品名单中，味甘、苦，性寒，归肺、肝经，具有疏散风热、清肺润燥、清肝明目、平肝阳，可用于发热、肝阳上亢之头晕目眩肝虚目昏等症。桑叶中总多糖、生物碱、多肽类成分可降低血糖水平，改善糖耐量。

3. 葛根　已被列入既是食品又是药品的物品名单中，味甘、辛，性凉，归肺、胃经，具有解肌退热、生津止渴、升阳止泻之功效，可用于热病口渴，阴虚消渴等症。葛根素可有效提高糖尿病小鼠胰岛素敏感性、抑制胰岛素抵抗，降低血糖水平，改善糖耐量。

4. 苦瓜　又名凉瓜，为普通食品。味苦、性寒，具有清暑清热、明目、解毒的作用。可用于治热病、中暑、痢疾、赤眼疼痛、肿痛丹毒、恶疮等症。苦瓜及其提取物具有降血糖作用，苦瓜皂苷能够通过抑制小肠对葡萄糖的吸收、增强葡萄糖的代谢以及直接作用于胰岛细胞等多种方式干预体内的糖代谢以达到降血糖的目的。同时苦瓜总皂苷能提高机体对葡萄糖的氧化利用，增强糖原合成，提高机体对多余葡萄糖的存储。

5. 蜂胶　蜜蜂从植物芽孢或树干上采集的树脂，将其混入其上腭腺、蜡腺的分泌物加工而成的一种具有芳香气味的胶状固体物。味苦、辛、微甘，性平，有润肤生肌，消炎止痛的功效，可用于胃溃疡、口腔溃疡、烧烫伤、皮肤裂痛。蜂胶具有活化细胞、促进组织再生、修复病损的胰岛细胞和组织、控制空腹血糖升高、改善糖代谢等作用，其所含的铬、锌、镁、钾、磷等元素，在糖尿病及其并发症防治中起到重要作用。

6. 铬　参与机体代谢和脂肪代谢不可缺少的微量元素。铬以三价阳离子的形式与谷氨酸、甘氨酸和半胱氨酸等形成的有机铬复合物（葡萄糖耐受因子 GTF），是胰岛素发挥降糖作用的必须因子，并协同胰岛素一起参与调控糖代谢。糖尿病患者中体内铬含量显著低于正常人群，补充铬对于多种类型的糖尿病均有一定疗效。含铬辅助降血糖保健食品中主要功效成分有吡啶甲酸铬和富铬酵母。富含铬的原料来源有松花粉、牛肉、肝脏、蘑菇、啤酒、粗粮、马铃薯、麦芽、带皮苹果等。

7. 锌　人体内许多重要酶的组成成分，锌影响胰岛素的合成、储存、分泌以及结构的完整性，缺锌可导致胰岛素稳定性下降。锌除了可以维持胰岛素活性外，本身兼具有胰岛

素的作用。锌可纠正葡萄糖耐量异常，并促进葡萄糖在脂肪细胞中转化成脂肪。而缺锌可诱导产生胰岛素抗性或糖尿病。富含锌的食物主要有动物肝脏、胰脏、肉类、鱼类、海产品、豆类和粗粮、坚果、蛋等。饮食不宜过精。

8. 硒 具有类胰岛素的作用，可降低血糖。有报道认为，硒能促进脂肪细胞膜上葡萄糖载体的转运过程、激活 cAMP 磷酸二酯酶，刺激核糖体 6S 蛋白的磷酸化，保证胰岛素分子结构完整和功能正常。常见食物中含硒量较高的食品有鱼类、肉类、谷类、蔬菜等。芝麻、麦芽含硒最多，酵母、蛋和肝中含硒量高于肉类。糙米、标准粉、蘑菇、大蒜中硒含量也较丰富。

第二节 辅助降血糖功能评价实验基本内容及案例

扫码"学一学"

一、实验项目

（一）动物实验

1. 体重及其增重。

2. 空腹血糖。

3. 糖耐量。

4. 胰岛素。

5. 总胆固醇。

6. 甘油三酯。

（二）人体试食试验

1. 空腹血糖。

2. 餐后 2 小时血糖。

3. 糖化血红蛋白（HbA_{1C}）或糖化血清蛋白。

4. 总胆固醇。

5. 甘油三酯。

二、实验方法

动物实验和人体试食试验所列指标均为必做项目。

人体试食试验应在临床治疗的基础上进行，应对临床症状和体征进行观察，在进行人体试食试验时，应对受试样品的食用安全性作进一步的观察。

（一）动物实验

1. 实验动物 常用健康成年动物，常用小鼠 [（26±2）g] 或大鼠 [（180±20）g]，单一性别，大鼠每组 8~12 只、小鼠每组 10~15 只。

2. 动物实验剂量分组及受试样品给予时间 实验设 3 个剂量组和 1 个模型对照组，以人体推荐量的 10 倍（小鼠）或 5 倍（大鼠）为其中的一个剂量组，另设 2 个剂量组，高剂量一般不超过 30 倍，必要时设空白对照组。同时设给予受试样品高剂量的正常动物组。受试样品给予时间 30 天，必要时可延长至 45 天。

3. 辅助降血糖动物实验方案 根据受试样品作用原理不同，方案一和方案二动物模型任选其一进行动物实验。除对高血糖模型动物进行所列指标的检测外，应进行受试样品对正常动物空腹血糖影响的观察。

方案一（胰岛损伤高血糖模型）：四氧嘧啶（或链脲佐菌素）是一种胰岛 B 细胞毒剂，可选择性地损伤多种动物的胰岛 B 细胞，造成胰岛素分泌低下，引起实验性糖尿病。

实验采用四氧嘧啶（或链脲佐菌素）诱导小鼠（或大鼠）产生胰岛损伤高血糖模型，测定受试样品对高血糖模型动物空腹血糖和糖耐量等的影响。

方案二（胰岛素抵抗糖/脂代谢紊乱模型）：糖皮质激素具有拮抗胰岛素生物效应的作用，可抑制靶组织对葡萄糖的摄取和利用，促进蛋白质和脂肪的分解及糖异生作用，导致糖、脂代谢紊乱，胰岛素抵抗，诱发实验性糖尿病；高热能饲料喂饲基础上，辅以小剂量四氧嘧啶，造成糖/脂代谢紊乱，胰岛素抵抗，诱发实验性糖尿病。

实验采用地塞米松或四氧嘧啶诱导小鼠（或大鼠）产生胰岛素抵抗糖/脂代谢紊乱模型。测定受试样品对高血糖模型动物空腹血糖、糖耐量及血清胆固醇（或甘油三酯）等的影响。

4. 辅助降血糖动物实验结果评价

方案一：空腹血糖和糖耐量二项指标中一项指标阳性，且对正常动物空腹血糖无影响，即可判定该受试样品辅助降血糖功能动物实验结果阳性。

方案二：空腹血糖和糖耐量二项指标中一项指标阳性，且血脂（总胆固醇、甘油三酯）无明显升高，对正常动物空腹血糖无影响，即可判定该受试样品辅助降血糖功能动物实验结果阳性。

（二）人体试食试验

1. 受试者

（1）纳入标准 选择经饮食控制或口服降糖药治疗后病情较稳定，不需要更换药物品种及剂量，仅服用维持量的成年 2 型糖尿病患者（DM），即空腹血糖≥7 mmol/L（126 mg/dL）或餐后 2 小时血糖≥11.1 mmol/L（200 mg/dL）；也可选择空腹血糖 5.6 ~ 7 mmol/L（100 ~ 126 mg/dL）或餐后 2 小时血糖 7.8 ~ 11.1 mmol/L（140 ~ 200 mg/dL）的糖调节受损（IGR）人群。

（2）排除标准

①1 型糖尿病患者。

②年龄在 18 岁以下或 65 岁以上，妊娠或哺乳期妇女，对受试样品过敏者。

③有心、肝、肾等主要脏器并发症，或合并有其他严重疾病，精神病患者，服用糖皮质激素或其他影响血糖药物者。

④不能配合饮食控制而影响观察结果者。

⑤近 3 个月内有糖尿病酮症、酸中毒以及感染者。

⑥短期内服用与受试功能有关的物品，影响到对结果的判断者。

⑦凡不符合纳入标准，未按规定服用受试样品，或资料不全影响观察结果者。

2. 人体试食试验受试者分组及受试样品给予时间 采用自身和组间两种对照设计。根据随机盲法的要求进行分组。

按受试者的糖化血红蛋白或糖化血清蛋白及血糖水平随机分为试食组和对照组，尽可能考虑影响结果的主要因素如病程、服药种类（磺脲类、双胍类）等，进行均衡性检验，以保证组间的可比性。每组受试者不少于 50 例。人体试食试验给予时间 2 个月，必要时可延长至 4 个月。

3. 辅助降血糖人体试食试验方案　试验前对每一位受试者按性别、年龄、不同劳动强度、理想体重参照原来生活习惯规定相应的饮食，试食期间坚持饮食控制，治疗糖尿病的药物种类和剂量不变。试食组在服药的基础上，按推荐服用方法服用量每日服用受试样品，对照组在服药的基础上可服用安慰剂或采用空白对照。

观察试食前后功效指标：临床症状（口渴多饮、多食易饥、倦怠乏力、多尿等）改善率；空腹血糖值、空腹血糖下降百分率、空腹血糖有效率；餐后 2 小时血糖值、餐后 2 小时血糖下降百分率、餐后 2 小时血糖有效率；糖化血红蛋白或糖化血清蛋白变化；血清总胆固醇、血清甘油三酯水平。

4. 辅助降血糖人体试食试验结果评价　空腹血糖、餐后 2 小时血糖、糖化血红蛋白（或糖化血清蛋白）、血脂四项指标均无明显升高，且空腹血糖、餐后 2 小时血糖两项指标中一项指标阳性，对机体健康无影响，可判定该受试样品具有辅助降血糖功能的作用。

三、辅助降血糖功能评价动物实验案例简介

某复方黄芪制剂降血糖功能研究如下。

1. 实验动物　昆明种小鼠，24～28 g，雄性 120 只，随机分成两个区组，第一区组用于进行正常动物降血糖实验。第二区组用于制造高血糖模型，进行高血糖模型降糖实验。

2. 给药剂量　受试样品人体推荐剂量为 3 g/d（成年人以 60 kg 体重计），则每日用量为 0.05 g/kg。设置低、中、高剂量组分别为 0.25 g/kg、0.50 g/kg 和 1.50 g/kg（分别相当于人体推荐剂量的 5 倍、10 倍和 30 倍）。取三份受试样品，分别加蒸馏水溶解配置成每毫升含受试样品 12.5 mg、25 mg 和 75 mg 溶液，制成低、中、高剂量三种浓度，每天灌胃 1 次，灌胃剂量为 20 mL/kg，对照组给予等体积的溶剂，连续 30 天。

3. 实验步骤

（1）正常动物降糖实验　小鼠经适应性喂养 1 天后，取正常小鼠 24 只，禁食 4 小时，测空腹血糖，按该血糖水平随机分成对照组和高剂量组。高剂量组给予高剂量浓度受试样品，对照组给予溶剂，连续 30 天后测空腹血糖值（禁食同实验前），比较两组动物血糖值。

（2）高血糖模型降糖实验

①糖尿病大鼠的造模。将正常小鼠适应性喂养 1 天后，禁食 4 小时，测空腹血糖，作为该批次动物基础血糖值。随后动物禁食 24 小时（自由饮水），尾静脉注射四氧嘧啶 45 mg/kg（用前新鲜配制）造模。7 天后，禁食 4 小时，测定血糖，选取血糖值为 10～25 mmol 的作为高血糖模型成功小鼠。

②高血糖模型降糖实验。取高血糖模型成功小鼠 60 只，按血糖水平分成 4 组，随机选 1 个模型对照组和 3 个剂量组（各组间血糖值差不大于 1.1 mmol/L）。模型对照组给予蒸馏水，剂量组给予不同浓度受试样品，连续 30 天，禁食 4 小时，测空腹血糖值，比较各组动物血糖值及血糖下降百分率。

③高血糖模型糖耐量实验。取高血糖模型成功大鼠 30 只，禁食 4 小时后，测定给葡萄糖前（0 小时）血糖值，剂量组给予不同浓度受试样品，模型对照组给予同体积蒸馏水，

20分钟后，经口给予葡萄糖2.0 g/kg，测定给葡萄糖后0.5小时、2小时的血糖值，观察模型对照组与受试样品组给葡萄糖后各时间点血糖曲线下面积的变化。

4. 实验结果

（1）对小鼠体重的影响　由表4-2可知高剂量组体重、增重与对照组比较，均无显著性差异（$P > 0.05$），表明受试样品对正常小鼠体重、增重无明显影响。由表4-3可知各剂量组体重、增重与对照组比较，均无显著性差异（$P > 0.05$），表明受试样品对高血糖模型小鼠体重、增重无明显影响。

表4-2　受试样品对正常小鼠体重的影响（$\bar{x} \pm S$，$n = 12$）

组别	剂量（g/kg）	初始体重（g）	终期体重（g）	增重（g）
正常小鼠对照组	0.00	25.2 ± 0.95	36.1 ± 1.87	10.9
正常小鼠高剂量组	1.50	25.5 ± 1.54	36.7 ± 1.79	11.2

表4-3　受试样品对高血糖模型小鼠体重的影响（$\bar{x} \pm S$，$n = 12$）

组别	剂量（g/kg）	初始体重（g）	终期体重（g）	增重（g）
模型对照组	0.0	25.8 ± 0.95	33.7 ± 1.87	7.9
低剂量组	0.1	25.2 ± 1.54	33.5 ± 1.79	8.3
中剂量组	0.5	25.4 ± 0.95	33.1 ± 1.87	7.7
高剂量组	1.5	25.7 ± 1.54	33.8 ± 1.79	8.1

（2）对正常小鼠空腹血糖的影响　由表4-4可知高剂量组实验前后空腹血糖变化与对照组比较无显著性差异（$P > 0.05$），表明受试样品对正常小鼠血糖无明显影响。

表4-4　受试样品对正常血糖小鼠血糖值的影响（$\bar{x} \pm S$，$n = 12$）

组别	剂量（g/kg）	实验前空腹血糖（mmol/L）	实验后空腹血糖（mmol/L）
对照组	0.00	5.3 ± 0.95	5.5 ± 0.87
高剂量组	1.50	5.1 ± 1.54	5.4 ± 1.79

（3）对高血糖模型小鼠空腹血糖的影响　由表4-5可知在高血糖动物模型成立的前提下，受试物样品各剂量组与模型对照组比较，空腹血糖下降和血糖下降百分率升高均有显著性差异（$P < 0.05$），表明受试样品空腹血糖指标结果为阳性。

表4-5　对高血糖模型小鼠血糖值的影响（$\bar{x} \pm S$，$n = 12$）

组别	剂量（g/kg）	实验前空腹血糖（mmol/L）	实验后空腹血糖（mmol/L）	血糖下降百分率%
模型对照组	—	20.5 ± 1.30	19.9 ± 1.67	2.9
低剂量组	0.25	20.4 ± 2.14	17.5 ± 1.92*	14.2*
中剂量组	0.50	20.9 ± 1.85	16.5 ± 1.66*	21.1*
高剂量组	1.50	20.2 ± 1.64	15.7 ± 1.73*	22.3*

注：* 与对照组比较，$P < 0.05$。

（4）对高血糖动物模型糖耐量的影响　由表4-6可知，在高血糖动物模型成立的前提下，受试样品各剂量组与模型对照组比较，在给予葡萄糖后各剂量组2小时血糖下降和2小时血糖下降百分率升高均有显著性差异（$P < 0.05$），表明受试物糖耐量指标结果为阳性。

表 4 - 6 对高血糖模型小鼠糖耐量的影响（$\bar{x} \pm S$, $n = 12$）

组别	剂量 g/kg	给葡萄糖后血糖（mmol/L）			血糖曲线 下面积
		0 小时	0.5 小时	2 小时	
模型对照组	0.00	21.3 ± 1.91	28.5 ± 2.13	24.5 ± 2.33	52.2
低剂量组	0.25	21.6 ± 0.98	24.8 ± 1.21	22.3 ± 1.56*	46.9*
中剂量组	0.50	22.4 ± 1.32	24.2 ± 1.68	21.5 ± 2.17*	45.9*
高剂量组	1.50	21.5 ± 2.02	23.5 ± 1.99	22.1 ± 2.65*	45.5*

注：* 与对照组比较，$P < 0.05$。

5. 结果评价 空腹血糖和糖耐量二项指标均为阳性，且对正常小鼠空腹血糖无影响，可判定该复方黄芪制剂辅助降血糖功能动物实验结果阳性。

第三节 辅助降血糖功能评价实验检测方法

扫码"学一学"

一、动物实验

（一）材料

1. 试剂 四氧嘧啶（$C_4H_2N_2O_4 \cdot H_2O$，分子量 160.08）或链脲佐菌素、地塞米松磷酸钠注射液、葡萄糖或医用淀粉、血糖测定试纸或试剂盒、胰岛素、甘油三酯、总胆固醇测定试剂盒。

2. 高热能饲料 猪油 10%、蔗糖 15%、蛋黄粉 15%、酪蛋白 5%、胆固醇 1.2%、胆酸钠 0.2%、碳酸氢钙 0.6%、石粉 0.4%、鼠维持料 52.6%。

3. 仪器 血糖仪、全自动生化仪、可见光分光光度计、酶标仪、天平。

（二）实验方法

1. 正常动物降糖实验 选健康成年动物按禁食 3 ~ 5 小时的血糖水平分组，随机选 1 个对照组和 1 个剂量组。对照组给予溶剂，剂量组给予高剂量浓度受试样品，连续 30 天，测空腹血糖值（禁食同实验前），比较两组动物血糖值。

2. 高血糖模型降糖实验

方案一 胰岛损伤高血糖模型。

（1）原理 四氧嘧啶（或链脲霉素）是一种胰岛 B 细胞毒剂，可选择性地损伤多种动物的胰岛 B 细胞，造成胰岛素分泌低下，引起实验性糖尿病。

（2）造模 购入成年动物，适应 1 天后，随机取 15 只动物禁食 3 ~ 5 小时，测空腹血糖，作为该批次动物基础血糖值。随后动物禁食 24 小时（自由饮水），注射四氧嘧啶（用前新鲜配制）造模，小鼠 45 ~ 50 mg/（kg · iv）或 125 ~ 130 mg/（kg · ip），大鼠 50 ~ 80 mg/（kg · iv）或 120 ~ 160 mg/（kg · ip）。5 ~ 7 天后动物禁食 3 ~ 5 小时，测血糖，血糖值 10 ~ 25 mmol/L 为高血糖模型成功动物。

（3）高血糖模型动物降空腹血糖实验 选高血糖模型成功动物按禁食 3 ~ 5 小时的血糖水平分组，随机选 1 个模型对照组和 3 个剂量组（组间差不大于 1.1 mmol/L）。剂量组给予不同浓度受试样品，模型对照组给予溶剂，连续 30 天，测空腹血糖值（禁食同实验前），比较各组动物血糖值及血糖下降百分率，按公式（4-1）计算。

$$血糖下降百分率 = \frac{实验前空腹血糖 - 实验后空腹血糖}{实验前血糖值} \times 100\% \qquad (4-1)$$

（4）高血糖模型动物糖耐量实验　高血糖模型动物禁食 3～5 小时，测定给葡萄糖或医用淀粉前（0 小时）血糖值，剂量组给予不同浓度受试样品，模型对照组给予同体积溶剂，15～20 分钟后各组经口给予葡萄糖 2.0 g/kg 或医用淀粉 3.5～5 g/kg，测定给葡萄糖后各组 0.5 小时、2 小时的血糖值或给医用淀粉后 1、2 小时的血糖值，观察模型对照组与受试样品组给葡萄糖或医用淀粉后各时间点（0 小时、0.5 小时、2 小时）血糖值及血糖曲线下面积的变化，按公式（4-2）计算。

$$血糖曲线下面积 = \frac{(0 小时血糖 + 0.5 小时血糖) \times 0.5}{2} + \frac{(2 小时血糖 + 0.5 小时血糖) \times 1.5}{2}$$
$$(4-2)$$

方案二　胰岛素抵抗糖/脂代谢紊乱模型（任选其一）。

（1）地塞米松诱导胰岛素抵抗糖/脂代谢紊乱模型

①原理。糖皮质激素具有拮抗胰岛素生物效应的作用，可抑制靶组织对葡萄糖的摄取和利用，促进蛋白质和脂肪的分解及糖异生作用，导致糖、脂代谢紊乱，胰岛素抵抗，诱发实验性糖尿病。

②实验方法。购入健康雄性大鼠［（150±20）g］，普通维持料适应饲养 3～5 天，禁食 3～4 小时，取尾血，测定空腹，即给葡萄糖前（0 小时）血糖值，给 2.5 g/kg 葡萄糖后测定 0.5 小时、2 小时血糖值，作为该批次动物基础值。以 0 小时、0.5 小时血糖水平分 5 个组，即 1 个空白对照组、1 个模型对照组和 3 个剂量组，每组 15 只。空白对照组不做处理，3 个剂量组灌胃给予不同浓度受试样品，模型对照组给予同体积溶剂，连续 35 天。各组给予维持料饲养，1 周后模型对照组和 3 个剂量组更换高热能饲料，喂饲 2 周后，模型对照组和 3 个剂量组在高热能饲料基础上分别给予地塞米松 0.8 mg/kg 腹腔注射（0.008% 地塞米松注射量 1 mL/100 g），每日 1 次，连续 10～12 天。实验结束，各组动物禁食 3～4 小时，检测空腹血糖、糖耐量、血清胰岛素及胆固醇、甘油三酯水平。

③观察指标。空腹血糖、糖耐量：各组动物禁食 3～4 小时，测定空腹血糖即给葡萄糖前（0 小时）血糖值，剂量组给予不同浓度受试样品，模型对照组给予同体积溶剂，空白对照组不做处理，15～20 分钟后各组经口给予葡萄糖 2.5 g/kg BW，测定给葡萄糖后各组 0.5 小时、2 小时的血糖值，若模型对照组 0.5 小时血糖值≥10 mmol/L，或模型对照组 0.5 小时、2 小时任一时间点血糖升高或血糖曲线下面积升高，与空白对照组比较，差异有显著性，判定模型糖代谢紊乱成立，在此基础上，观察模型对照组与受试样品组空腹血糖、给葡萄糖后（0.5 小时、2 小时）血糖及 0、0.5、2 小时血糖曲线下面积的变化。

胆固醇、甘油三酯：各组动物禁食 3～4 小时，检测血清胆固醇、甘油三酯，若模型对照组血清胆固醇或甘油三酯明显升高，与空白对照组比较，差异有显著性，判定模型脂代谢紊乱成立，在此基础上，观察模型对照组与受试样品组血脂变化。

胰岛素：各组动物禁食 3～4 小时，检测血清胰岛素，模型对照组与空白对照组比较胰岛素抵抗指数无明显下降，且动物糖/脂代谢紊乱成立，判定胰岛素抵抗糖/脂代谢紊乱模型成功。观察模型对照组与受试样品组胰岛素抵抗情况，按公式（4-3）计算。

$$胰岛素抵抗指数 = 胰岛素/22.5e^{-\ln 血糖} \approx \frac{血糖 \times 胰岛素}{22.5} \times 100\% \qquad (4-3)$$

（2）四氧嘧啶诱导胰岛素抵抗糖/脂代谢紊乱模型

①原理。高热能饲料喂饲基础上，辅以小剂量四氧嘧啶，造成糖/脂代谢紊乱，胰岛素抵抗，诱发实验性糖尿病。

②造模方法。购入健康雄性大鼠［(150±20)］g，普通维持料适应饲养3~5天，禁食3~4小时，取尾血，测定给葡萄糖前（0小时）血糖值，给2.5 g/kg葡萄糖后0.5、2小时血糖值，作为该批次动物基础值。以0、0.5小时血糖水平分5个组，即1个空白对照组、1个模型对照组和3个剂量组，每组15只。空白对照组不做处理，3个剂量组灌胃给予不同浓度受试样品，模型对照组给予同体积溶剂，连续33天。各组给予维持料饲养，1周后模型对照组和3个剂量组更换高热能饲料，喂饲3周后，模型对照组和3个剂量禁食24小时（不禁水），给予四氧嘧啶103~105 mg/kg腹腔注射，注射量1 mL/100 g。注射后继续给予高热能饲料喂饲3~5天。实验结束，各组动物禁食3~4小时，检测空腹血糖、糖耐量、血清胰岛素及胆固醇、甘油三酯水平。

③观察指标。空腹血糖、糖耐量、血清胰岛素及胆固醇、甘油三酯检测方法同上。

（三）指标判定和结果判定

1. 指标判定

（1）正常动物降糖实验　血糖指标：空腹血糖受试样品剂量组与对照组比较无统计学意义，判定对正常动物血糖无影响。

（2）高血糖模型降糖实验

①空腹血糖指标。模型成立的前提下，受试样品剂量组与模型对照组比较，空腹血糖下降或血糖下降百分率升高有统计学意义，判定该受试样品空腹血糖指标结果阳性。

②糖耐量指标。模型成立的前提下，受试样品剂量组与模型对照组比较，在给葡萄糖或医用淀粉后0.5小时、2小时任一时间点血糖下降（或血糖下降百分率升高）有统计学意义，或0小时、0.5小时、2小时血糖曲线下面积降低有统计学意义，判定该受试样品糖耐量指标结果阳性。

③血脂指标。模型成立的前提下，受试样品剂量组与模型对照组比较，血清胆固醇或甘油三酯下降有统计学意义，可判定该受试样品降血脂指标阳性。

2. 结果判定

方案一：空腹血糖和糖耐量二项指标中一项指标阳性，且对正常动物空腹血糖无影响，即可判定该受试样品辅助降血糖功能动物实验结果阳性。

方案二：空腹血糖和糖耐量二项指标中一项指标阳性，且血脂（总胆固醇、甘油三酯）无明显升高，对正常动物空腹血糖无影响，即可判定该受试样品辅助降血糖功能动物实验结果阳性。

二、人体试食试验

1. 受试产品 受试产品必须是具有定型包装、标明服用方法和服用量的定型产品；安慰剂除功效成分外，在剂型、口感、外观和包装上与受试产品保持一致。

2. 试验方法 试验前对每一位受试者按性别、年龄、不同劳动强度、理想体重参照原来生活习惯规定相应的饮食，试食期间坚持饮食控制，治疗糖尿病的药物种类和剂量不变。试食组在服药的基础上，按推荐服用方法服用量每日服用受试样品，对照组在服药的基础上可服用安慰剂或采用空白对照。受试样品给予时间2个月，必要时可延长至4个月。

3. 观察指标

（1）安全性指标

①一般状况体征包括精神、睡眠、饮食、大小便、血压等。

②血、尿、便常规检查。

③肝、肾功能检查。

④胸透、心电图、腹部B超检查（仅试验前检查一次）。

（2）功效指标

①症状观察。详细询问病史，了解患者饮食情况，用药情况，活动量，观察口渴多饮、多食易饥、倦怠乏力、多尿等主要临床症状，按症状轻重积分，于试食前后统计积分值，并就其主要症状改善（改善1分为有效），观察临床症状改善率，见表4-7。

表4-7 临床症状积分表

	无症状 （积0分）	轻症 （积1分）	中症 （积2分）	重症 （积3分）
口渴多饮	无	有口渴感，饮水量<1 L/d	口渴感明显，饮水量1~2 L/d	口渴显著，饮水量>2 L/d
多食易饥	无	餐前有轻度饥饿感	餐前有明显饥饿感	昼夜均有饥饿感
多尿	尿量<1.8 L/d	尿量1.8~2.5 L/d	尿量2.5~3 L/d	尿量>3 L/d
倦怠乏力	无	精神不振，不耐劳力	精神疲乏，可坚持轻体力劳动	精神极度疲乏，勉强坚持日常活动

②空腹血糖。观察试食前后空腹血糖值、空腹血糖下降百分率、空腹血糖下降有效率。分别按公式（4-4）、（4-5）计算。

$$空腹血糖下降百分率 = \frac{试验前空腹血糖 - 试验后空腹血糖}{试验前空腹血糖} \times 100\% \quad (4-4)$$

$$空腹血糖下降有效率 = \frac{空腹血糖有效例数}{空腹血糖观察例数} \times 100\% \quad (4-5)$$

③餐后2小时血糖。观察试食前后食用100 g精粉馒头后2小时血糖值、餐后2小时血糖下降百分率、餐后2小时血糖下降有效率。分别按公式（4-6）、（4-7）计算。

$$餐后2小时血糖下降百分率 = \frac{试验前餐后2小时血糖 - 试验后餐后2小时血糖}{试验前餐后2小时血糖} \times 100\%$$

$$(4-6)$$

$$餐后2小时血糖下降有效率 = \frac{餐后2小时血糖有效例数}{餐后2小时血糖观察例数} \times 100\% \qquad (4-7)$$

④糖化血红蛋白或糖化血清蛋白。观察试食前后糖化血红蛋白或糖化血清蛋白的变化。分别按公式（4-8）、（4-9）计算。

$$糖化血红蛋白下降百分率 = \frac{试验前糖化血红蛋白 - 试验后糖化血红蛋白}{试验前糖化血红蛋白} \times 100\%$$

$$(4-8)$$

$$糖化血清蛋白下降百分率 = \frac{试验前糖化血清蛋白 - 试验后糖化血清蛋白}{试验前糖化血清蛋白} \times 100\%$$

$$(4-9)$$

⑤血脂。观察试食前后血清总胆固醇、血清甘油三酯水平。

4. 结果判定

（1）功效判定标准

①有效。试验后空腹血糖恢复正常（≤5.6 mmol/L），或空腹血糖下降幅度≥10%；试验后餐后2小时血糖恢复正常（≤7.8 mmol/L），或餐后2小时血糖下降幅度≥10%。

②无效。未达到有效标准。

（2）指标判定

①空腹血糖试验。前后自身比较，空腹血糖下降差异有显著性，且试验后平均血糖下降幅度≥10%；试验后试食组空腹血糖值下降或空腹血糖下降幅度升高与对照组比较，差异有显著性；③试验后试食组空腹血糖下降有效率升高与对照组比较，差异有显著性。满足上述3个条件，可判定该受试样品空腹血糖指标结果阳性。

②餐后2小时血糖。试验前后自身比较，餐后2小时血糖下降差异有显著性，且试验后平均血糖下降幅度≥10%；试验后试食组餐后2小时血糖值下降或餐后2小时血糖下降幅度升高与对照组比较，差异有显著性；试验后试食组餐后2小时血糖下降有效率升高与对照组比较，差异有显著性。满足上述3个条件，可判定该受试样品餐后2小时血糖指标结果阳性。

③糖化血红蛋白（或糖化血清蛋白）。试验前后自身比较，糖化血红蛋白（或糖化血清蛋白）下降差异有显著性；试验后试食组糖化血红蛋白（或糖化血清蛋白）值下降或糖化血红蛋白（或糖化血清蛋白）下降幅度升高与对照组比较，差异有显著性。满足上述2个条件，可判定该受试样品糖化血红蛋白（或糖化血清蛋白）指标结果阳性。

④血清胆固醇。试验前后自身比较，血清胆固醇下降差异有显著性；试验后试食组血清胆固醇下降与对照组比较，差异有显著性。满足上述2个条件，可判定该受试样品血清胆固醇指标结果阳性。

⑤血清甘油三酯。试验前后自身比较，血清甘油三酯下降差异有显著性；试验后试食组血清甘油三酯下降与对照组比较，差异有显著性。满足上述2个条件，可判定该受试样品血清甘油三酯指标结果阳性。

（3）结果判定 空腹血糖、餐后2小时血糖、糖化血红蛋白（或糖化血清蛋白）、血脂四项指标均无明显升高，且空腹血糖、餐后2小时血糖两项指标中一项指标阳性，对机体健康无影响，可判定该受试样品具有辅助降血糖功能的作用。

本章小结

血糖是指血液中的葡萄糖，人体血糖通过激素、神经等调节来维保持动态平衡。糖尿病是一组以血糖水平升高为特征的代谢性疾病群，其发病机制可归纳为不同病因导致胰岛B细胞分泌缺陷及（或）周围组织胰岛素作用不足。糖尿病诊断由血糖水平确定，根据病因将糖尿病分为四大类，即1型糖尿病，2型糖尿病、妊娠糖尿病及其他特殊类型糖尿病。保健食品辅助降血糖功能通过动物实验和人体试食试验进行功能评价。根据受试样品作用原理不同，采用方案一（胰岛损伤高血糖模型）或方案二（胰岛素抵抗糖/脂代谢紊乱模型）动物模型进行动物实验，除对高血糖模型动物进行所列指标（空腹血糖、糖耐量、胰岛素、总胆固醇、甘油三酯）的检测外，应进行受试样品对正常动物空腹血糖影响的观察。人体试食试验应在临床治疗的基础上进行，应对临床症状和体征进行观察，在进行人体试食试验时，应对受试样品的食用安全性作进一步的观察。

扫码"练一练"

? 思考题

1. 简述高血糖和糖尿病的区别与联系。
2. 糖尿病病因分型与临床阶段的关系。
3. 糖尿病诊断标准和分型。
4. 辅助降血糖功能评价由哪几个实验项目组成？
5. 辅助降血糖功能评价实验的结果如何判断？
6. 举出目前保健食品中具有辅助降血糖的原材料，并简述其辅助降血糖机制。

（林清英）

第五章 辅助降血脂功能评价

第一节 血脂、健康及相关保健食品

扫码"学一学"

一、血脂与健康

（一）血脂

1. 血脂的概述 血脂是血清中的总胆固醇（total cholesterol，TC）、甘油三酯（triglyceride，TG）和类脂（如磷脂、糖脂、固醇、类固醇）等物质的总称，广泛存在于人体中，是生命细胞基础代谢所必需的重要物质。血脂的含量可以反映体内脂类代谢的情况，其中甘油三酯参与人体内能量代谢，而胆固醇则主要用于合成细胞浆膜、类固醇激素和胆汁酸。与临床密切相关的血脂主要是胆固醇和甘油三酯，在人体内胆固醇主要以游离胆固醇及胆固醇酯的形式存在；甘油三酯是甘油分子中的 3 个羟基被脂肪酸酯化而形成。

2012 年全国调查结果显示，中国成人血脂异常总体患病率高达 40%，与 2002 年相比，呈大幅度上升。我国儿童、青少年高胆固醇血症患病率也有明显升高，这提示着未来我国成人血脂异常患病及相关疾病负担将继续加重。

2. 血脂的来源 人体内血脂的来源主要有两种途径，即内源性和外源性。内源性血脂是指经人体自身的肝脏、脂肪等组织细胞合成、分泌的血脂成分，并与细胞结合后释放到血液中，成为供给人体新陈代谢和生命活动的能量来源；外源性血脂是指来自外界，不能由人体直接合成，而是经由食物中摄入、经过胃肠道消化和吸收的脂类物质，进入血液成为血脂。

正常情况下，外源性血脂和内源性血脂相互制约，二者此消彼长，共同维持人体的血脂代谢平衡。当人体从食物中摄取了较多脂类物质后，肠道对于脂肪的吸收量便会随之增

加，此时血脂水平就会有所升高，由于外源性血脂水平的升高，肝脏内的脂肪合成便会受到一定的抑制，从而使内源性血脂分泌量减少；相反，如果在进食中减少对外源性脂肪的摄取，那么人体的内源性血脂的合成速度便会加快，从而避免血脂水平偏低。正是由于这种制约关系的存在，在正常情况下人体的血脂水平才能维持在相对平衡、稳定的状态。

（二）脂蛋白

血脂不溶于水，必须要先与特殊的蛋白质（载脂蛋白）结合后形成脂蛋白才能溶于血液，随后被运输至身体各组织进行代谢。脂蛋白的基本结构是以不同含量的甘油三酯为核心，周围包围一层磷脂、胆固醇和蛋白质分子。脂蛋白根据密度可分为乳糜微粒（chylomicrons，CM）、极低密度脂蛋白（very – low – density lipoprotein，VLDL）、低密度脂蛋白（low – density lipoprotein，LDL）、中间密度脂蛋白（intermediate – density lipoprotein，IDL）、高密度脂蛋白（high – density lipoprotein，HDL）和脂蛋白（a）［lipoprotein（a），Lp（a）］等。其中甘油三酯主要携带者是乳糜微粒和极低密度脂蛋白，胆固醇主要携带者是低密度脂蛋白和高密度脂蛋白。

1. 乳糜微粒　血液中颗粒最大的脂蛋白，主要成分是甘油三酯，约占90%，密度最低，是转运外源性脂类的主要形式，主要是甘油三酯。甘油三酯在毛细血管中被水解成游离脂肪酸后进入各组织贮存或利用，而外源性胆固醇则全部进入肝。乳糜微粒也含胆固醇，其胆固醇随甘油三酯升高而增加，由于肝外组织脂蛋白脂肪酶活性缺陷，从肠黏膜细胞输入血液中的乳糜微粒不能经脂肪组织进行正常的分解代谢，使血中乳糜微粒潴留。乳糜微粒清除速度快，半衰期为10分钟，正常人空腹12小时后采血时，血清中已无乳糜微粒。餐后以及某些病理状态下血液中含有大量乳糜微粒时，血液外观呈白色混浊。将血清试管放在4℃静置过夜，乳糜微粒会漂浮到血清上层凝聚，呈奶油状态，这是检查有无乳糜微粒存在的简便方法。

2. 极低密度脂蛋白　由肝脏合成，大小为30～80 nm，含有甘油三酯、胆固醇、胆固醇酯和磷脂等脂类物质，其中甘油三酯含量大约是55%，与乳糜微粒一起统称为富含甘油三酯的脂蛋白。在不含乳糜微粒的血清中，甘油三酯浓度能反映极低密度脂蛋白的多少。由于极低密度脂蛋白分子比乳糜微粒小，空腹12小时后的血清呈清亮透明状态，只有当空腹血清甘油三酯的水平 >3.4 mmol/L（300 mg/dL）时，血清才呈乳状光泽直至混浊状态。

极低密度脂蛋白是运输内源性甘油三酯的主要形式，肝细胞利用葡萄糖为原料合成甘油三酯，也可利用食物以及脂肪组织动员的脂肪酸合成，然后与载脂蛋白 B_{100}、载脂蛋白 E 以及磷脂、胆固醇等结合形成极低密度脂蛋白。在低脂饮食时，肠黏膜也可分泌一些极低密度脂蛋白入血，经代谢后大部分变成低密度脂蛋白。一般正常人的极低密度脂蛋白没有致动脉粥样硬化作用，但高脂血症患者和糖尿病患者的极低密度脂蛋白代谢功能不正常，这些患者的极低密度脂蛋白具有致动脉粥样硬化的作用。

3. 低密度脂蛋白　由极低密度脂蛋白和中间密度脂蛋白转化而来，其中的甘油三酯经酯酶水解后形成低密度脂蛋白，大约含胆固醇50%，是血液中胆固醇含量最多的脂蛋白。单纯性高胆固醇血症时，胆固醇浓度的升高与血清低密度脂蛋白胆固醇（LDL – C）的水平呈平行关系。由于低密度脂蛋白颗粒小，即使 LDL – C 的浓度很高，血清也不会混浊。低密度脂蛋白中的载脂蛋白95%以上为 Apo B100。根据颗粒大小和密度高低不同，可将低密度脂蛋白分为不同的亚组分。低密度脂蛋白将胆固醇运送到外周组织，大多数低密度脂蛋白是由肝细胞和肝外的受体进行分解代谢。

4. 中间密度脂蛋白 极低密度脂蛋白向低密度脂蛋白转化过程的中间产物，也可直接由肝脏分泌，但量微小，它的组成和密度介于极低密度脂蛋白及低密度脂蛋白之间。中间密度脂蛋白含量升高是动脉粥样硬化的危险因素之一，临床上把这类脂蛋白增高的患者，诊断为Ⅲ型高脂血症。

5. 高密度脂蛋白 主要是由肝脏和小肠合成，是颗粒最小的脂蛋白，其中脂质和蛋白质几乎各占一半，载脂蛋白是以 Apo A1 为主。高密度脂蛋白是一类异质性脂蛋白，由于颗粒中所含脂质、载脂蛋白、酶和脂质转运蛋白的质和量各不相同，采用不同分离方法，可将高密度脂蛋白分为不同亚组分，这些亚组分在形状、密度、颗粒大小、电荷和抗动脉粥样硬化特性等方面均不相同。

高密度脂蛋白富含磷脂质，由于可输出胆固醇促进胆固醇的代谢，所以作为动脉硬化预防因子而受到重视。高密度脂蛋白将胆固醇从周围组织（包括动脉粥样硬化斑块）中转运到肝脏进行再循环，转化为胆汁酸或直接通过胆汁从肠道排出，这个过程称为胆固醇逆转运。动脉造影证明，高密度脂蛋白胆固醇含量与动脉管腔狭窄程度呈显著的负相关，故高密度脂蛋白是一种抗动脉粥样硬化的血浆脂蛋白，是冠心病的保护因子。

6. 脂蛋白（a） 利用免疫方法发现的一类特殊脂蛋白，脂质成分类似于低密度脂蛋白，富含胆固醇。表面是由胆固醇及磷脂包裹，嵌有亲水性载脂蛋白，载脂蛋白部分除含有 1 分子 Apo B100 外，还含有 1 分子 Apo（a）。肝脏是脂蛋白（a）合成的主要场所，在肝细胞表面与 Apo B100 结合后分泌到血液中，与动脉粥样硬化和血栓形成有着密切的相关性。

（三）高脂血症

高脂血症（hyperlipidemia）是指血浆中总胆固醇、甘油三酯、低密度脂蛋白中一种或多种水平过高，可直接引起一些严重危害人体健康的疾病，如动脉粥样硬化、冠心病、胰腺炎等，是一类较常见的疾病。

1. 高脂血症产生的原因 主要可分为两大类，即原发性高脂血症和继发性高脂血症。除少数是由于全身性疾病所致外（继发性高脂血症），绝大多数是因遗传基因缺陷，或与环境因素相互作用引起的（原发性高脂血症）。

（1）原发性高脂血症 遗传可通过多种机制引起高脂血症，有些可能发生在细胞水平上，主要表现为细胞表面脂蛋白受体缺陷以及细胞内某些酶的缺陷（如脂蛋白脂酶的缺陷或缺乏等），也可发生在脂蛋白或载脂蛋白的分子上，多由于单一基因或多个基因突变等引起。由于基因突变所致的高脂血症多具有家族聚集性，有明显的遗传倾向，特别是单一基因突变，所以临床上通常称为家族性高脂血症。

（2）继发性高脂血症 继发性高脂血症是由其他原发疾病所引起的，这些疾病包括糖尿病、肝病、甲状腺疾病、肾脏疾病、肥胖、糖原累积症、系统性红斑狼疮、骨髓瘤急性卟啉病等。在人体内糖代谢与脂肪代谢之间有着密切的联系，约40%的糖尿病患者可继发引起高脂血症。医学研究证实，许多物质包括脂质和脂蛋白等是经由肝脏加工、生产、分解和排泄的，肝脏如果发生病变，会引起脂质和脂蛋白代谢紊乱。肥胖症常常继发引起甘油三酯含量增高，部分患者总胆固醇含量也可能会增高。此外，年龄、性别、季节、营养、药物、吸烟、精神紧张等因素也可能引起高脂血症。

2. 高脂血症的危害 高血脂会加大血液的黏度，形成动脉粥样硬化，过多的胆固醇沉积于血管壁内，使动脉内膜发生一系列变化，局限性增厚，形成粥样斑块，斑块增多或增大使管壁僵硬，管腔逐渐狭窄或闭塞，造成缺血，发生各器官功能障碍，引起心、脑、肾等重要靶器官的损害。

（1）导致冠心病发生。高脂血症会导致冠状动脉内血流量变小、血管腔内脂肪淤积变窄，再加上心肌注血量减少，容易发生心肌缺血，时间长了可引起心绞痛、冠心病。

（2）导致高血压。因为高脂血症形成动脉粥样硬化后，会引起心肌功能紊乱，血管内发生一系列变化，从而导致血压升高。高血压对健康的危害更大，是发生出血性脑中风的重要因素之一。

（3）导致肝功能不同程度损伤。长期患有高血脂容易导致脂肪肝，如不及时治疗可引起肝脏动脉粥样硬化，受到损伤的肝小叶结构发生变化，就可能引起肝硬化等严重的并发症。

（4）导致肾小球硬化、肾小球损伤等，导致肾组织受损。

（5）头晕、头痛、乏力、失眠健忘、肢体麻木、胸闷、心悸、角膜弓和眼底改变等症状。

二、常用于辅助降血脂功能的物品或原料

许多含皂苷、多酚、黄酮类等活性成分的功能性物品以及它们的活性成分提取物，对降血脂都有不同程度的辅助作用。下面介绍部分具有辅助降血脂功能的物质：

1. 决明子 豆科植物决明或小决明的干燥成熟种子，味甘苦、性微寒。决明子含糖类、蛋白质、脂肪、甾体化合物、蒽醌衍生物、大黄素类和人体必需的微量元素如铁、锌、锰等。

决明子蛋白质和蒽醌苷可防治高脂血症，能显著降低高脂血症大鼠的总胆固醇、甘油三酯、低密度脂蛋白胆固醇等指标。蒽醌苷是通过其导泻作用，减少总胆固醇的吸收而增加排泄，通过反馈调节低密度脂蛋白胆固醇的代谢，降低血清总胆固醇和甘油三酯水平，起到净化血液、软化血管、降低血黏度、促进血液循环的作用，以减轻动脉粥样硬化斑块对心脑血管的损害，减少心脑血管疾病的发生率和死亡率。

2. 山楂 蔷薇科植物山里红或山楂的干燥成熟果实，味酸甘，性微温。山楂果实含山楂酸、苹果酸、枸橼酸、熊果酸、金丝桃苷、解脂酶、鞣质、蛋白质、槲皮素、核黄素等多种成分。

药理研究发现，山楂与菊花、丹参、元胡、银花等配伍，可用于治疗高脂血症、高血压、冠心病所致之胸闷隐痛。山楂能抑制 β－羟基－β－甲基戊二酸辅酶 A 还原酶的活性，从而抑制内源性胆固醇的合成。山楂中的金丝桃苷和熊果酸为降血脂的有效成分，其提取物具有明显降低血脂、减轻动物肝脏内各类脂质沉积作用，具有保护肝脏组织的生理生化功能，对高血脂和脂肪肝具有明显的防治作用。

3. 柴胡 又名北柴胡、黑柴胡、竹叶柴胡，是伞形科多年生草本植物，以干燥根供药用，主要产于河北、湖北、黑龙江等地。柴胡味苦、辛、性微寒。主要含有柴胡酮、植物

甾醇、脂肪酸、柴胡皂苷、挥发性油、葡萄糖等成分。

柴胡皂苷具有抑制肝和心肌中的脂质过氧化的作用，从而降低肝转氨酶；具有减少血凝，降低血中胆固醇和血糖水平功能，有助于其他有效成分的吸收；可以显著降低甘油三酯、低密度脂蛋白胆固醇，抑制小鼠实验性高脂血症的形成。

4. 大黄 蓼科植物大黄的干燥根和根茎，性味苦寒，具有泻下攻积、清热泻火、凉血解毒、逐瘀通经等功效。大黄主要有效成分为蒽醌衍生物、苷类化合物、鞣质类、有机酸、挥发油、脂肪酸及植物甾醇等，临床应用极其广泛。

大黄醇提物有降低实验性高血脂大鼠血脂的作用，可降低血清总胆固醇、甘油三酯、低密度脂蛋白、极低密度脂蛋白及过氧化脂质水平。

5. 小麦胚芽油 小麦胚芽是面粉加工生产过程中产生的副产品，小麦胚芽油是以小麦胚芽为原料加工成的一种谷物胚芽油，富含维生素 E、亚油酸、亚麻酸、二十八碳醇及多种生理活性组分，小麦胚芽蛋白质含量约占 30% 以上，并含人体必需的 8 种氨基酸，具有较高的营养价值。

小麦胚芽油具有预防心血管疾病的功能，可降低血液中的脂质浓度和胆固醇含量，防止动脉粥样硬化。

6. 银杏叶提取物 从银杏叶中提取，主要的化学成分包括 3 类：黄酮类化合物，属于低分子量化合物，由其母体化合物黄酮衍生而来，以甲基化和糖苷的形式存在；萜烯类化合物，或称银杏萜内酯，分子结构里含有独特的十二碳骨架，1 个叔丁基与 6 个五元环嵌入其中；有机酸类化合物。

银杏叶提取物能延缓饲胆固醇兔动脉粥样硬化的形成，其机理与减少血浆丙二醛含量和增加氧化氮水平有关；能抑制冠心病患者低密度脂蛋白的氧化，降低血清丙二醛、提高维生素 C 水平，有利于冠状动脉疾病的防治；可降低血清胆甾醇、升高磷脂及改善胆甾醇与磷脂比例，有降压降血脂作用。

7. 绞股蓝 葫芦科绞股蓝属植物，又名七叶胆、五叶参等，在我国主要分布在秦岭及长江以南地区，味苦、微甘，性凉。绞股蓝主要含有绞股蓝皂苷类、黄酮类、多糖、氨基酸类、微量元素等。

绞股蓝皂苷可以降低实验性高脂血症大鼠血脂、修护肝脏损伤，可明显改善由实验性高脂血症引起的脂质代谢紊乱；有预防和治疗高脂血症、动脉粥样硬化的作用，其调脂作用与抑制脂肪细胞产生游离脂肪酸及合成中性脂肪有关；能够不同程度地降低血清中的甘油三酯、总胆固醇浓度，降低血浆内皮素，从而减少动脉粥样硬化的发生风险。

8. 具有辅助降血脂功能的物品还有沙棘籽油、姜黄、深海鱼油等。

第二节　辅助降血脂功能评价实验基本内容及案例

一、实验项目

（一）动物实验模型

1. 混合型高脂血症动物模型。

扫码"学一学"

2. 高胆固醇血症动物模型。

（二）动物模型实验检测项目

1. 动物实验前的初始体重和实验期间各周体重的测定。

2. 血清总胆固醇（TC）水平的测定。

3. 血清甘油三酯（TG）水平的测定。

4. 血清低密度脂蛋白胆固醇（LDL－C）水平的测定。

5. 血清高密度脂蛋白胆固醇（HDL－C）水平的测定。

（三）人体试食试验方案

1. 辅助降低血脂方案（血清总胆固醇和血清甘油三酯）。

2. 辅助降低血清胆固醇方案（单纯降低血清胆固醇）。

3. 辅助降低血清甘油三酯方案（单纯降低血清甘油三酯）。

（四）人体试食试验功效指标检测项目

1. 血清总胆固醇水平的测定。

2. 血清甘油三酯水平的测定。

3. 血清低密度脂蛋白胆固醇水平的测定。

4. 血清高密度脂蛋白胆固醇水平的测定。

二、实验原则

1. 动物模型实验和人体试食试验所列指标均为必测项目。

2. 根据受试样品的作用机制，可在动物实验的两个动物模型中任选一项。

3. 根据受试样品的作用机制，可在人体试食试验的三个方案中任选一项。

4. 在进行人体试食试验时，应对受试样品的食用安全性进一步观察。

三、实验方法

（一）实验动物选择

优先选用健康成年雄性大鼠，适应期结束时，体重（200±20）g，首选 SD 大鼠，每组 8～12 只。购买的动物应适应环境 3 天后进行实验。

（二）实验剂量分组及受试样品给予时间

1. 动物实验设 3 个剂量组、空白对照组和模型对照组。以人体推荐量的 5 倍作为其中的一个剂量组，在此基础上再设两个剂量组，一般组间剂量差别为 2～3 倍，受试样品的功能实验剂量必须在毒理学评价确定的安全剂量范围之内。如有必要，增设阳性对照组。受试样品给予时间为 30 天，必要时可延长至 45 天。

2. 人体试食试验采用自身和组间两种对照设计。根据随机盲法的要求进行分组。按受试者血脂水平随机分为试食组和对照组，尽可能考虑影响结果的主要因素如年龄、性别、饮食等，进行均衡性检验，以保证组间的可比性。每组受试者不少于 50 例。试食组服用受试样品，对照组可服用安慰剂或采用空白对照，试验周期 45 天，最长不超过 6 个月。

（三）建模方案

1. 混合型高脂血症动物模型实验方案　用含有胆固醇、蔗糖、猪油、胆酸钠的饲料喂养动物可形成脂代谢紊乱动物模型。经检测，模型组与正常饲料组比较，血清甘油三酯升高，总胆固醇或低密度脂蛋白胆固醇升高，差异均有显著性，可判定模型成立。模型组分组后再给予动物受试样品，可检测受试样品对高脂血症的影响。

2. 高胆固醇血症动物模型实验　用含有胆固醇、猪油、胆酸钠的饲料喂养动物可形成高胆固醇脂代谢紊乱动物模型。经检测，模型组与正常饲料组比较，血清总胆固醇或低密度脂蛋白胆固醇升高，差异有显著性，血清甘油三酯差异无显著性，判定模型成立。模型组分组后再给予动物受试样品。

3. 辅助降血脂功能人体试食试验方案　定量、定期给予高脂血症人群受试样品，可检测受试样品对高脂血症的影响，并可判定受试样品对脂质的吸收、脂蛋白的形成、脂质的降解或排泄产生的影响。

（四）结果判定准则

1. 混合型高脂血症动物模型实验结果判定准则

（1）与模型对照组比较　任一样品剂量组的血清总胆固醇或低密度脂蛋白胆固醇降低，且任一剂量组血清甘油三酯降低，差异均有显著性，同时各剂量组血清高密度脂蛋白胆固醇不显著低于模型对照组，可判定该受试样品辅助降血脂功能动物实验结果阳性。

（2）与模型对照组比较　任一样品剂量组血清总胆固醇或低密度脂蛋白胆固醇降低，差异有显著性，同时各剂量组血清甘油三酯不显著高于模型对照组，各剂量组血清高密度脂蛋白胆固醇不显著低于模型对照组，可判定该受试样品辅助降低胆固醇功能动物实验结果阳性。

（3）与模型对照组比较　任一样品剂量组血清甘油三酯降低，差异有显著性，同时各剂量组血清总胆固醇及低密度脂蛋白胆固醇不显著高于模型对照组，血清高密度脂蛋白胆固醇不显著低于模型对照组，可判定该受试样品辅助降低甘油三酯功能动物实验结果阳性。

2. 高胆固醇血症动物模型实验结果判定准则

各剂量组与模型对照组比较，任一剂量组血清总胆固醇或低密度脂蛋白胆固醇降低，差异有显著性，并且各剂量组血清高密度脂蛋白胆固醇不显著低于模型对照组，血清甘油三酯不显著高于模型对照组，可判定该受试样品辅助降低胆固醇功能动物实验结果阳性。

3. 人体试食试验结果判定准则

（1）辅助降低血脂功能结果判定　试食组自身比较及试食组与对照组组间比较，受试者血清总胆固醇、甘油三酯、低密度脂蛋白胆固醇降低，差异均有显著性，同时血清高密度脂蛋白胆固醇不显著低于对照组，试食组总有效率显著高于对照组，可判定该受试样品"辅助降低血脂功能"人体试食试验结果阳性。

（2）辅助降低血清胆固醇功能结果判定　试食组自身比较及试食组与对照组组间比较，受试者血清总胆固醇、低密度脂蛋白胆固醇降低，差异均有显著性，同时血清甘油三酯不显著高于对照组，血清高密度脂蛋白胆固醇不显著低于对照组，试食组血清总胆固醇有效率显著高于对照组，可判定该受试样品"辅助降低血清胆固醇功能"人体试食试验结果阳性。

（3）辅助降低甘油三酯功能结果判定　试食组自身比较及试食组与对照组组间比较，受试者血清甘油三酯降低，差异有显著性，同时血清总胆固醇和低密度脂蛋白胆固醇不显著高于对照组，血清高密度脂蛋白胆固醇不显著低于对照组，试食组血清甘油三酯有效率显著高于对照组，可判定该受试样品"辅助降低甘油三酯功能"人体试食试验结果阳性。

四、辅助降血脂功能评价的动物模型案例简介

本案例应用混合型高脂血症动物模型。

（一）动物选择和分组

选用清洁级 SD 健康雄性大鼠 50 只（单一性别）。购入的大鼠应先检疫 3 天无异常后再进行分组实验，适应期结束时体重范围为 180～220 g。

给大鼠连续喂饲正常的维持饲料 6 天后，按体重随机分成 2 组，其中一组 10 只大鼠继续给予维持饲料作为空白对照组，另外一组 40 只大鼠给予高脂模型饲料作为高脂模型组。7 天后，高脂模型大鼠根据总胆固醇水平随机分成 4 组，每组 10 只，分别为模型对照组和低、中、高剂量组。

（二）给药剂量及途径

样品为某脂溶性软胶囊，成人日推荐量为 2 g，即 0.0333 g/kg（成人体重以 60 kg 计），按成人日推荐用量的 5 倍、10 倍、30 倍设低、中、高 3 个样品剂量组，分别为 0.167 g/kg、0.333 g/kg 和 1.00 g/kg；另设空白对照组和模型对照组。

大鼠每日称重，并按 5 mL/kg 以经口灌胃方式分别给予食用植物油、低、中、高剂量组受试物，连续 30 天。整个实验过程大鼠自由进食饮水。

（三）检测项目

每周称量动物体重，于实验结束时不禁食采血，采血后尽快分离血清，测定血清总胆固醇、甘油三酯、低密度脂蛋白胆固醇、高密度脂蛋白胆固醇水平。

（四）实验结果

1. 对大鼠体重的影响　实验期间，各组大鼠生长良好，适应期结束造模分组后，空白对照组大鼠体重与高脂模型大鼠体重差异无统计学意义（$P > 0.05$）；空白对照组和样品各剂量组大鼠在给予受试物前、受试过程的每周体重与模型对照组比较，差异均无统计学意义（$P > 0.05$），结果见表 5-1 和表 5-2。

表 5-1　适应期结束分组大鼠的体重（$\bar{x} \pm S$）

组别	动物数量（只）	体重（g）	P
空白对照组	10	200 ± 10	/
高脂模型组	40	200 ± 10	1.000

表5-2 给予受试物前后每周各组大鼠的体重（$\bar{x} \pm S$） 单位（g）

组别	给予受试物前体重	第1周体重	第2周体重	第3周体重	实验结束体重
空白对照组	250 ± 10	300 ± 15	350 ± 20	400 ± 25	450 ± 30
模型对照组	251 ± 10	301 ± 15	351 ± 20	401 ± 25	451 ± 30
低剂量组	252 ± 10	302 ± 15	352 ± 20	402 ± 25	452 ± 30
中剂量组	253 ± 10	303 ± 15	353 ± 20	403 ± 25	453 ± 30
高剂量组	254 ± 10	304 ± 15	354 ± 20	404 ± 25	454 ± 30

2. 对大鼠血脂水平的影响 给予受试物前，模型对照组和样品各剂量组的血清总胆固醇、甘油三酯、低密度脂蛋白胆固醇值均高于空白对照组，差异均有统计学意义（$P < 0.05$），且高密度脂蛋白胆固醇值与空白对照组比较，差异无统计学意义（$P > 0.05$），判定模型成立；样品各剂量组血清总胆固醇、甘油三酯、低密度脂蛋白胆固醇、高密度脂蛋白胆固醇值与模型对照组比较，差异均无统计学意义（$P > 0.05$）。实验结束时模型对照组血清总胆固醇、甘油三酯、低密度脂蛋白胆固醇值均高于空白对照组，高密度脂蛋白胆固醇值低于空白对照组，差异均有统计学意义（$P < 0.05$）；中、高剂量组的血清总胆固醇、甘油三酯、低密度脂蛋白胆固醇值均低于模型对照组，差异均有统计学意义（$P < 0.05$），各剂量组高密度脂蛋白胆固醇值与模型对照组比较，差异无统计学意义（$P > 0.05$），结果见表5-3和表5-4。

表5-3 给予受试物前各组大鼠的血脂水平（$\bar{x} \pm S$） 单位（mmol/L）

组别	TC	TG	LDL-C	HDL-C
空白对照组	2.20 ± 0.20	2.00 ± 0.50	0.40 ± 0.10	1.60 ± 0.20
模型对照组	4.01 ± 0.20*	6.01 ± 0.50*	1.61 ± 0.10*	1.51 ± 0.20
低剂量组	4.02 ± 0.20	6.02 ± 0.50	1.62 ± 0.10	1.52 ± 0.20
中剂量组	4.03 ± 0.20	6.03 ± 0.50	1.63 ± 0.10	1.53 ± 0.20
高剂量组	4.04 ± 0.20	6.04 ± 0.50	1.64 ± 0.10	1.54 ± 0.20

注：* 模型对照组与空白对照组比较，$P < 0.05$。

表5-4 实验结束时各组大鼠血脂水平（$\bar{x} \pm S$） 单位（mmol/L）

组别	TC	TG	LDL-C	HDL-C
空白对照组	2.10 ± 0.20	1.90 ± 0.50	0.50 ± 0.10	1.50 ± 0.20
模型对照组	3.90 ± 0.20*	5.90 ± 0.50*	1.50 ± 0.10*	1.20 ± 0.20*
低剂量组	2.80 ± 0.20	5.00 ± 0.50	1.40 ± 0.10	1.22 ± 0.20
中剂量组	2.60 ± 0.20#	4.00 ± 0.50#	1.30 ± 0.10#	1.24 ± 0.20
高剂量组	2.40 ± 0.20#	3.00 ± 0.50#	1.20 ± 0.10#	1.26 ± 0.20

注：* 模型对照组与空白对照组比较，$P < 0.05$；# 各剂量组与模型对照组比较，$P < 0.05$。

（五）结果判定

经口灌胃给予受试样品30天后，结果能降低中、高剂量组血清总胆固醇、甘油三酯、低密度脂蛋白胆固醇值，同时各剂量组血清高密度脂蛋白胆固醇不显著低于模型对照组。经动物实验证实，该样品具有辅助降血脂功能。

五、辅助降血脂功能评价人体试食试验案例简介

（一）受试者选择和分组

1. 受试者纳入标准

（1）在正常饮食情况下，检测禁食 12～14 小时后的血脂水平，半年内至少有两次血脂检测，血清总胆固醇在 5.18～6.21 mmol/L，并且血清甘油三酯在 1.70～2.25 mmol/L，符合以上情况者可作为辅助降血脂功能备选对象；血清甘油三酯在 1.70～2.25 mmol/L，并且血清总胆固醇 ≤6.21 mmol/L，可作为辅助降低甘油三酯功能备选对象；血清总胆固醇在 5.18～6.21 mmol/L，并且血清甘油三酯 ≤2.25 mmol/L，可作为辅助降低胆固醇功能备选对象，在参考动物实验结果基础上，选择符合相应指标者为受试对象。

（2）原发性高脂血症。

（3）获得知情同意书，自愿参加试验者。

2. 受试者排除标准

（1）年龄在 18 岁以下或 65 岁以上者。

（2）妊娠或哺乳期妇女，过敏体质或对本受试样品过敏者。

（3）合并有心、肝、肾和造血系统等严重疾病，精神病患者。

（4）近两周曾服用调脂药物，影响到对结果的判断者。

（5）住院的高脂血症者。

（6）未按规定食用受试样品，或资料不全，影响功效或安全性判断者。

3. 试验分组　采用自身和组间两种对照设计，按受试者血脂水平随机盲法分为试食组和对照组，同时考虑影响试验结果的年龄、性别、饮食等主要因素，进行均衡性检验，保证组间的可比性。其中对照组入组 60 例，试食组入组 60 例，试验周期为 45 天。

（二）服用剂量及方法

试食组受试者服用受试样品，对照组服用安慰剂，每天 2 次，每次 2 粒，连续服用 45 天。试验期间受试者不改变原来的生活和饮食习惯，正常饮食。

（三）检测项目

1. 安全性指标　精神、睡眠、饮食、大小便、血压、心率等一般状况；数字 DDR 胸部正位片、心电图、腹部 B 超、血常规指标、血生化指标、尿常规指标、大便常规指标。

2. 功效性指标　血清总胆固醇、甘油三酯、高密度脂蛋白胆固醇、低密度脂蛋白胆固醇水平。

（四）试验结果

1. 受试者基本情况　本试验共入组 120 例受试者，对照组与试食组各 60 例。试验结束时两组共脱落 8 例，脱离原因是未参加复查；共剔除 4 例，剔除原因是未按时服用试食产品，最后共有 108 例完成试验。试食前，试食组与对照组间年龄、男女比例经统计差异均无统计学意义（$P > 0.05$），结果见表 5-5 和表 5-6。

表 5 - 5　两组受试者分布情况

	对照组	试食组
入组数	60	60
完成数	53	55
脱落数	5	3
剔除数	2	2

表 5 - 6　两组受试者基本资料

	例数	年龄（岁）	男/女
对照组	53	55.5 ± 5.0	22/31
试食组	55	55.6 ± 5.0	23/32
P 值		0.999	0.974

2. 安全性指标测定结果

（1）一般情况　试食后，受试者精神、睡眠、饮食、大小便、血压、心率等情况未见异常。

（2）数字 DDR 胸部正位片、心电图、腹部 B 超检查　试验前各受试者的数字 DDR 胸部正位片、心电图、腹部 B 超（肝、胆、脾、胰、双肾）检查均未见明显异常。

（3）血常规、生化指标检查　试验前后试食组的谷丙转氨酶、谷草转氨酶、总蛋白、白蛋白、尿素氮、肌酐、血糖、血红蛋白、红细胞计数、白细胞计数的测定结果均在正常值范围内。

（4）试食前后，受试者的尿、便常规检查　未见明显异常。

（5）试食期间，受试者未见其他不良反应。

3. 功效性指标测定结果

连续服用该受试物 45 天后，试食组与对照组比较血清 TC 水平降低 16.7%，血清 TG 水平降低 20.0%，血清 LDL - C 水平降低 12.5%，差异均有统计学意义（$P < 0.05$）；血清 HDL - C 水平上升 0.20 mmol/L，差异无统计学意义（$P > 0.05$），结果见表 5 - 7 至表 5 - 10。

试食组自身比较：试食后血清 TC 水平降低 19.4%，血清 TG 水平降低 27.3%，血清 LDL - C 水平降低 16.7%，差异均有统计学意义（$P < 0.05$）；血清 HDL - C 上升 0.10 mmol/L，差异无统计学意义（$P > 0.05$）。

对照组自身比较：试食前后血清 TC、TG、LDL - C、HDL - C 水平差异均无统计学意义（$P > 0.05$）。

表 5 - 7　对血清 TC 的影响（$\bar{x} \pm S$）

组别	例数	试食前（mmol/L）	试食后（mmol/L）	自身 P 值	自身下降百分率（%）
对照组	53	6.10 ± 1.00	6.00 ± 1.00	0.900	1.6
试食组	55	6.20 ± 1.00	5.00 ± 1.00 *#	0.000	19.4
组间 P 值	/	0.900	0.000	/	/
组间下降百分率（%）	/	/	16.7	/	/

注：* 试食组试食前后比较，$P < 0.05$；# 试食后两组间比较，$P < 0.05$。

表5-8 对血清TG的影响（$\bar{x} \pm S$）

组别	例数	试食前（mmol/L）	试食后（mmol/L）	自身P值	自身下降百分率（%）
对照组	53	2.10±1.00	2.00±1.00	0.900	4.8
试食组	55	2.20±1.00	1.60±1.00 *#	0.000	27.3
组间P值	/	0.900	0.000	/	/
组间下降百分率（%）	/	/	20.0	/	/

注：* 试食组试食前后比较，$P < 0.05$；# 试食后两组间比较，$P < 0.05$。

表5-9 对血清LDL-C的影响（$\bar{x} \pm S$）

组别	例数	试食前（mmol/L）	试食后（mmol/L）	自身P值	自身下降百分率（%）
对照组	53	4.10±1.00	4.00±1.00	0.900	2.4
试食组	55	4.20±1.00	3.50±1.00 *#	0.000	16.7
组间P值	/	0.900	0.000	/	/
组间下降百分率（%）	/	/	12.5	/	/

注：* 试食组试食前后比较，$P < 0.05$；# 试食后两组间比较，$P < 0.05$。

表5-10 对血清HDL-C的影响（$\bar{x} \pm S$）

组别	例数	试食前（mmol/L）	试食后（mmol/L）	自身P值	自身上升值（mmol/L）
对照组	53	1.70±1.00	1.65±1.00	0.900	-0.05
试食组	55	1.75±1.00	1.85±1.00	0.500	0.10
组间P值	/	0.900	0.200	/	/
组间上升值（mmol/L）	/	/	0.20	/	/

（五）结果判定

试食组自身比较及试食组与对照组组间比较，受试者血清总胆固醇、甘油三酯、低密度脂蛋白胆固醇降低，差异均有显著性，同时血清高密度脂蛋白胆固醇不显著低于对照组，试食组总有效率显著高于对照组，可判定"辅助降低血脂功能"人体试食试验结果阳性。

第三节 辅助降血脂功能评价实验检测方法

扫码"学一学"

一、血清总胆固醇的检测

（一）原理

血清中的胆固醇酯（CE）被胆固醇酯水解酶（CEH）水解成游离脂肪酸（FFA）和游离胆固醇（FC），后者被胆固醇氧化酶（COD）氧化成胆甾烯酮，并产生过氧化氢（H_2O_2），再经过氧化物酶（POD）催化，4-氨基安替比林（4-AAP）与酚（三者合称

PAP）反应，生成红色醌亚胺色素（Trinder 反应）。醌亚胺的最大光吸收位于 500 nm 左右，吸光度与标本中总胆固醇呈正比。反应式如下：

$$CE + H_2O \xrightarrow{CEH} FC + 脂肪酸$$

$$FC + O_2 \xrightarrow{COD} \triangle^4 胆甾烯酮 + H_2O_2$$

$$2H_2O_2 + 4 - AAP + 酚 \xrightarrow{POD} 苯醌亚胺 + 4H_2O$$

（二）仪器和材料

可见分光光度计。

哌嗪 $-N, N'-$ 双（2 - 乙基磺酸）（PIPES）75 mmol/L，pH 6.8；Mg^{2+} 10 mmol/L；胆酸钠 3 mmol/L；4 - AAP 0.5 mmol/L；酚 3.5 mmol/L；CEH > 800 U/L；COD > 500 U/L；POD > 1000 U/L；聚氧乙烯类表面活性剂 3 g/L。

目前各商品试剂与上述试剂相似，可分为单试剂、双试剂，试剂组成及各成分浓度存在一定差异。双试剂中试剂 1 含胆酸钠、酚及其衍生物、聚氧乙烯类表面活性剂和缓冲系统；试剂 2 含 CEH、COD、POD、4 - AAP 和缓冲系统。缓冲系统为磷酸盐缓冲液（PBS）、三羟甲基氨基甲烷缓冲液（Tris）或两性离子缓冲液（Good）。离子强度一般在 50 ~ 100 mmoL/L，pH 6.5 ~ 7.0。

（三）实验步骤

按表 5 - 11 进行。

表 5 - 11　总胆固醇手工测定操作步骤

加入物	试剂空白	标准管	测定管
去离子水（μL）	10	—	—
标准液（μL）	—	10	—
血清（μL）	—	—	10
单试剂（mL）	1.0	1.0	1.0

混匀各管，置 37℃ 孵育 5 分钟，分光光度计波长 500 nm，以试剂空白调零，读取各管吸光度 A。

（四）结果计算

按公式（5 - 1）计算。

$$TC（mmol/L）= \frac{测定管 A}{标准管 A} \times 胆固醇标准液浓度 \qquad (5-1)$$

二、血清甘油三酯的检测

（一）原理

采用脂蛋白酯酶（LPL）水解血清中 TG 成甘油与脂肪酸，将生成的甘油用甘油激酶（GK）及腺苷三磷酸（ATP）磷酸化。以磷酸甘油氧化酶（GPO）氧化 3 - 磷酸甘油（G -

3 - P），然后以过氧化物酶（POD）、4 - 氨基安替比林（4 - AAP）与 4 - 氯酚（三者合称 PAP）反应显色，测定所生成的 H_2O_2，故本法简称为 GPO - PAP 法，反应式如下。

$$TG + 3H_2O \xrightarrow{LPL} 甘油 + 3 脂肪酸$$

$$甘油 + ATP \xrightarrow{GK, Mg2+} 3 - 磷酸甘油 + ADP$$

$$3 - 磷酸甘油 + O_2 + 2H_2O \xrightarrow{GPO} 2H_2O_2 + 磷酸二羟丙酮$$

$$H_2O_2 + 4 - AAP + 4 - 氯酚 \xrightarrow{POD} 苯醌亚胺 + 2H_2O_2 + HCl$$

（二）仪器和材料

可见分光光度计。

单试剂：哌嗪 - N, N' - 双（2 - 乙基磺酸）（PIPES）缓冲液 50 mmol/L，pH 6.8，LPL≥2000 U/L，GK≥250 U/L，GPO≥3000 U/L，POD≥1000 U/L，$MgCl_2$≥40 mmol/L，胆酸钠 3.5 mmol/L，ATP≥1.4 mmol/L，4 - AAP≥1.0 mmol/L，4 - 氯酚 3.5 mmol/L，高铁氧化钾 10 μol/L，表面活性剂 0.1 g/L。

双试剂：①R1：含缓冲系统、GK、GPO、POD、$MgCl_2$、胆酸钠、ATP、4 - 氯酚、高铁氧化钾、表面活性剂；②R2：含 4 - AAP、LPL 和缓冲系统。R1 和 R2 的比例按仪器要求而定。

TG 测定标准液：推荐用高纯度的三油酸甘油酯配成 1.7 mmol/L（150 mg/dL）的水溶液作为标准液，也可用相同浓度的甘油溶液作标准液，其缺点是未参加反应全过程，不适合用于两步法。

（三）实验步骤

按表 5 - 12 进行。

表 5 - 12 甘油三酯酶法测定操作步骤

加入物	试剂空白	标准管	测定管
去离子水（μL）	10	—	—
标准液（μL）	—	10	—
血清（μL）	—	—	10
单试剂（mL）	1.0	1.0	1.0

混匀各管，置 37℃ 水浴 5 分钟，分光光度计波长 500 nm，以空白调零，读取各管吸光度 A。

（四）结果计算

按公式（5-2）计算。

$$TG（mmol/L）= \frac{测定管 A}{标准管 A} \times 甘油三酯标准液浓度 \qquad (5-2)$$

三、血清低密度脂蛋白胆固醇的检测

（一）原理

应用匀相测定法，其免去了标本预处理步骤，可直接上机测定，在自动分析仪普及的基础上易被临床实验室接受。匀相测定法中增溶法（Sol 法）的基本原理主要基于以下几个反应式。

1. VLDL、CM 和 HDL 由表面活性剂和糖化合物封闭。

2. LDL – C + 表面活性剂 + CEH 和 COD → 胆甾烯酮 + H_2O_2

3. H_2O_2 + 4 – AAP + POD + HSDA → 苯醌亚胺色素

（二）仪器和材料

自动生化分析仪。

试剂 1：MOPS 缓冲液 50 mmol/L，pH 6.75、α – 环状葡聚糖硫酸盐 0.5 mmol/L、硫酸葡聚糖 0.5 g/L、$MgCl_2$ 2 mmol/L、EMSE 0.3 g/L。

试剂 2：MOPS 缓冲液 50 mmol/L，pH 6.75，POE – POP 4.0 g/L，胆固醇酯酶≥1.0 KU/L、胆固醇氧化酶≥3.0 KU/L、辣根过氧化物酶≥30 KU/L、4 – AAP 2.5 mmol/L。

注：MOPS：3 –（N – 吗啉基）丙磺酸；EMSE：N – 乙基 – N –（3 – 甲基苯基）– N – 琥珀酰乙二胺；POEPOP：聚氧乙酰 – 聚氧丙酰。

定标品：定值人血清。

（三）实验步骤

自动生化分析仪测定过程为血清样品与试剂 1 混合，温育一定时间读取特定波长下的吸光度 A_1，加入试剂 2，迟滞一定时间后测定吸光度 A_2。主要反应条件如下。

样品：2 μL；波长：600 nm（主）/700 nm（副）。试剂：R1（180 μL）；R2（60 μL）。反应温度：37℃。温育时间：5 分钟。迟滞时间：5 分钟。反应类型：2 点终点法。

不同实验室具体反应条件会因所使用的仪器和试剂而异，在保证方法可靠的前提下，应按仪器和试剂说明书设定测定参数，进行定标品、空白样品和血清样品分析。

（四）结果计算

按公式（5 – 3）计算。

$$LDL – C(mmol/L) = - \frac{样本\ A_2 - 样本\ A_1}{标准\ A_2 - 标准\ A_1} × 标准血清浓度 \qquad (5 – 3)$$

四、血清高密度脂蛋白胆固醇的检测

（一）原理

与低密底脂蛋白一致应用匀相测定法，其中 PEG 修饰酶法（PEG 法）的基本原理主要基于以下几个反应式。

1. CM、VLDL、LDL + α – 环状葡聚糖硫酸盐 + Mg^{2+} → CM、VLDL、LDL 和 α – 环状葡聚糖硫酸盐的可溶性聚合物。

2. HDL – C + PEG 修饰的 CEH 和 COD → 胆甾烯酮 + H_2O_2。

3. H_2O_2 + 酚衍生物 + 4 – AAP + POD → 苯醌亚胺色素。

（二）仪器和材料

自动生化分析仪。

试剂 1：MOPS 缓冲液 30 mmol/L，pH 7.0，α – 环状葡聚糖硫酸盐 0.5 mmol/L，硫酸葡聚糖 0.5 g/L，$MgCl_2$ 2 mmol/L，EMSE 0.3 g/L。

试剂 2：MOPS 缓冲液 30 mmol/L，pH 7.0，PEG 修饰胆固醇酯酶 1.0 U/L，PEG 修饰胆固醇氧化酶 5.0 KU/L，辣根过氧化物酶 30 KU/L，4 – AAP 0.5 g/L。

定标品：定值人血清。

注：MOPS：3 –（N – 吗啉基）丙磺酸，EMSE：N – 乙基 – N –（3 – 甲基苯基）– N – 琥珀酰乙二胺。

（三）实验步骤

自动生化分析仪测定过程为血清样品与试剂 1 混合，温育一定时间读取特定波长下的吸光度 A_1，加入试剂 2，迟滞一定时间后测定吸光度 A_2。

主要反应条件如下。

样品：2.4 μL。波长：600 nm（主）/700 nm（副）。试剂：R1（210 μL）；R2（70 μL）。反应温度：37℃。温育时间：5 分钟。迟滞时间：5 分钟。反应类型：2 点终点法。

不同实验室具体反应条件会因所使用的仪器和试剂而异，在保证方法可靠的前提下，应按仪器和试剂说明书设定测定参数，进行定标品、空白样品和血清样品分析。

（四）结果计算

按公式（5 – 4）计算。

$$HDL – C（mmol/L） = \frac{样本 A_2 – 样本 A_1}{标准 A_2 – 标准 A_1} \times 标准血清浓度 \qquad (5 – 4)$$

本章小结

本章主要介绍了血脂的来源和脂蛋白的种类，对高脂血症产生原因、主要表现和危害作了具体分析。临床上血脂检测的基本项目主要为总胆固醇（TC）、甘油三酯（TG）、低密度脂蛋白胆固醇（LDL – C）和高密度脂蛋白胆固醇（HDL – C）。许多含皂苷、多酚、黄酮类等活性成分的功能性物品以及它们的活性成分提取物，对降血脂都有不同程度的辅助作用，本章列举了其中常见的几种。本章引用一个具体的评价案例，对辅助降血脂动物实验和人体试食试验的条件、方案设计、结果判定和注意事项等方面进行直观描述。最后介绍了辅助降血脂功能评价中 4 个基本项目的检测技术。

扫码"练一练"

? 思考题

1. 简述高脂血症产生的几种原因。

2. 辅助降血脂功能动物实验可分为哪几种模型？

3. 在混合型高脂血症动物模型实验中，对实验结果的判定原则是什么？

4. 试述辅助降血脂功能人体试食试验的受试者纳入标准。

（黄宗锈）

第六章　缓解视疲劳功能评价

知识目标

1. **掌握**　缓解视疲劳功能评价的试验方案设计；检验结果的判定。
2. **熟悉**　缓解视疲劳功能常用保健原料或营养素及其作用机制。
3. **了解**　视疲劳及其症状。

能力目标

1. 能够运用明视持久度的测定方法，进行明视持久度等视疲劳相关指标的检测。
2. 能够运用相关方法进行缓解视疲劳功能案例分析；会在缓解视疲劳保健食品开发、申报和营销中运用相关功能评价知识。

扫码"学一学"

第一节　视疲劳、用眼健康及相关保健食品

一、视疲劳与健康

（一）视疲劳的概念

视疲劳（asthenopia）又称眼疲劳，是以患者自觉眼部症状为基础，眼或全身器质性因素与心理因素相互交织的综合征。视疲劳是一种常见的眼科疾病，尤其是随着计算机、游戏机、电视机等视频终端的普及，近距离精细用眼越来越多，视疲劳的发病率日趋增高。因此，视疲劳也越来越受到人们的关注。

（二）视疲劳的主要症状

1. 眼部视疲劳主要症状　初期表现为未睡醒样、眯眼视物、皱眉、爱用手擦眼，继而视力减退，视物不清，看字模糊，阅读串行。这些症状在闭目休息或临窗远眺，或停止工作休息一段时间后即消失。但再继续用眼，症状又能重复出现。反复发生会逐渐加重，视物成双，眼睛干涩，畏光，流泪，发痒，灼热，眼胀有压迫感。甚至眼球或眼眶酸胀或疼痛，结膜充血，工作效率极大降低。

2. 全身性视疲劳主要症状　首先是反射性头痛，甚至发射到颈部、臀部。疼痛多发生在过度用眼之中或之后，可能是暂时的，也可能是持续的，但一般能忍受。继续发展，全身出现手足震颤、多汗、心悸、记忆力差、睡眠不佳、多梦、食欲减退、眩晕、恶心、面色苍白等严重症状，影响正常工作。

（三）视疲劳产生的原因

眼球的内外肌肉同人体的其他肌肉一样，持续地收缩就会紧张、疲劳、酸胀、麻木，

造成血液流动滞缓、淤血和神经紧张。神经紧张反射到中枢神经引起中枢神经的抑制，造成视疲劳。视疲劳往往与身体的健康情况、工作负荷有关。一般情况下，尽管有屈光不正和眼肌不平衡因素，但由于机体的代偿功能作用，视疲劳不会表现出来；如果健康状况发生问题或工作负担超过了胜任能力，就会发生视疲劳症状。发生视疲劳的常见原因如下。

1. 眼睛自身的原因如近视、远视、散光等屈光不正未正确佩戴矫正眼镜，会造成调节性视疲劳；眼肌集合功能不全、隐斜或眼外肌麻痹可引起眼肌性视疲劳；青光眼早期可出现视疲劳的全身症状；眼部疾病如结膜炎、角膜炎等器质性病变均可引起视觉不适；干眼症、上睑下垂等非器质性病变同样可以导致视疲劳，干眼症患者中可以出现视疲劳症状，而视疲劳患者中可以出现干眼症症状，两者关系密切；上睑下垂患者常伴有头痛、眼胀、眼部酸胀不适等视疲劳症状。

2. 全身因素如营养不良、年老、体弱、高血压、焦虑、神经衰弱、身体过劳等，就可使眼的耐受压降低，导致视疲劳。

3. 环境因素如光线太弱或太强、光线分布不均匀或闪烁不定、注视的目标过小、过细或不稳定、在运行的车船上阅读等均会导致视疲劳。从事视频显示终端工作者发生视疲劳的比例更高。

二、常用于缓解视疲劳功能的物品或原料

为了规范保健食品原料的正确使用和有效管理，国家相关监管部门制定了《既是食品又是药品的物品名单》《可用于保健食品的物品名单》和《保健食品禁用物品名单》等目录。另外，对于申报保健食品中涉及的物品（或原料）是我国新研制、新发现、新引进的，无食用习惯或仅在个别地区有食用习惯的；申报保健食品中涉及食品添加剂的；申报保健食品中涉及真菌、益生菌等物品（或原料）的；申报保健食品中涉及国家保护动植物等物品（或原料）的，都做出了详细规定。用于缓解视疲劳功能保健食品的物品（或原料）的选择，也应遵循这些相关规定。

视疲劳是由于各种因素引起的一组疲劳综合征，应综合考虑。保护视力，缓解视疲劳应建立在眼部疾病防治和眼睛营养素组成的基础上，加强体育锻炼、防止用眼过度、照明良好、读书和书写姿势正确。

从眼睛的结构和视疲劳的原因可以看出，营养与视疲劳关系密切，保健食品缓解视疲劳应合理补充膳食营养素，消除引起视疲劳的相关因素，通过增强体质达到缓解视疲劳的目的。下面介绍部分具有缓解视疲劳功能的物品（或原料）。

1. 维生素　维生素 A 又名视黄醇，是构成视觉细胞中视紫红质的组成成分，增强眼角膜光洁度，与暗视觉有关。人体缺乏维生素 A 会影响暗适应能力，导致儿童发育不良、皮肤干燥、眼干燥症、夜盲症等。维生素 A 最好的食物来源是各种动物的肝脏、鱼肝油、禽蛋等；胡萝卜、菠菜、南瓜中所含量的 β - 胡萝卜素是维生素 A 原，在体内一分子 β - 胡萝卜素可转化为两分子的维生素 A。维生素 B_1 缺乏可致视神经和眼球干涩，从而影响视力。维生素 B_2 是保护眼睑、眼球角膜和结膜的重要物质，缺乏时可致视力模糊、畏光、结膜充血、眼睑发炎等。维生素 B_2 还可以清除已被氧化的谷胱甘肽，降低患白内障的风险。维生素 C 是眼球晶状

体的重要营养物质，可减弱光线对眼睛晶状体的损害，维生素 C 的抗氧化、抗衰老作用是缓解视疲劳的主要机制。维生素 E 具有较好的抗氧化作用，对视力有较好的保护作用。

2. 叶黄素和玉米黄素 视网膜黄斑区的黄色素主要由叶黄素和玉米黄素构成，叶黄素和玉米黄素为同分异构体，属于含氧类胡萝卜素族物质，分子式均为 $C_{40}H_{56}O_2$，在自然界中叶黄素和玉米黄素共同存在。叶黄素广泛存在于自然界的蔬菜水果中，如甘蓝、猕猴桃、木瓜等。叶黄素和玉米黄素在体内不能合成，必须从外界摄入，研究表明每天至少需补充 6 mg 叶黄素。目前商品化的叶黄素都是以万寿菊花为原料经过提取纯化制得。

叶黄素和玉米黄素的最大吸收波长在 450 nm 左右，与对伤害眼睛的蓝光的最大吸收波长相近，能有效地吸收蓝光，减少蓝光对眼睛的伤害。另外，叶黄素和玉米黄素是优良的抗氧化剂，可预防细胞衰老和机体器官衰老，同时还可预防年龄相关性视网膜黄斑变性引起的视力下降与失明，保护眼睛不受光线损害，延缓眼睛的老化及防止病变。

3. 钙、磷、铬、锌、硒、钼等矿物质元素 钙和磷可使巩膜坚韧，并参与视神经的生理活动。钙和磷缺乏时易引起视神经疲劳、注意力分散等，从而产生近视。倘若机体缺钙，不仅影响骨骼发育，还会使视网膜弹性减退、晶状体内压上升、眼球前后拉长，还可使角膜、睫状肌发生退化性疾病，易造成视力减退或近视。

铬可激活胰岛素，铬缺乏会导致胰岛素功能发生障碍，血浆渗透压增高，进而改变眼球的渗透压，诱发近视。

锌是视网膜组织中视黄醇还原酶的组成部分，锌能增强视觉神经的敏感度，缺乏时直接影响维生素 A 对视素质的合成和代谢障碍，影响视黄醇的作用，从而减弱机体对弱光的适应能力；缺锌还会影响视网膜上视锥细胞的辨色能力。

硒可保护视网膜，增强玻璃体的光洁度，提高视力。

钼是组成虹膜的重要成分，虹膜可调节瞳孔大小，保证视物清楚。

4. 越橘提取物 富含花色苷，花色苷是广泛存在于水果、蔬菜中的一种天然色素，其中对保护视力功能最好的是欧洲越橘和越橘浆果中的花色苷类。越橘提取物作为有力的抗氧化剂可保护眼睛免受自由基伤害，欧洲约从 1965 年即将其作眼睛保护保健用品。越橘提取物能保护毛细血管、促进视红细胞再生，增强对黑暗的适应能力。

缓解视疲劳功能类保健食品常用的原料还有枸杞提取物、海带提取物、葡萄籽提取物、牛磺酸、珍珠粉、决明子提取物、不饱和脂肪酸等。

第二节　缓解视疲劳功能评价试验基本内容及案例

扫码"学一学"

原国家食品药品监督管理局国食药监保化〔2012〕107 号《关于印发抗氧化功能评价方法等 9 个保健功能评价方法的通知》附件 4 缓解视疲劳功能评价方法中规定了保健食品缓解视疲劳功能评价只需要进行人体试食试验。

一、试验项目

1. 分别于试食前后进行眼部症状及眼底检查，血、尿常规检查，肝、肾功能检查，症状询问、用眼情况调查；于试验前进行一次胸透、心电图、腹部 B 超检查。

2. 明视持久度。

3. 视力。

受试样品试食时间为 60 天；所列指标均为必做项目；在进行人体试食试验时，应对受试样品的食用安全性进一步观察。

二、试验方法

（一）受试者的选择

18 ~ 65 岁的成人，长期用眼，视力易疲劳者。受试者排除标准为：患有感染性、外伤性眼部疾患者；进行眼部手术不足 3 个月者；患有角膜、晶体、玻璃体、眼底病变等内外眼疾患者；患有心血管、脑血管、肝、肾、造血系统等疾病者；妊娠或哺乳期妇女、过敏体质患者；短期内服用与受试功能有关的物品，影响到对结果的判定者；长期服用有关治疗视力的药物，保健品或使用其他治疗方法未能终止者；不符合纳入标准，未按规定食用受试物者，或资料不全等影响功效或安全性判断者。

（二）人体试食试验受试物剂量及给予时间

缓解视疲劳人体试食试验采用自身和组间两种对照设计，根据随机、双盲的要求进行分组，分为试食组和对照组。分组时根据症状及视力检查情况，使试食组和对照组的症状及视力水平均衡。同时要考虑年龄、性别等因素，使两组具有可比性。试食试验结束时每组受试者人数不少于 50 例。

试食组按推荐方法和推荐量服用受试物，对照组服用安慰剂。受试物服用时间为连续 60 天。

（三）观察指标

1. 安全性指标

（1）血、尿常规检查，体格检查。

（2）肝、肾功能检查。

（3）胸透或 X 光片、心电图、腹部 B 超检查（于试食前检查一次）。

2. 功效性指标于试食开始及结束时检查

（1）问卷调查症状询问、用眼情况。

（2）眼科检查包括眼底检查、视力检查（近视、远视、散光等）。

（3）明视持久度：明视持久度是用于评价视疲劳的一种方法。当人大脑皮质兴奋性降低时，视觉分析功能下降，眼睛注视对象物的过程中，不能明视的时间增加，能明视的时间减少。这种明视时间对注视时间的百分比称为明视持久度，它是综合反映视功能和心理功能的一种指标。

（四）功效判定标准

1. 症状改善有效率眼酸痛、眼胀、畏光、视物模糊、眼干涩、异物感、流泪，全身不适 8 种症状中有 3 种改善，且其他症状无恶化即判定症状改善。计算两组症状改善例数和两组症状改善有效率。症状改善有效率（％）计算方法为症状改善例数/试食例数×100%。将两组症状改善有效率进行统计学检验。

2. 症状平均积分计算每位试食者试食前后的症状积分，分别计算两组的平均积分值，并进行统计学检验。

3. 视力改善率为参考指标。以试食后较试食前提高两行为改善，统计两组服用受试物后的视力改善率作为参考指标。参考指标不作为对缓解视疲劳功能是否有效的判定标准。

4. 明视持久度试食组自身比较或试食组与对照组组间比较，明视持久度差异有显著性（$P < 0.05$），且平均明视持久度提高大于等于 10% 为有效。

（五）结果判定

试食组自身比较或试食组与对照组组间比较，症状改善有效率或症状总积分差异有显著性（$P < 0.05$）、明视持久度差异有显著性（$P < 0.05$），且平均明视持久度提高大于等于 10%，且视力改善率不明显降低，可判定该受试物具有有助于缓解视疲劳功能的作用。未达到上述标准者结果判定为无效。

三、缓解视疲劳功能评价人体试食试验案例简介

某日，某委托申请单位向某保健食品注册检验机构提出缓解视疲劳功能检验的委托申请，委托方如实填写检验申请表，与检验机构签署委托检测协议书，并提交相关技术纸质资料和检验样品。

检验机构仔细检查样品是否符合要求，通过查阅样品技术资料、受理登记资料，提取出与检验相关的信息，部分内容见表 6 - 1。

表 6 - 1　部分与样品检验相关的信息

样品名称	××牌叶黄素咀嚼片	样品登记号	××2011 - 0001 号
委托单位	××保健食品有限公司	生产日期/批号	×××××××
样品性状	片剂，瓶装，外观完好无损	配方组成及含量	每100 g样品含：叶黄素×g；其余原辅料名称及含量略
用法用量	口服，每天1次，每次1片	产品规格	0.45 克/片×30 粒/瓶
样品数量	185 瓶	保存方式	遮光、密封，置干燥处
保健功能	缓解视疲劳功能	保质期	24 个月
检验项目	缓解视疲劳功能检验	检验期限	150 天

（一）试验对象与方法

1. 受试物　××牌叶黄素咀嚼片及安慰剂片。

2. 受试者　按自愿原则选择年龄为 18 ~ 65 岁，长期用眼，视力易疲劳者。

3. 试验方法　120 例受试者随机分为试食组和安慰剂对照组，各组各 60 人，年龄、性别、视力等因素具有可比性，试验采用自身前后对照和组间对照。试食组服用××牌叶黄素咀嚼片，对照组服用安慰剂片，均为每日 1 次，每次 1 片，给予时间为 60 天。

（二）观察指标

各项指标于试食试验开始及结束时各测定一次。

1. 安全性指标

（1）体格检查血、尿、便常规。

（2）血生化指标检测。

（3）胸透、心电图、B超检查。

（4）不良反应观察。

2. 功效性指标

（1）详细询问病史，观察眼部自觉症状眼胀、眼痛、畏光、视物模糊、眼干涩等。按症状轻重（重症3分、重度2分、轻症1分）在试食前后统计积分值，并就其主要症状改善（每一症状改善1分为有效，改善2分为显效），计算症状改善率。

（2）眼科常规检查外眼、眼底。

（3）明视持久度：明视时间对注视时间的百分比称为明视持久度，测定时间为3分钟，测定两次取平均值。

（4）视力检查。

（5）远视力检查使用国标视力表检查。

（三）判定标准

（1）有效　试食组自身比较或试食组与对照组组间比较，症状改善有效率或症状总积分差异有显著性（$P < 0.05$）、明视持久度差异有显著性（$P < 0.05$），且平均明视持久度提高大于等于10%，且视力改善率不明显降低，可判定该受试物具有缓解视疲劳功能。

（2）无效　达不到上述标准者。

（四）试验结果

1. 两组试食前一般情况比较　两组试食前年龄、性别、明视持久度、左右裸眼远视力、症状积分各项指标差异无明显差异（$P > 0.05$）（见表6-2），具有可比性。

表6-2　观察前一般情况比较（$\bar{x} \pm S$）

分组	观察例数	年龄（岁）	性别		明视时间（s）	裸眼视力	症状积分
			男	女			
试食组	50	56.00 ± 7.08	11	39	99.04 ± 15.66	左 0.91 ± 0.40 右 0.86 ± 0.39	7.14 ± 2.39
对照组	50	55.68 ± 8.54	10	40	102.08 ± 12.51	左 0.85 ± 0.37 右 0.85 ± 0.35	7.14 ± 2.32

2. 安全性指标　安全性指标结果见表6-3。试食前后试验组和对照组人群的一般体格检查、血液生化指标以及尿常规检查结果均在正常范围内。试食后试验组和对照组人群X射线胸部透视、心电图、腹部B超检查均在正常范围内。

表6-3　试食前后安全性指标的比较（$\bar{x} \pm S$）

指标		试食组（$n = 50$）		对照组（$n = 50$）	
		试食前	试食后	试食前	试食后
血压（mmHg）	收缩压	121.20 ± 12.15	120.78 ± 11.78	122.46 ± 8.56	121.72 ± 8.18
	舒张压	76.40 ± 7.61	75.96 ± 7.70	76.26 ± 5.68	75.64 ± 5.52

续表

指标		试食组（n=50）		对照组（n=50）	
		试食前	试食后	试食前	试食后
血常规	心率（次/分）	71.38±5.13	71.14±5.44	71.42±5.17	71.34±5.17
	ALT（U/L）	19.26±8.87	18.10±8.98	17.72±9.28	17.04±8.71
	AST（U/L）	21.44±8.89	17.82±8.58	19.92±7.83	18.10±10.13
	TP（g/L）	73.53±5.32	70.04±5.60	72.93±4.20	69.53±4.60
	ALB（g/L）	46.26±4.56	45.24±4.71	45.78±3.83	44.13±3.61
	TC（mmol/L）	5.53±1.03	4.63±0.70	5.10±0.97	4.79±0.80
	TG（mmol/L）	1.54±0.69	1.48±0.66	1.44±0.80	1.49±0.83
	GLU（mmol/L）	6.10±1.22	5.70±1.21	5.70±0.81	5.46±0.81
	UREA（mmol/L）	5.73±1.43	5.63±1.47	5.58±1.92	5.78±1.77
	Cre（μmol/L）	78.97±14.21	90.38±27.87	79.90±14.50	88.47±23.63
	RBC（×10^{12}/L）	4.82±0.39	4.79±0.42	4.78±0.42	4.80±0.46
	WBC（×10^9/L）	8.02±1.59	7.80±1.69	7.54±1.53	7.73±1.70
	HGB（g/L）	146.22±12.64	144.72±12.82	144.46±14.58	146.38±16.41
尿常规		正常	正常	正常	正常
便常规		正常	正常	正常	正常

3. 远视力改善比较 试食组左右眼远视力均比试食前有所改善，差异有统计学意义（$P<0.05$）；对照组试食后左右眼远视力与试食前比较无明显改善，差异无统计学意义（$P>0.05$）（表6-4）。

表6-4 受试物对受试者远视力的影响（$\bar{x}\pm S$，$n=50$）

分组	试食前（n=50）	试食后（n=50）	差值
试食组	左0.91±0.40	左1.00±0.39	左0.09±0.27*#
	右0.86±0.39	右0.95±0.40	右0.09±0.24*#
对照组	左0.85±0.37	左0.87±0.34	左0.02±0.23
	右0.85±0.35	右0.82±0.33	右-0.03±0.26

注：*#试食前后自身对照及组间对照 $P<0.05$。

4. 明视持久度变化比较 试验组明视持久度由试食前的（55.02±8.70）上升到试食后的（65.84±11.60），平均提高了21.90%，差异有统计学意义（$P<0.001$）；试食后试验组明视持久度（65.84±11.60）与对照组（56.11±9.31）比较差异有统计学意义（$P<0.05$）。

5. 主要症状改善情况 试食组眼部症状均优于对照组，具体见表6-5。

表6-5 受试物对受试者眼部症状的影响

症状	试验组			对照组		
	例数	有效例数	改善率（%）	例数	有效例数	改善率（%）
视力疲劳	50	35	70.00	50	14	28.00
眼疼	20	15	75.00	19	6	31.58
畏光	26	16	61.54	26	7	26.92

续表

症状	试验组			对照组		
	例数	有效例数	改善率（%）	例数	有效例数	改善率（%）
视力模糊	46	20	43.48	44	8	18.18
干涩	39	18	46.15	42	18	42.86

6. 症状积分统计比较 症状总积分统计见表6-6。试食组的眼部症状积分由服用受试物前的 7.14 ± 2.39 降低至服用后的 4.48 ± 2.24，前后比较差异有统计学意义（$P < 0.001$）；试食后试验组与对照组（5.84 ± 2.40）比较差异有统计学意义（$P < 0.05$）。

表6-6 临床症状积分统计（$\bar{x} \pm S$）

分组	例数	试食前	试食后	差值
试食组	50	7.14 ± 2.39	4.48 ± 2.24	2.66 ± 1.44 *#
对照组	50	7.14 ± 2.32	5.84 ± 2.40	1.30 ± 1.16 *

注：* 试食前后试食组自身对照 $P < 0.001$，# 试食后试食组与对照组间比较 $P < 0.05$。

7. 试食前后总有效率比较 总有效率比较见表6-7。由表6-7可以可知，试食组总有效例数 31 例，总有效率为 62.00%；对照组总有效例数 7 例，总有效率为 14.00%；两组总有效率比较差异有统计学意义（$P < 0.05$）。

表6-7 试食前后总有效率比较（$\bar{x} \pm S$）

分组	例数	有效	无效	总有效率（%）
试食组	50	31（62.00%）	19（38.00%）	62.00% *#
对照组	50	7（14.00%）	43（86.00%）	14.00%

注：*# 试食前后试食组与对照组间比较 $P < 0.05$。

（五）结果判定

采用自身及组间对照法，将 100 名视疲劳试食者随机分成试食组和安慰剂对照组，各组各 50 名，试食组连续服用受试物 60 天。试食组视疲劳感明显减轻，明视持久度平均提高 21.90%，总有效率 62.00%；症状积分减少（2.66 ± 1.44），对照组明视持久度平均提高 0.25%，总有效率 14.00%，症状积分减少（1.30 ± 1.16），两组试食前后及组间比较经统计学处理差异有显著性。试食前后两组血、尿、便常规及血生化检验指标基本在正常范围。由此可以认为××牌叶黄素咀嚼片具有缓解视疲劳功能，对试食者身体健康无明显影响。

第三节 缓解视疲劳功能评价试验检测方法

一、受试者

（一）受试者纳入标准

1. 18~65 岁的成人。

2. 长期用眼、视力易疲劳者。

扫码"学一学"

（二）受试者排除标准

1. 患有感染性、外伤性眼部疾患者。进行眼部手术不足 3 个月者。

2. 患有角膜、晶体、玻璃体、眼底病变等内外眼疾患者。

3. 患有心血管、脑血管、肝、肾、造血系统等疾病者。

4. 妊娠或哺乳期妇女，过敏体质患者。

5. 短期内服用与受试功能有关的物品，影响到对结果的判定者。

6. 长期服用有关治疗视力的药物、保健品或使用其他治疗方法未能终止者。

7. 不符合纳入标准，未按规定食用受试物者，或资料不全等影响功效或安全性判断者。

二、试验设计及分组要求

采用自身和组间两种对照设计。根据随机、双盲的要求进行分组，分组时根据症状及视力检查情况，使试食组和对照组的症状及视力水平均衡。同时要考虑年龄、性别等因素，使两组具有可比性。试食试验结束时每组受试者人数不少于 50 例。

三、受试物的剂量和使用方法

试食组按推荐方法和推荐量服用受试物，对照组服用安慰剂。受试物服用时间为连续 60 天。

四、观察指标

（一）安全性指标

1. 血、尿常规检查，体格检查。

2. 肝、肾功能检查。

3. 胸透或 X 光片、心电图、腹部 B 超检查（于试食前检查一次）。

（二）功效性指标（于试食开始及结束时检查）

1. 问卷调查症状询问、用眼情况。

2. 眼科检查包括眼底检查、视力检查（近视、远视、散光等）。

3. 明视持久度：明视持久度是用于评价视疲劳的一种方法。当人大脑皮质兴奋性降低时，视觉分析功能下降，眼睛注视对象物的过程中，不能明视的时间增加，能明视的时间减少。这种明视时间对注视时间的百分比称为明视持久度，它是综合反映视功能和心理功能的一种指标。

明视持久度的测定方法如下：在检查表上绘制"品"字形立体方块图（见图 6-1），方块每边长 1 厘米，局部照明 100～150 LX（可使用专门制作的灯箱）。测定时，检查表与眼睛的距离应按照受试者视物习惯保持在适当距离不动，规定受试者看到"品"字图像视为明视，倒"品"字时为不明视。测定时间为 3 分钟。

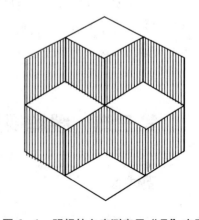

图 6-1 明视持久度测定用"品"字图

检查时让受试者手持能断续计时的秒表，检查者发出开始的口令后，受试者立即注视方块中的图案（或打开灯箱开关），同时开动手中的秒表计时。在注视过程中看到倒"品"字时立即按下秒表的暂停开关；看到又呈"品"字图像时再开动秒表，如此反复进行。测定到规定时间 3 分钟结束时受试者听到检查者的口令立即停止秒表，这段时间内秒表走过的读数就是受试者看成"品"字图像的总时间，即明视时间。按公式（6-1）计算明视持久度。

$$明视持久度 = \frac{明视时间}{注视总时间} \times 100\% \qquad (6-1)$$

测定时应注意场地和照明，还与受试者受试前的用眼程度有关，实验前应注意。

五、功效判定标准

1. 症状改善有效率 眼胀、眼酸痛、畏光、视物模糊、眼干涩、异物感、流泪、全身不适 8 种症状中有 3 种改善，且其他症状无恶化即判定症状改善。计算两组症状改善例数和两组症状改善有效率。症状改善有效率（%）计算方法为症状改善例数/试食例数×100。将两组症状改善有效率进行统计学检验。

2. 症状平均积分 计算每位试食者试食前后的症状积分（表 6-8），分别计算两组的平均积分值，并进行统计学检验。

表 6-8 视疲劳症状判定方法（半定量积分法）

症状/积分	0	1分	2分	3分
眼胀	无	偶感眼胀	时有眼胀，休息后好转	经常眼胀，休息后改善
眼酸痛	无	偶感隐痛	时有眼痛	经常眼痛
畏光	无	偶有畏光	时有畏光	经常畏光
视物模糊	无	偶有模糊	时有模糊，休息后缓解	经常模糊，休息后改善
眼干涩	无	偶有干涩	时有干涩	经常干涩
异物感	无	偶有异物感	时有异物感	经常异物感
流泪	无	偶有流泪	时有流泪	经常流泪
与视疲劳相关的全身不适	无	偶有全身不适	时有全身不适	经常全身不适

注："偶感"指 1~2 次/2 天；"时有"是指 1~3 次/天；"经常"指 >3 次/天。

3. 视力改善率 参考指标。以试食后较试食前提高两行为改善，统计两组服用受试物后的视力改善率作为参考指标。参考指标不作为对缓解视疲劳功能是否有效的判定标准。

4. 明视持久度 试食组自身比较或试食组与对照组组间比较，明视持久度差异有显著性（$P < 0.05$），且平均明视持久度提高大于等于 10% 为有效。

六、结果判定

试食组自身比较或试食组与对照组组间比较，症状改善有效率或症状总积分差异有显著性（$P < 0.05$）、明视持久度差异有显著性（$P < 0.05$），且平均明视持久度提高大于等于 10%，且视力改善率不明显降低，可判定该受试物具有有助于缓解视疲劳功能的作用。未达到上述标准者结果判定为无效。

本章小结

　　本章主要介绍了视疲劳的概念、主要症状及视疲劳产生的原因；常用于缓解视疲劳功能保健食品物品（或原料）；缓解视疲劳功能评价内容、方法及具体案例分析；在具体的检验过程中对检验机构资质、产品技术资料、对样品的处理等基本要求做了简单介绍。本章通过一个具体的评价案例，让同学们能直观了解到缓解视疲劳功能检验的详细过程，包括试验方案设计、安全性指标及功效性指标等检测指标的试验方法和基本检测技术、对试验结果的判定标准等。

？ 思考题

1. 缓解视疲劳功能评价实验项目包括哪些？试验结果如何判断？
2. 举例说明常用于缓解视疲劳功能的物质有哪些？
3. 简要回答什么是明视持久度及其测定方法？
4. 简要回答什么是视疲劳及其主要症状有哪些？
5. 视疲劳产生原因有哪些？

（张莉华）

扫码"练一练"

第七章　缓解体力疲劳功能评价

第一节　体力疲劳、 健康及相关保健食品

扫码"学一学"

一、体力疲劳与健康

（一）疲劳的概述及分类

1. 疲劳的概念　疲劳是指在持久体力活动或单位时间内工作过度时，所产生的一种主观不适的感受，客观上在继续从事活动或工作时失去完成工作能力的一种现象。疲劳的本质是一种生理性的改变，经过适当的休息便可以恢复或减轻。疲劳的定义曾有很多，1982年第五届国际运动生化会议曾将疲劳定义为"机体生理过程不能将其机能维持在一特定水平上和/或不能维持预定的运动强度的一种生理现象"。疲劳反应的基本过程见图7-1。

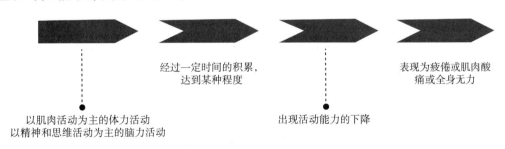

以肌肉活动为主的体力活动　　　　　出现活动能力的下降
以精神和思维活动为主的脑力活动

经过一定时间的积累，　　　　　　表现为疲倦或肌肉酸
达到某种程度　　　　　　　　　　痛或全身无力

图 7 - 1　疲劳反应的基本过程

2. 疲劳的生理　肌肉富含蛋白质，但是肌肉收缩所需要的能源却不是优先由蛋白质分解提供的。肌肉收缩时最先发生的反应是腺嘌呤核苷三磷酸（ATP，简称腺苷三磷酸）的分解，这时释放出含有高能的磷酸键，这是肌肉收缩的直接能源，而供应此 ATP 并维持ATP 含量的首先是磷酸肌酸；其次则是不断地消耗氧、生成二氧化碳，不产生乳酸而进入三羧酸循环的营养素（糖原、脂肪酸等）的氧化过程；第三则是生成乳酸的糖酵解过程。

进行中等程度以下的肌肉运动时，磷酸肌酸的重新合成仅靠氧化过程就可以维持，所以不产生乳酸，这种情况下消耗的能量可以根据氧耗量来计算。总之，疲劳时的生理生化本质是多方面的，如体内疲劳物质的蓄积，包括乳酸、丙酮酸及肝糖原、氮的代谢产物等；体液平衡的失调，包括渗透压、pH、氧化还原物质间的平衡等。

3. 疲劳的分类

（1）**体力疲劳**　由于长时间高强度的体力活动造成的，体内蓄积大量的代谢产物，刺激组织细胞和神经系统，使人产生疲劳感。

（2）**脑力疲劳**　由于长时间用脑后，引起大脑血液和氧气供应不足，影响脑细胞正常功能，出现注意力不集中，头昏眼花等问题。

（3）**心理疲劳**　因现代生活中的高强度紧张感与压力造成的，过重的精神负担使心理长期处于一种混乱与不安宁、情绪沮丧、抑郁或焦虑。

（4）**病理性疲劳**　由于某些疾病所造成的人体虚弱、无力等症状。疲劳可以是疾病的突出表现，也可以是伴随表现。

（二）体力疲劳产生的原因

1. 身体素质的变化　身体素质的变化是导致体力疲劳的主要因素之一。人体的运动能力和身体素质，与身体各器官系统功能紧密相关，身体素质就是人体各功能器官在肌肉工作中的综合反映，各器官功能的下降，必然会影响运动能力与身体素质。长时间的肌肉活动导致肌肉功能下降时，力量与速度会自然下降，于是在进行体力活动时，往往会因力不从心而感到疲劳。在耐力运动中，如果心、肺功能下降，身体承受耐力负荷的能力就会降低，机体就会因疲劳的发生而降低工作能力。

2. 体内能源储备的减少　腺苷三磷酸和磷酸肌醇是体内主要短时能量来源，当人体从事运动导致疲劳时往往伴随上述大量消耗，比如极量运动数分钟，开始感觉非常疲劳时，肌肉内的磷酸肌酸可降至最低点。机体进行短时间极限强度的运动时，肌肉中腺嘌呤核苷三磷酸含量极少，仅够维持数秒的肌肉收缩。糖是肌肉活动时能量的重要来源，在超过十几秒的高强度运动中，糖是主要的供能物质，当肌肉中的糖原被大量消耗时，机体活动能力降低，出现疲劳。长时间运动时肌肉不仅要消耗肌糖原，同时还会大量摄取血糖，当摄取的速度大于分解速度时，血糖水平降低。由于中枢神经系统主要靠血糖供能，血糖降低会引起中枢神经系统供能不足，从而导致全身性疲劳的发生。由此可见，机体能量物质的大量消耗是导致疲劳的一个重要原因。

3. 疲劳相关代谢物质在体内的积聚　肌肉运动时，乳酸、蛋白质分解物等代谢产物会在体内堆积。机体进行长时间的剧烈运动时，其肌肉不能得到充足的氧气，主要靠糖原的无氧酵解来获得能量，乳酸是在缺氧条件下糖酵解的产物，随着糖酵解速度的加快，肌肉中的乳酸含量不断增加。在激烈的动力或静力运动时，肌肉中乳酸含量可比安静时增加几十倍。尽管机体对于堆积的乳酸有三条清除代谢途径，但由于这三条代谢途径起始时都要经过将乳酸氧化成丙酮酸的过程，而这一过程在缺氧时是无法进行的，因此在进行激烈的运动和劳动中，肌肉中的乳酸将逐渐积累，解离的氢离子使肌细胞的 pH 下降，是导致疲劳发生的另一个重要原因。

4. 体内环境的变化　体内环境变化，包括体液的酸碱平衡、渗透压平衡、水盐代谢等发生变化。在剧烈的运动过程中，由于机体渗透压、离子分布、pH、水分、温度等内环境条件发生巨大变化，致使体内酸碱平衡、渗透平衡、水平衡等失调，从而导致工作能力下降、疲劳发生。

5. 保护性抑制学说　运动性疲劳是由于大脑皮质产生了保护性抑制。运动时大量冲动传至大脑皮质相应的神经细胞，导致其长时间消耗增多，为避免进一步消耗，便产生了抑制过程。

6. 自由基损伤学说　剧烈运动后自由基产生过多，造成肌纤维膜内质网完整性丧失，妨碍正常的细胞代谢与机能；还造成细胞质中钙离子的堆积，影响肌纤维的兴奋 – 收缩偶联；自由基还会导致线粒体呼吸链生成 ATP 的过程受到损害。自由基与运动性疲劳有着密切关系，也是导致运动性疲劳的重要原因。

（三）体力疲劳的主要危害

体力疲劳会给大脑造成负面影响，可使注意力和工作效率降低，对所有事物的反应均迟钝，学习效率、记忆和思考能力下降。疲劳出现后若得不到及时休息，时间长了就会产生过劳进而导致健康受损。除了使身体某一部分器官和系统过度紧张引起各种不同类型的病损外，还可能出现心率增加、自觉心悸和呼吸困难等症状。

长期体力劳动会引起身体的过度疲劳，身体的气血容易大量地透支。疲劳过度，容易患上疲劳综合征，这种疾病属于全身性疾病，比如腰肌劳损、股骨头坏死、关节炎、肩周炎等。过度体力疲劳可破坏机体相对平衡的免疫状况，加速衰老与疾病的发生。

二、常用于缓解体力疲劳功能的物品或原料

1. 人参　五加科人参属植物人参的干燥根，是多年生草本植物，喜阴湿冷凉气候，耐寒性强，是一种珍贵的传统中药材。人参含多种挥发油、人参皂苷、氨基酸、有机酸等化学成分，《神农本草经》、《本草纲目》、《伤寒杂病论》等中医药典籍对人参的属性和用法均有详细的描述。人参按产地可分成美国人参、中国东北人参、朝鲜人参。

人参的药理功能主要有：恢复心脏功能、神经衰弱及身体虚弱等症；对机体功能和代谢具有双向调节作用，对中枢神经系统具有兴奋作用，能提高机体活动能力，减少疲劳感，使紧张造成紊乱的神经过程得以恢复；增强健康、强壮和补益的功能，适用于器官功能趋于衰退的老年人。

2. 枸杞　又称枸杞子，为茄科植物枸杞的成熟果实，喜冷凉气候，耐寒力很强。枸杞药食同源的历史悠久，是驰名中外的名贵中药材，早在《神农本草经》中就被列为上品。我国枸杞的品种主要为中华枸杞和宁夏枸杞，枸杞中含有枸杞多糖、多种氨基酸、甜菜碱、黄酮类化合物等，使其具有良好的保健功效。

枸杞的药理功能主要有：增加小鼠乳酸脱氢酶总活力，有效地清除剧烈运动时机体的代谢产物，能延缓疲劳的发生，亦能加速疲劳的消除，具有强壮、抗疲劳作用；枸杞多糖能够通过增加能量物质的储备，为机体提供更多的能量来达到抗疲劳的目的；提高糖原恢复率，对运动后迅速消除疲劳提供了物质基础。

3. 鹿茸　雄性梅花鹿或马鹿未骨化、带茸毛、含血液的幼角，有极高的药用价值和保健功效。鹿茸中含有磷脂、糖脂、胶脂、激素、脂肪酸、氨基酸等成分，其中氨基酸含量

较高。

鹿茸性温而不燥，对虚弱、神经衰弱等有疗效，具有振奋和提高机体功能的作用；可增加血液中血红蛋白和刺激肾上腺皮质功能；能提高脂肪酶的活性，有利于脂肪的动员和参与运动，减少疲劳的产生。

4. 肉苁蓉 列当科肉苁蓉属植物肉苁蓉干燥带鳞叶的肉质茎，又名精笋、地精，始载于《神农本草经》，主要产于内蒙古、甘肃、新疆、青海等地。可从肉苁蓉中分离出多种类型的物质，主要为苯乙醇苷类、环烯醚萜类、木脂素类、多糖、十几种氨基酸、多种生物碱等，富含人体所需微量元素，其中苯乙醇总苷是肉苁蓉中主要活性成分。

肉苁蓉乙醇提取物能降低疲劳动物运动后血乳酸含量、提高血清乳酸脱氢酶及肌酸激酶活性水平；增加血中葡萄糖及红细胞蛋白含量，能提高肝糖原含量、肝脏超氧化物歧化酶活力，减少肝脏丙二醛生成。肉苁蓉可防治运动导致的血睾酮降低，促进垂体性腺激素的分泌，加快疲劳恢复，提高运动能力，对运动造成的脑组织中氧化损伤线粒体和脂质过氧化的程度具有抑制作用。

5. 红景天 景天科多年生草本或亚灌木植物，具肉质匍匐的根状茎，是珍稀药用植物之一。主要药效成分除了红景天苷和酪醇外，还含有氨基酸、挥发油、黄酮类、多糖、微量元素等，在医药和食品工业等领域具有重要的开发前景。

红景天可以清除人体的自由基，延缓推迟大脑皮质老化的速度，抑制机体器官、细胞退行性变化进程；可以提高人体低氧运动能力，其机制可能与其改善缺氧机体骨骼肌能量代谢有关，通过预防毛细血管的收缩而加快血液循环，提高对低氧环境的适应性；提高机体的 ATP 含量，减少血乳酸形成，增加肌酸磷酸激酶含量和改善血清总蛋白含量，改善大量运动形成的疲劳。

6. 黄芪 豆科多年生草本植物膜荚黄芪和蒙古黄芪的干燥根，黄芪的药用迄今已有2000 多年的历史，主要成分为黄芪皂苷、黄芪多糖、氨基丁酸以及多种微量元素。

黄芪的药理功能主要有：通过抑制心肌细胞内磷酸二酯酶的活性剂钙调蛋白，达到抵制磷酸二酯酶活性，产生正性肌力作用；改善红细胞的变形能力，增加携氧及心肌抗氧能力，促进蛋白质合成和细胞代谢，还能提高膜脂和膜蛋白抗御自由基攻击的能力，从而减少能量耗竭和钾离子外漏；具有抗中枢、神经 - 肌接头、肌疲劳效应和抑制 Na^+，K^+ - ATP酶活性的作用；提高机体的抗应激功能。

7. 巴戟天 双子叶植物茜草科巴戟天的干燥根，主要成分为巴戟天多糖、树脂，并含丰富的微量元素和维生素 C 等。

巴戟天可通过改善机体供氧能力，改善运动机体微循环，减少机体超氧阴离子自由基的生成，而使 SOD 的消耗相应降低，显著提高大鼠力竭运动心肌组织 SOD 活性，对清除机体自由基、减轻自由基对线粒体膜、肌浆网膜、酶蛋白的损伤起到积极作用，从而延缓疲劳发生，提高运动能力。

8. 刺五加 五加科植物刺五加的干燥根及根茎，其性辛、温，味微苦。刺五加具有益气健脾、补肾安神的作用，可用于脾肺气虚，体虚乏力者。刺五加根茎含有多种苷类及糖类，如三萜类皂苷、木脂素苷、鹅掌楸苷、异嗪皮啶、芝麻脂素和多糖；叶和花中含有黄酮；果实中含有水溶性多糖，全株均含有挥发油。其中酚苷类化合物是主要的生物活性成分。

刺五加对中枢神经的兴奋过程有影响，单次给药显示出中枢神经系统的刺激作用，连续给药则显示出强壮作用。刺五加具有抗疲劳效用，其茎皮提取物可提高小鼠抗疲劳能力，延长小鼠游泳时间，提高组织内糖原含量，对血液内的乳酸与血清里的血尿素含量有降低功效。

9. 牛磺酸　一种含硫的氨基酸，又称 β - 氨基乙磺酸，是牛磺胆酸的主要组成成分之一。广泛分布在机体的组织细胞中，海生动物体内含量尤为丰富。牛磺酸在体内以游离状态存在，且大部分在细胞内，不参与体内蛋白的生物合成。机体可以从膳食中摄取或自身合成牛磺酸，动物性食品是牛磺酸的主要来源，自身合成能力较低。牛磺酸主要是从肾脏排泄，肾脏依据膳食中牛磺酸含量调节其排出量，以维持体内牛磺酸含量的相对稳定。

牛磺酸可以调节机体的细胞代谢活性的作用，抑制红肌线粒体自由基代谢，降低脂质过氧化产物的含量。牛磺酸还可以通过调节肝脏骨骼细胞的钙平衡，起到提高机体耐力的作用。研究表明，牛磺酸具有较好的预防运动性疲劳作用，对运动机体的抗氧化效果明显，添加牛磺酸可以提高力竭运动小鼠体内超氧化物歧化酶活性，有效降低体内丙二醛浓度。其对体内自由基的清除作用可以提高运动小鼠的运动机能和抗疲劳效果。牛磺酸还可促进谷胱甘肽过氧化物酶活力的增加，对促进运动后恢复有着重要作用。

10. 缓解体力疲劳功能类保健食品常用的物品还有玛咖、淫羊藿、葛根等。

第二节　缓解体力疲劳功能评价实验基本内容及案例

扫码"学一学"

一、实验项目

1. 动物体重　动物实验前的初始体重和实验结束时的末体重。

2. 负重游泳实验　测定负重动物自游泳开始至死亡的时间。

3. 血清尿素测定　测定无负重游泳后的血清中尿素含量。

4. 肝糖原测定　测定动物肝脏中糖原的含量。

5. 血乳酸测定　通过测定各时间点的血乳酸值，计算出血乳酸曲线下面积。

二、实验原则

1. 动物实验所列指标均为必做项目。

2. 实验前必须对同批的受试样品进行违禁药物的检测。

3. 负重游泳实验与生化指标检测相结合。

4. 在进行游泳实验前，实验动物应进行初筛。

三、实验方法

（一）实验动物选择

优先选用成年小鼠，体重 18 ~ 22 g，推荐使用纯系小鼠，雌雄均可，但只需选取单一性别，推荐使用雄性小鼠。购买的动物应适应环境 3 天后进行实验。

（二）动物实验剂量分组及受试样品给予时间

缓解体力疲劳功能实验针对不同的检测指标有 4 种实验方案，每种方案设立 3 个剂量组和 1 个阴性对照组。以人体推荐量的 10 倍为其中的 1 个剂量组，在此基础上再设两个剂量组，一般组间剂量差别为 2~3 倍，受试样品的功能实验剂量必须在毒理学评价确定的安全剂量范围之内。如有必要，增设阳性对照组。受试样品给予时间为 30 天，必要时可延长至 45 天。

（三）缓解体力疲劳功能实验方案

1. 负重游泳时实验方案 运动耐力的提高，是机体缓解体力疲劳发生的一种宏观表现。体力疲劳通过给身体一定量的负荷来诱发，分为全身体力疲劳和局部体力疲劳。全身疲劳可以采用功率自行车、长时间跑步等来诱发；局部体力疲劳一般通过局部肌肉重复进行自主收缩来诱发，采用最大自主收缩力来监测其负荷极限。负重游泳时间的长短可以最直接反映动物运动疲劳的程度。

2. 血清尿素测定方案 当机体长时间无法通过糖、脂肪分解代谢得到足够的能量时，机体内蛋白质与氨基酸的分解代谢就会随之增强。血清尿素含量反映了机体内肌肉蛋白的代谢情况，可用于评价机体对运动的负荷能力。在运动状态下，血清尿素含量越低，说明机体负荷能力越强。

3. 肝糖原测定方案 糖原是维持血液中葡萄糖正常水平的重要储存物，也是提供肌纤维收缩所需能量的主要来源。提高肝糖原贮备量，可维持机体长时间运动时血糖的浓度，有利于机体运动耐力的提高，并减少蛋白质和含氮化合物的分解代谢，延缓疲劳的出现。

4. 血乳酸测定方案 长时间剧烈运动后，肌肉处于缺氧状态，引发糖的无氧酵解反应，释放出大量乳酸。乳酸的堆积可导致肌肉酸痛，机体出现疲劳，因此在剧烈运动后，血乳酸的清除速度越快，疲劳感觉出现得越慢。

（四）缓解体力疲劳功能实验的结果判定准则

1. 负重游泳实验 若样品组游泳时间明显长于对照组，且差异有显著性，可判定本指标实验结果阳性。

2. 血清尿素测定实验 若样品组血清尿素含量低于对照组，且差异有显著性，可判定本指标实验结果阳性。

3. 肝糖原测定实验 若样品组肝糖原含量明显高于对照组，且差异有显著性，可判定本指标实验结果阳性。

4. 血乳酸测定实验 以 3 个时间点血乳酸曲线下面积为判定标准，任一实验组的面积低于对照组，且差异有显著性，可判定本指标实验结果阳性。

综上结果，负重游泳实验结果阳性，且血清尿素、肝糖原、血乳酸 3 项生化指标中任 2 项指标阳性，即可判定该样品具有缓解体力疲劳的功能。

四、缓解体力疲劳功能评价动物实验案例简介

（一）动物选择和分组

选用清洁级 ICR 健康雄性小鼠 160 只（单一性别）。购入的动物应先检疫 3 天无异常后，将动物分为 4 大组（1 组进行负重游泳实验、2 组进行血清尿素测定实验、3 组进行肝糖原测定实验、4 组进行血乳酸测定实验）。每大组有 40 只动物，分别按体重随机分成对照组、低剂量组、中剂量组、高剂量组，每组 10 只动物，体重 18~22 g。

（二）给药剂量及途径

样品为某胶囊，成人日推荐量为 1.8 g，即 0.03 g/kg（成人体重以 60 kg 计），按成人日推荐用量的 5 倍、10 倍、30 倍设低、中、高 3 个样品剂量组，分别为 0.15 g/kg、0.3 g/kg 和 0.9 g/kg；样品以去离子水溶解，另设去离子水对照组。

动物每日称重，并按 20 mL/kg 经口灌胃给予去离子水、低、中、高剂量组受试物，连续 30 天。整个实验过程动物必须喂饲质量合格的全价饲料，自由进食饮水。

（三）检测项目

在实验开始前和实验结束时，分别称量并记录动物体重一次。按实验方案要求，测定小鼠负重游泳时间、运动后小鼠的血清尿素含量、肝糖原含量、各时间点的血乳酸含量。

（四）实验结果

1. 对小鼠负重游泳时间的影响　经小鼠负重游泳实验可知，该样品能延长中、高剂量组小鼠负重游泳时间，与对照组比较差异均有统计学意义（$P < 0.05$），结果见表 7-1。

表 7-1　小鼠负重游泳时间（$\bar{x} \pm S$）

组别	初体重（g）	末体重（g）	游泳时间（s）	P 值
对照组	19.1 ± 1.0	38.1 ± 2.0	700 ± 150	/
低剂量组	19.2 ± 1.0	38.2 ± 2.0	750 ± 150	0.500
中剂量组	19.3 ± 1.0	38.3 ± 2.0	850 ± 150 *	0.040
高剂量组	19.4 ± 1.0	38.4 ± 2.0	900 ± 150 *	0.030

注：* 剂量组与对照组比较，$P < 0.05$。

2. 对小鼠运动后血清尿素的影响　经血清尿素测定实验可知，该样品能降低中、高剂量组小鼠运动后产生的血清尿素含量，与对照组比较差异均有统计学意义（$P < 0.05$），结果见表 7-2。

表 7-2　小鼠运动后血清尿素含量（$\bar{x} \pm S$）

组别	初体重（g）	末体重（g）	血清尿素（mmoL/L）	P 值
对照组	19.1 ± 1.0	38.1 ± 2.0	9.50 ± 1.00	/
低剂量组	19.2 ± 1.0	38.2 ± 2.0	9.00 ± 1.00	0.500
中剂量组	19.3 ± 1.0	38.3 ± 2.0	8.50 ± 1.00 *	0.040
高剂量组	19.4 ± 1.0	38.4 ± 2.0	8.00 ± 1.00 *	0.030

注：* 剂量组与对照组比较，$P < 0.05$。

3. 对小鼠肝糖原的影响　经肝糖原测定实验可知，该样品能增加中、高剂量组小鼠的肝糖原含量，与对照组比较差异均有统计学意义（$P < 0.05$），结果见表 7-3。

表 7-3　小鼠肝糖原含量（$\bar{x} \pm S$）

组别	初体重（g）	末体重（g）	肝糖原（mg/100 g）	P 值
对照组	19.1 ± 1.0	38.1 ± 2.0	500 ± 100	/
低剂量组	19.2 ± 1.0	38.2 ± 2.0	600 ± 100	0.500

续表

组别	初体重（g）	末体重（g）	肝糖原（mg/100 g）	P 值
中剂量组	19.3 ± 1.0	38.3 ± 2.0	700 ± 100 *	0.040
高剂量组	19.4 ± 1.0	38.4 ± 2.0	800 ± 100 *	0.030

注：* 剂量组与对照组比较，$P < 0.05$。

4. 对小鼠血乳酸的影响　经血乳酸测定实验可知，该样品能减少中、高剂量组小鼠血乳酸曲线下面积，与对照组比较差异均有统计学意义（$P < 0.05$），结果见表 7 - 4。

表 7 - 4　小鼠血乳酸曲线下面积（$\bar{x} \pm S$）

组别	初体重（g）	末体重（g）	血乳酸曲线下面积（mmoL/L）	P 值
对照组	19.1 ± 1.0	38.1 ± 2.0	130.00 ± 10.00	/
低剂量组	19.2 ± 1.0	38.2 ± 2.0	120.00 ± 10.00	0.500
中剂量组	19.3 ± 1.0	38.3 ± 2.0	110.00 ± 10.00 *	0.040
高剂量组	19.4 ± 1.0	38.4 ± 2.0	100.00 ± 10.00 *	0.030

注：* 剂量组与对照组比较，$P < 0.05$。

5. 对小鼠体重的影响　各组小鼠的初始体重、实验结束时的末体重经方差分析差异均无统计学意义（$P > 0.05$）。表明小鼠的初始体重在各组间较为均衡；该样品对小鼠的体重增长无影响。

（五）结果判断

连续经口灌胃给予小鼠不同剂量的××牌西洋参胶囊 30 天后，结果能延长小鼠负重游泳时间；降低小鼠运动后产生的血清尿素含量；增加小鼠肝糖原含量；减少小鼠血乳酸曲线下面积，且对小鼠体重增长无不良影响。表明该胶囊具有缓解体力疲劳功能。

第三节　缓解体力疲劳功能评价实验检测方法

扫码"学一学"

一、负重游泳实验

（一）原理

运动耐力的提高是缓解体力疲劳能力加强最直接的表现，游泳时间的长短可以反映动物运动疲劳的程度。

（二）仪器和材料

游泳箱（大小约 50 cm × 50 cm × 40 cm）；电子天平；铅皮。

（三）实验步骤

将每只小鼠称重，在小鼠尾部上端绑上 5% 体重的铅皮，放入水深 30 cm、水温（25 ± 1）℃的游泳箱内，立即计时，观察并保持每只小鼠四肢划水运动状态，记录小鼠自游泳开始至死亡的时间，作为小鼠负重游泳时间。

（四）结果判定

若样品组游泳时间明显长于对照组，且差异有显著性，可判定本指标实验结果阳性。

（五）注意事项

1. 游泳箱内不可同时放入太多的小鼠，以免互相之间挤靠干扰，影响实验结果。

2. 游泳箱内水的温度会明显影响小鼠的游泳时间，因此要严格控制各游泳箱内水温的一致，保持25℃为宜。如水温过低可引起小鼠痉挛，影响实验结果；如过高则游泳时间太长不便于实验操作。

3. 小鼠尾部的铅皮缠绕松紧应适宜。

4. 在整个实验过程中应使每只小鼠四肢保持划水运动，如小鼠漂浮水面四肢不动，可用木棒在其附近轻轻搅动，促使小鼠不停运动。

5. 不同批次的小鼠因饲养环境、季节等原因的变化，体质上会出现差异。因此样品组和对照组应采用同一批次动物同时进行实验。

二、血清尿素测定

根据每个实验室的具体情况，可从全自动生化分析仪检测法和二乙酰一肟检测法中任选一种。

（一）全自动生化分析仪检测法

按不同型号全自动生化分析仪的操作说明书和试剂盒进行检测。

（二）二乙酰一肟法检测法

1. 原理 样品中尿素在氯化高铁－磷酸溶液中与二乙酰一肟和硫氨脲一起煮后，形成一种红色的化合物哒嗪，其颜色的深浅与血清中的尿素含量成正比。经与同样处理的尿素标准管比较，可求出尿素的含量。

2. 仪器和材料 紫外－可见分光光度计、离心机、匀浆器等；尿素试剂盒（二乙酰一肟法）：二乙酰一肟应用液、氯化铁－磷酸应用液、尿素标准液（20.0 mg/dL）；若无试剂盒，可自行配制试剂，试剂配制方法如下。

（1）1 g/L 二乙酰一肟溶液：取二乙酰一肟1.0 g，氨基硫脲0.2 g，氯化钠4.5 g，溶于去离子水并定容至1000 mL。

（2）33 g/L 三氯化铁溶液：取三氯化铁1.0 g溶于浓磷酸20 mL中，加去离子水10 mL，摇匀。

（3）酸溶液：取去离子水800 mL，慢慢加入浓硫酸50 mL，边加边摇；再加入85％磷酸50 mL，摇匀。加入33 g/L三氯化铁溶液1.5 mL，加水至1L。

（4）10 mmol/L 尿素标准液（尿素28.01 mg/dL）：精确称取尿素（AR）150.3 mg溶于16 mmol/L苯甲酸溶液，定容至250 mL。

（5）16 mmol/L 苯甲酸液：取苯甲酸2.0 g溶于去离子水1000 mL中，加浓硫酸0.8 mL。

3. 实验步骤 末次给样30分钟后，在温度30℃的水箱中不负重游泳90分钟，休息60分钟后摘眼球采全血约0.5 mL（不加抗凝剂）。置4℃冰箱约3小时，血凝固后2000 r/min离心15分钟，取上层血清用二乙酰一肟法测定。

（1）试剂盒操作步骤见表7-5（适用于手工操作）。

表 7 - 5　试剂盒操作步骤

	空白管（mL）	标准管（mL）	测定管（mL）
尿素标准液	—	0.02	—
标本	—	—	0.02
二乙酰一肟应用液	3.00	3.00	3.00
氯化铁－磷酸应用液	2.50	2.50	2.50

各管试液充分混匀后，置沸水浴中煮沸 10 分钟，再于冷水中冷却，在 520 nm 波长处（或绿色滤光板），以去离子水调零，测定各管吸光度值。按公式（7 - 1）、（7 - 2）计算。

$$尿素（mg/L）= \frac{测定管吸光度 - 空白管吸光度}{标准管吸光度 - 空白管吸光度} \times 标准液浓度值 \times 10 \qquad (7 - 1)$$

$$尿素（mmol/L）= \frac{测定管吸光度 - 空白管吸光度}{标准管吸光度 - 空白管吸光度} \times 标准液浓度值 \div 2.8 \qquad (7 - 2)$$

标准液浓度值为 200 mg/dL。

（2）自行配制试剂按表 7 - 6 操作。

表 7 - 6　自行配制试剂操作步骤

试剂	空白管（mL）	标准管（mL）	测定管（mL）
血浆/血清	—	—	0.05
10 mmol/L 尿素标准液	—	0.05	—
去离子水	0.05	—	—
1 g/L 肟溶液	2.5	2.5	2.5
酸溶液	2.5	2.5	2.5

各管试液充分混匀后，置沸水浴中煮沸 15 分钟后，于自来水中冷却，在波长 520 nm 处，以空白管调零，读取各管吸光度（A 值）。尿素含量按公式（7 - 3）、（7 - 4）计算。

$$尿素（mmol/L）= Au \times 10 / As \qquad (7 - 3)$$

$$尿素（mg/dL）= Au \times 28.01 / As \qquad (7 - 4)$$

式中，Au 为测定管吸光度；As 为标准管吸光度。

4. 结果判定　若样品组血清尿素含量低于对照组，且差异有显著性，可判定本指标实验结果阳性。

5. 注意事项

（1）为避免色度转移，应在标本加入后 30 分钟内读出吸光度值。

（2）一般标本测定管反应后应澄清，严重脂血可制备血滤液重新测定。

（3）煮沸时间应准确一致。

三、肝糖原测定

（一）原理

蒽酮可与游离糖或多糖起反应，反应后溶液呈蓝绿色，于 620 nm 处有最大吸收。通过测定其吸光度，可以确定糖原的含量。

（二）仪器和材料

紫外 - 可见分光光度计、离心机、匀浆器、振荡器等；5% 三氯醋酸（TCA 液，用去离子水配制）、葡萄糖标准液、浓硫酸（AR）、蒽酮试剂。

蒽酮试剂：溶液中含 0.05% 的蒽酮，1% 的硫脲，用 72% 的 H_2SO_4 配制。配制方法如下。

72% H_2SO_4 配制：烧杯中加入 280 mL 去离子水，再加入高纯度的浓硫酸 720 mL（比重1.84）；

蒽酮试剂配制：当 H_2SO_4 温度降至 80～90℃时放入 500 mg 纯的蒽酮、10 g 高纯度的硫脲，适当摇动烧杯混匀。冷却后存放于冰箱中，可保存两周。

（三）实验步骤

末次给样 30 分钟后安乐死术处死小鼠，取肝脏经生理盐水漂洗后用滤纸吸干，精确称取肝脏 100 mg，加入 8 mL TCA 液，每管匀浆 1 分钟，将匀浆液倒入离心管，以 3000 r/min离心 15 分钟，将上清液转移至另一试管内。

取 1 mL 上清液放入 10 mL 离心管中（每样品可做两平行管以保证获得可靠结果），每管加入 95% 的乙醇 4 mL，充分混匀至两种液体间不留有界面。用干净塞子塞上，室温下竖立放置过夜（或选用将试管放在 37～40℃水浴 3 小时）。沉淀完全后，将试管于 3000 r/min离心 15 分钟。倒掉上清液并使试管倒立放置 10 分钟。

用 2 mL 去离子水溶解糖原，加水时将管壁的糖原洗下。如管底的糖原不立即溶解，振荡管子直到完全溶解。

制作试剂空白和标准管：试剂空白，吸取 2 mL 去离子水到干净离心管；标准管，吸取0.5 mL 葡萄糖标准液（含 100 mg/dL 葡萄糖）和 1.5 mL 去离子水放入同样的管子。将 10 mL 蒽酮试剂加入各管，将管子放在冷水龙头下冲凉。在所有管子都达到凉水温度后，将其浸于沸水浴 15 分钟，然后移到冷水浴，冷却到室温。将管内液体移入比色管，在 620 nm 波长处，用空白管调零后测定吸光度。并根据标准曲线计算出糖原含量，根据所称取的肝脏重量换算成肝糖原含量，以 mg/100 g 肝表示。

糖原含量按公式（7-5）计算。

$$每100克肝组织中糖原的毫克数 = \frac{DU}{DS} \times 0.5 \times \frac{提取液体积}{肝组织克数} \times 100 \times 0.9 \qquad (7-5)$$

式中，DU 为样品管吸光度；DS 未来标准管吸光度；0.5 为 0.5 mL 葡萄糖标准液中的葡萄糖含量；0.9 为将葡萄糖换算成糖原的系数；提取液体积为 8 mL；肝组织克数为 0.1 g。

（四）结果判定

若样品组肝糖原含量明显高于对照组，且差异有显著性，可判定本指标实验结果阳性。

（五）注意事项

1. 测定的实验方法均为定量要求，因此所有取样、加试剂均需准确。

2. 糖原测定中冷却、加热时间与氧化还原作用有关，因此时间要控制准确。

3. 蒽酮显色剂不稳定，以临用时配制为宜，注意避免采用绒布或被污染的糖类进入蒽酮反应。

四、血乳酸测定

（一）原理

1. 自配试剂测定方法 在铜离子催化下，乳酸与浓硫酸在沸水中反应，乳酸转化为乙醛，乙醛与对羟基联苯反应产生紫色化合物，在波长 560 nm 处有强烈的光吸收，故可进行定量测定。

2. 乳酸仪测定方法 检测探头上装有一片三层的膜，其中间层为固定的乳酸盐氧化酶，表面被膜覆盖的探头位于充满缓冲液的样品室内，当接触到固定酶（乳酸盐氧化酶）时便迅速被氧化，产生过氧化氢。过氧化氢继而在铂阳极上被氧化产生电子。当过氧化氢生成率和离开固定膜层的速率达到稳定时便可得到一个动态平衡状态，可用稳态响应表示。电子流与稳态过氧化氢浓度成线性比例，因此与乳酸盐浓度成正比。

（二）仪器和材料

1. 仪器

（1）自配试剂测定方法：微量吸管、恒温水浴锅、电热水箱、分光光度计。

（2）乳酸仪测定方法：乳酸仪、加样器、振荡器。

2. 试剂

（1）自配试剂测定方法：4% $CuSO_4$、浓硫酸（AR）、1% NaF 溶液。

蛋白沉淀剂：按体积分别取一份10%的钨酸钠，一份1/3 mol/L 硫酸，再与28份去离子水混合均匀即成。

沉淀剂–NaF 混合液：按体积分别取3份沉淀剂，1份1% NaF 混合即成。

1.5% 对羟基联苯溶液：称取 1.5 g 对羟基联苯溶于 100 mL 热的 0.5% NaOH 中（可保存半年）。

乳酸标准储备液（1 mg/mL）：称取 106.6 mg 乳酸锂或 171 mg 乳酸钙，以 10% 的三氯乙酸定容至 100 mL（室温下可保存半年）。

乳酸标准应用液（0.01 mg/mL）：准确吸取 1.0 mL 乳酸标准储备液稀释定容至100 mL，此液要求现用现配。

（2）乳酸仪测定方法：破膜液、磷酸盐缓冲液、氯化钠。

（三）实验步骤

末次给样30分钟后，每只小鼠眼静脉采第1次血20 μL，立即放入水温30℃水中游泳，每隔1分钟放入1只，游泳10分钟后立即取出动物，擦干水，各采第2次血20 μL，安静20分钟后再第3次采血20 μL。将每次所采的血放入加入40 μL破膜液中，立即充分振荡破碎细胞，振荡均匀后按不同方法测定。

1. 自配试剂测定方法 于5 mL 试管中加入0.48 mL 1% NaF 溶液，准确吸取全血20 μL加入试管底部。用试管上清液清洗微量吸管数次，再加入1.5 mL 蛋白沉淀剂，振荡混匀，于3000 r/min 离心10分钟，取上清液，按表7–7操作。

表 7 - 7　自配试剂操作步骤

	空白管（mL）	标准管（mL）	测定管（mL）
沉淀剂 – NaF 混合液	0.5	—	—
乳酸标准应用液	—	0.5	—
上清液	—	—	0.5
4% CuSO$_4$	0.1	0.1	0.1
浓硫酸	3	3	3
充分混匀，置沸水浴加热 5 分钟，取出后放入冰水浴冷却 10 分钟			
1.5% 对羟基联苯	0.1	0.1	0.1

上述步骤完成后，摇匀，置 30℃ 水浴 30 分钟（每隔 10 分钟振摇一次）。取出后放入沸水浴中加热 90 秒，取出冷却至室温，在波长 560 nm 处用 5 mm 光径比色皿比色，空白管调零。

2. 乳酸仪测定方法　用乳酸仪按照不同型号仪器的操作说明书检测。

3. 血乳酸含量计算　按公式（7 - 6）、（7 - 7）、（7 - 8）计算。

（1）自配试剂测定方法

$$血乳酸含量（mg/L）= \frac{A\ 测定管}{A\ 标准管} \times 1000 \qquad (7-6)$$

（2）乳酸仪测定方法

$$直接从乳酸仪上读数，实际值 = 测得值 \times 3 \qquad (7-7)$$

因 20 μL 血样加入 40 μL 破膜液中，已稀释了 3 倍。

血乳酸曲线下面积 = 1/2 ×（游泳前血乳酸值 + 游泳后 10 分钟的血乳酸值）× 10 + 1/2 ×
（游泳后 10 分钟的血乳酸值 + 游泳后休息 20 分钟的血乳酸值）× 20
= 5 ×（游泳前血乳酸值 + 3 × 游泳后 10 分钟的血乳酸值 + 2 ×
游泳后休息 20 分钟的血乳酸值）　　　　　　　　（7 - 8）

（四）结果判定

以 3 个时间点血乳酸曲线下面积为判定标准，任一实验组的面积低于对照组，且差异有显著性，可判定本指标实验结果阳性。

本章小结

本章主要介绍了疲劳的概念和分类，常见的疲劳类型主要有体力疲劳、脑力疲劳、心理疲劳、病理性疲劳等；体力疲劳产生原因、主要表现和危害，过度疲劳可加速衰老与疾病的发生。缓解体力疲劳功能检验中常用到负重游泳时间、血清尿素、肝糖原、血乳酸等几个宏观和生化指标。本章通过一个具体的评价案例，让同学们能直观了解到缓解体力疲劳功能检验的详细过程，包括实验条件和方案设计、四个体力疲劳检测指标的实验方法和基本检测技术、对实验结果的判定标准等。

扫码"练一练"

思考题

1. 在进行缓解体力疲劳功能检验中，常用哪几个检测指标，并简述其原理。
2. 试述在负重游泳实验中的几点注意事项。
3. 请具体描述在缓解体力疲劳功能检验中，对实验结果的判定标准。

（黄宗锈）

第八章　增加免疫力功能评价

第一节　免疫系统运行机制及相关保健食品

扫码"学一学"

一、免疫系统及其运行机制

（一）免疫概念及其功能

免疫（immune）来源于拉丁语，中国明朝的《免疫类方》，也表示为"免除疫疠"。免疫是人体自身的一种古老防御机制，通过免疫系统识别和清除外来侵入的任何异物（如病原体，化学物等），以维持机体生理平衡的功能。早在公元四世纪我国即有免疫疗法的记载，晋代葛洪所撰《时后备急方·卷七》中记载："杀所咬犬，取脑敷之，后不复发"，意即以被狂犬病的狗咬伤后的患者，可用狂犬脑组织敷伤口预防狂犬病的发生，这是世界上最早记载利用免疫预防传染病的文字资料。

免疫系统功能指的是免疫系统识别与清除外来抗原过程中发挥各种生物效应的总和。免疫系统功能可以按表8-1分为三类。

表 8-1　免疫系统的功能

分类	免疫防御	免疫监视	免疫自稳
作用对象	外来病原体，化学物等抗原	体内异常细胞	体内损伤、衰老、死亡的细胞
正常作用	抵抗感染与清除毒物	抑制肿瘤	清除损伤、衰老与死亡的细胞
异常结果	病原体感染或中毒（功能低下）过敏性疾病（功能紊乱）	良性及恶性肿瘤	自身免疫性疾病及肿瘤

（二）免疫系统及其组成

免疫系统的组成包括三个层面，分别为器官、细胞和分子，其分工有所不同，免疫器官负责培养、训练免疫细胞；免疫细胞承担监视、巡逻及免疫具体功能；免疫分子是免疫细胞的调节手段。

1. 免疫器官 可以分为中枢免疫器官和外周免疫器官。前者包括骨髓和胸腺，后者主要包括脾脏、淋巴结和黏膜免疫系统等。

（1）中枢免疫器官 免疫细胞发生、发育、分化与成熟的场所，同时对外周免疫器官的发育也有引导作用。人类中枢免疫器官包括骨髓、胸腺。骨髓中的多能干细胞能直接分化为 B 细胞，也能迁移到胸腺并分化为 T 淋巴细胞。

（2）外周免疫器官 一类特化的器官和组织，是淋巴细胞等定居的场所，并能接受抗原刺激产生免疫。

①脾脏。由充斥红细胞的红髓、富含淋巴细胞的白髓以及边缘区组成。白髓可分成 T 细胞聚集的动脉周围淋巴鞘和 B 细胞聚集区的淋巴小结。淋巴小结也称初级滤泡，受抗原刺激后激发后成为次级滤泡，特点为中部出现生发中心。脾脏是 T、B 细胞的定居地，是初次反应产生抗体的主要场所。

②淋巴结。高度器官化的淋巴组织，全身分布广泛，根据组织结构可分为皮质与髓质。一般意义上的淋巴结具有输入淋巴管和输出淋巴管，皮质中的淋巴滤泡富含 B 淋巴细胞，而 T 淋巴细胞弥散分布于副皮质区。B 淋巴细胞识别抗原并和 T 淋巴细胞发生相互作用后增殖，在淋巴滤泡中形成生发中心，形成次级淋巴滤泡。淋巴结分布在淋巴管的聚集处，通过淋巴管收集从血管滤出的组织胞外液（淋巴液），因而淋巴液可将抗原或捕获抗原的免疫细胞从感染部位携带至淋巴结。

③黏膜相关淋巴组织。主要包括呼吸道、肠道及泌尿生殖道的膜固有层、扁桃体、小肠集合淋巴结、阑尾等。以肠相关淋巴组织为例，此淋巴组织的中央部分为充斥含 B 淋巴细胞的滤泡，其周围分布有 T 细胞区。肠相关淋巴组织靠近肠腔一侧，有一种特化的抗原转运细胞，称微皱褶细胞，简称 M 细胞。该细胞可将肠腔中的病原体转运至基底膜内淋巴组织中，其中含有大量浆细胞（由 B 细胞分化而成）、少量 T 细胞和其他辅佐细胞。

外周淋巴器官主要功能：从感染部位捕获抗原，然后将抗原提交给淋巴细胞而启动适应性免疫应答，抗原清除后仍能为抗原特异性淋巴细胞的生存和免疫记忆的维持提供必要的信号。

2. 免疫细胞 维持人体内外环境稳定，消除体内外抗原性物质的危害的直接执行者，也是增强免疫功能评价的对象。免疫细胞主要包括 T 淋巴细胞、B 淋巴细胞、自然杀伤细胞、单核 - 巨噬细胞等。

（1）T 淋巴细胞 来源于人体胚胎期和初生期的骨髓中的一部分多能干细胞或前 T 细胞，后这些细胞迁移到胸腺内，在胸腺激素的诱导下分化成熟，通过淋巴和血液循环分布到全身的免疫器官和组织中发挥免疫功能，这种免疫过程又常称为细胞免疫。根据免疫功能，T 细胞主要可以分为以下五类。

①辅助性 T 细胞（helper T cells，Th）。具有协助体液免疫和细胞免疫的功能；其分子表面标志物为 CD^{4+}。

②效应 T 细胞（effector T cells，Te）。具有释放淋巴因子及激活非特异性免疫等功能。

③抑制性 T 细胞（suppressor T cells，Ts）。具有抑制细胞免疫及体液免疫的功能。

④细胞毒性 T 细胞（cytotoxic T cells，Tc）。具有杀伤靶细胞的功能；其分子表面标志

物为 CD^{8+}。

⑤迟发性变态反应 T 细胞（delayed type hypersensitivity T cells，Td）。一类特殊的 T 淋巴细胞，主要参与Ⅳ型变态反应。

（2）B 淋巴细胞　在哺乳动物中，B 淋巴细胞主要从骨髓的多能干细胞分化而来。B 细胞被运输到外周淋巴器官后，受特定抗原刺激，在接受抗原提呈细胞和 Th 细胞的刺激下会增殖分化为浆细胞。浆细胞可合成和分泌抗体（免疫球蛋白）并在血液中循环，进而清除抗原，这种免疫过程又称为体液免疫。

（3）NK 细胞　属于淋巴细胞群，因为其非专一性的细胞毒杀作用而命名。其胞质中含有大量的嗜天青颗粒，又称为大颗粒淋巴细胞。其作用后主要分泌穿孔素、细胞毒因子和肿瘤坏死因子等杀伤介质，诱导靶细胞凋亡。其主要特征为：杀伤靶细胞并不通过抗原 – 抗体介导的特异性免疫反应，无须抗原致敏，在抗肿瘤与抗病毒中扮演重要角色。

（4）单核 – 巨噬细胞　起源于骨髓干细胞，在骨髓中前单核细胞分化发育为单核细胞，进入血液，约占血液中白细胞总数的 3% ～ 8%，后随血流到全身各种组织，进入组织中随即发生形态变化，转变为巨噬细胞，巨噬细胞一般不再返回血液循环。血液中的单核细胞和组织中固定或游走的巨噬细胞，在功能上都具有吞噬作用，将他们统称为单核吞噬细胞系统。包括与 NK 细胞不同，单核 – 巨噬细胞在特异性免疫和非特异性免疫均起到重要作用，其主要功能如下：直接吞噬外来病原体；清除自身老旧或异常细胞；作为抗原呈递细胞与 Th 细胞相互作用。

3. 免疫分子　由免疫细胞合成并在免疫应答中起作用的分子，其范围很广，主要包括了抗原、抗体、补体、主要组织相容性复合物抗原、膜表面抗原受体、细胞因子等。

（1）抗原（antigen，Ag）　一类能刺激机体免疫系统发生免疫应答，并能与相应免疫应答产物（抗体和致敏淋巴细胞）在体内外发生特异性结合的物质。

①完全抗原和不完全抗原。一般意义上的抗原即为完全抗原，其既有免疫原性，又有免疫反应性，大多数蛋白质、细菌、病毒、细菌外毒素等都是完全抗原。而不完全抗原，即半抗原只具有免疫反应性，而无免疫原性，故又称不完全抗原。半抗原可与蛋白质载体结合后，获得免疫原性，如绝大多数多糖（如肺炎球菌的荚膜多糖）和所有的类脂等。

②胸腺依赖性抗原（TD – Ag）和胸腺非依赖性抗原（TI – Ag）。根据抗原刺激 B 细胞产生抗体是否需要 T 细胞协助分类，可分为胸腺依赖性抗原（TD – Ag）和胸腺非依赖性抗原（TI – Ag）。TD – Ag 是指需要 T 细胞辅助和巨噬细胞参与才能激活 B 细胞产生抗体的抗原性物质。TD – Ag 免疫应答特点如下：其能引起体液免疫应答也能引起细胞免疫应答；能产生 IgG 等多种类别抗体；可诱导产生免疫记忆。TI – Ag 是指无须 T 细胞辅助可直接刺激 B 细胞产生抗体的抗原，特点为只能引起体液免疫应答；只能产生 IgM 类抗体，无免疫记忆。

③异嗜性抗原。存在于不同物种间表面无种属特异性的共同抗原，可存在于动物、植物、微生物及人类中，如溶血性链球菌于人心内膜或肾小球基底膜所具有的共同抗原就是异嗜性抗原，其在一些自身免疫性疾病中有重要意义。例如溶血性链球菌感染可以诱发机体对心内膜的免疫反应，进而诱发心脏瓣膜免疫疾病。

④抗原的应用意义。疫苗及诊断在医疗中将病原微生物制成疫苗进行预防接种，可以提

高人的免疫力。也可以根据微生物抗原的特异性进行各种免疫学试验，帮助诊断疾病。输血及移植红细胞血型抗原，包括 A、B、O 血型抗原，Rh 血型抗原等，不同血型间相互输血，可引起严重的输血反应。人类白细胞细胞膜上的人类白细胞抗原（HLA），又称主要组织相容性抗原，它们与血型抗原一样，也是由遗传决定的，受染色体上的基因控制。不同的个体（同卵双生者除外）其组织细胞的组织相容性抗原绝大多数不完全相同，因此，在同种异体进行皮肤或脏器移植时，常因供者移植物中存在受者所没有的抗原成分，刺激受者产生对移植物的免疫反应，导致移植物受到排斥而坏死脱落。肿瘤诊断肿瘤细胞中或细胞表面均出现特异性抗原，称为肿瘤特异性抗原，肿瘤抗原一般用于肿瘤的诊断分型及敏感化学药物治疗。

（2）抗体（antibody，Ab）　一类能与抗原特异性结合的免疫球蛋白，是一种由浆细胞（效应 B 细胞）分泌，能鉴别与中和外来物质如细菌、病毒等的蛋白质。所有的抗体在化学结构上都是免疫球蛋白，但并非免疫球蛋白都具有抗体的生物学活性，免疫球蛋白在体液免疫中起到关键作用。免疫球蛋白主要存在于血浆中，也见于其他体液、组织和一些分泌液中。人血浆内的免疫球蛋白可分为五类，即免疫球蛋白 G（IgG）、免疫球蛋白 A（IgA）、免疫球蛋白 M（IgM）、免疫球蛋白 D（IgD）和免疫球蛋白 E（IgE）。IgG 是血清中最主要的免疫球蛋白，约占成人血清免疫球蛋白总量 80%。IgG 是唯一能通过胎盘的免疫球蛋白，具有抵抗病原微生物的作用，也是免疫成功的重要标志。IgM 主要存在于血清中，在人工免疫或感染病原体后 IgM 先于 IgG 产生，一般在初次免疫应答中产生，能反映短期感染或免疫的情况。IgA 是黏膜分泌物与血液中抗体成分之一，在血清中主要是单体，称为血清型 IgA，在体腔外分泌液中的 IgA 主要为多倍体，称分泌型 IgA，其在机体生命早期为第一道特异性免疫防线，如母乳及婴幼儿肠道中富含 IgA 能增强机体的抵抗力。IgD 在正常人血清中含量极微，结构不稳定，易降解，其功能可能与 B 细胞的分化成熟有关。IgE 能与嗜碱性粒细胞及肥大细胞结合，当某些抗原再次进入机体与结合在细胞上相应的 IgE 结合后，就可使这些细胞脱颗粒，释放出组胺等过敏性递质，诱发 I 型超敏反应。

（3）补体　存在于血清和组织液中一组具有酶活性的球蛋白，正常情况下多以非活化的形式存在，当抗原进入机体后，被依次激活，最终产生溶细胞效应。补体是由血浆补体成分、可溶性和膜型补体调节蛋白、补体受体等 30 余种糖蛋白构成的一个具有精密调控机制的反应系统。补体的功能主要是促进吞噬与裂解靶细胞。

（三）免疫反应

免疫反应（immune response）指的是机体借助理化屏障及神经体液的调节控制，通过免疫细胞及有关的体液因子（如抗体、淋巴因子等）发挥识别自己、排除异己，以维持机体内外环境统一的功能。主要过程为免疫系统接触和识别异己成分或者变异的自体成分，免疫细胞活化、增殖、分化为效应细胞，最终做出防御反应。免疫反应可分为非特异性免疫反应和特异性免疫反应，而特异性免疫反应又可分为 T 淋巴细胞介导的细胞免疫应答与 B 淋巴细胞介导的体液免疫应答。

1. 非特异性免疫反应　又称为先天免疫或固有免疫。非特异性免疫是与生俱来的免疫，也是当抗原物质入侵机体以后，首先发挥作用的免疫。主要由以下系统组成：皮肤和黏膜系统、体内各种屏障、单核 - 巨噬细胞、自然杀伤细胞（natural killer cells，NK）、补体、细胞因子、酶类物质。非特异性免疫作用范围广，发挥时间较快，机制相对单一稳定，且能遗传至下一代。其过程如下：首先，皮肤和黏膜系统、血脑屏障等可以通过物理屏障作用避免抗原进入机体；之后进入机体的外来抗原可以被单核－巨噬细胞、NK 细胞通过吞噬作用清除；最后侵入体内的抗原会进一步激活补体，通过活化的补体系统清除抗原，同时加强吞噬细胞的杀伤作用，并诱发大量细胞因子、酶类物质的产生，形成炎症反应，进一步促进抗原的清除。绝大多数抗原都能被非特异性免疫反应清除，少数进入机体诱发特异性免疫反应。

2. 特异性免疫反应（specific immunity）　　又称获得性免疫或适应性免疫，指的是经过后天感染（病愈或无症状的感染）或人工预防接种（菌苗、疫苗、类毒素、免疫球蛋白等）而使机体获得的免疫。此种类型的免疫只在接触抗原后获得，且仅针对该抗原物质起特异性反应。特异性免疫反应是一个相当复杂的过程，由单核吞噬细胞系统和淋巴细胞系统协同完成。抗原物质在外周淋巴器官（脾，淋巴结）被抗原呈递细胞捕获、加工处理抗原，并将抗原信息呈递给 T 细胞或浆淋巴细胞，识别抗原后 T 细胞或 B 细胞活化、增殖，分化为致敏 T 淋巴细胞或浆细胞，致敏 T 淋巴细胞能直接清除抗原，而 B 淋巴细胞可以分泌免疫效应分子（抗体），进而清除抗原。该过程可以大致分为感应、反应和效应三个阶段。

（1）感应阶段（inductive stage）　　抗原首先被抗原呈递细胞（antigen presenting cells，APC）或内源性蛋白酶体摄取、处理、识别、加工与递呈的一系列过程，属于免疫反应的开始阶段。APC 主要为单核－巨噬细胞，其对外源性抗原与内源性抗原感应阶段的处理略有不同。外源性抗原（如细菌）进入机体后，首先被局部的 APC 摄取和捕获，抗原大部分被降解为非抗原成分，只保留抗原的最具特征部分（抗原决定簇），该部分能与细胞内主要组织相容性复合体（MHC Ⅱ）分子形成复合体，与其他分子表面标志物一起被 Th 细胞特异性识别，进而诱发特异性免疫反应。内源性抗原（如病毒）主要被细胞内蛋白酶处理，与细胞内质网膜主要组织相容性复合体（MHC Ⅰ）分子形成复合体，该复合体也能被 Th 细胞特异性识别，进而诱发特异性免疫反应。B 细胞可以利用其表面免疫球蛋白分子直接与抗原结合，并且可将抗原递呈给 Th 细胞。T 细胞与 B 细胞可识别抗原种类不同，诱发的免疫反应也不同。

感应阶段的意义在于调节机体的适度免疫反应，消化大部分抗原以避免体内免疫反应过于广泛进而诱导免疫耐受，同时又可富集有效抗原决定簇使免疫反应高效进行。

（2）反应阶段（reactive stage）　　接受抗原刺激的淋巴细胞活化和增殖的时期，又可称为活化阶段。此阶段部分活化的 T、B 细胞均终止分化形成免疫记忆细胞。Th 细胞是该阶段启动细胞，特别需要注意的是，仅仅抗原刺激不足以使淋巴细胞活化，还需要细胞因子作为辅助激活。Th 细胞受刺激后，开始克隆、大量增殖，并淋巴母细胞化，另一部分转化为效应 Th 细胞。Th 淋巴母细胞化的过程会分泌大量的细胞因子如 IL－2、IL－4、IL－5。

细胞免疫中，IL－2 会促进静止状态的 Tc 细胞增殖分化为效应性 Tc 细胞；而在体液免疫中，Th 细胞分泌的 IL－4、IL－5 会刺激 B 细胞增殖分化为浆细胞，进而分泌大量的免疫球蛋白。

增殖分化后的 T、B 淋巴细胞一部分参与接下来的效应阶段，另一部分直接转化为记忆 T、B 淋巴细胞，而这些细胞寿命延长并且不再分化，特别保留原有的抗原信息，形成免疫记忆。如果机体再次接触到同一抗原刺激，这类细胞会迅速转化为成熟淋巴细胞，大量增殖并发挥免疫效应。

（3）效应阶段（effective stage）　在淋巴细胞活化后，生成效应细胞和效应分子清除抗原的过程。

细胞免疫的效应阶段，效应阶段的 T 细胞最终分化为 Te 细胞和 Tc 细胞，二者机制不同。

①Te 细胞主要通过分泌释放多种淋巴因子，其中一部分淋巴因子可以直接杀伤抗原，另一部分淋巴因子可以集聚单核巨噬细胞和 NK 细胞，激活非特异免疫系统清除抗原，还有一部分淋巴因子可以促进 T、B 淋巴细胞转化，扩大免疫效应。

②效应性 Tc 细胞主要是通过细胞杀伤作用，Tc 细胞特异性识别靶细胞，向靶细胞释放穿孔素、端粒酶等细胞毒颗粒，同时启动靶细胞的凋亡程序，最终造成靶细胞死亡。

体液免疫的效应阶段，浆细胞的寿命较短而且并不在血液中循环，因此体液免疫主要通过抗体才能起到全身作用。抗体随着血液循环分布到全身，可与机体内抗原形成抗原 - 抗体复合物，激活补体系统，也可通过激活巨噬细胞的吞噬功能（被称为调理作用）与 NK 细胞杀伤活性（抗体介导细胞毒作用，ADCC）等作用清除抗原。

在特异性免疫反应过程中，细胞免疫途径与体液免疫途径过程表面上相对独立，实际上细胞因子及 Th 细胞在体液免疫和细胞免疫中起到桥梁沟通的作用，使这两种免疫相互协调、互相制约，特异性免疫调控网络十分复杂，这种系统性能保证机体维持相对的免疫自稳。相反的，上述过程发生紊乱，往往会诱发免疫缺陷、自身免疫或超敏反应等疾病，特异性免疫反应的基本过程见图 8 - 1。

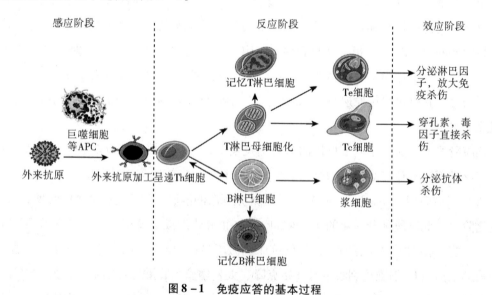

图 8 - 1　免疫应答的基本过程

二、常用于增加免疫力功能的物品或原料

1. 灵芝　可用于保健食品。本草纲目记载其有扶正固本、滋补强壮的功效。灵芝在免

疫系统的调节方面具有独特功效。灵芝多糖是灵芝的主要活性成分，灵芝多糖能激活 T、B 淋巴细胞、巨噬细胞、自然杀伤细胞（NK）等免疫细胞，还能活化补体，促进细胞因子如 TNF-α、IFN-γ 的生成，进而提高机体的免疫功能。

2. 石斛 已被列入可用于保健食品的中药名单。其具有益胃生津，滋阴清热之功效。常用于热病津伤，口干烦渴，胃阴不足，病后虚热不退，阴虚火旺，骨蒸劳热，目暗不明，筋骨痿软。石斛多糖是其中的活性物质，其能通过提高 T 细胞免疫与单核巨噬细胞吞噬功能，进而提高机体的免疫力。

3. 人参与西洋参 已被列入可用于保健食品的中药名单。在美国西洋参制剂被列为饮食补充剂。人参中最具活性的为人参皂苷，人参皂苷是一类包括 Ra、Rb、Rf 和 Rg 类单体的家族，其生物效应非常广泛，包括抗炎、抗肿瘤、改善神经、增强心血管活力等。其中人参皂苷 Rg$_3$ 活性最强，几乎对所有免疫细胞均有增强作用。其功效在于提高免疫器官脏器系数、增强单核-巨噬细胞吞噬能力、升高血清溶血素含量、增加 T 淋巴细胞数量和加强 NK 细胞杀伤能力。

4. 维生素 C 又名抗坏血酸，其抗氧化功能非常突出，近年来发现维生素 C 对免疫机能提高也有很明显的作用：主要体现在能提高体内抗体、补体的含量和活性，增强抗体对抗原的应答反应；促进淋巴细胞的增殖，提高血液中 T 淋巴细胞百分率；增强吞噬细胞的吞噬作用和自然杀伤细胞的活性。

5. 维生素 E 为所有细胞膜及细胞器膜性结构的必要成分，具有重要的抗氧化功能，同时也是体内免疫系统的稳态不可或缺的营养素。人体中 T、B 淋巴细胞中维生素 E 的含量远高于红细胞。当机体缺乏维生素 E 时，T、B 淋巴细胞的功能均不正常，巨噬细胞也受影响，吞噬功能下降。人群流行病资料表明，血清中维生素 E 值水平高于平均值者，3 年内感染症状明显减少。

6. 锌 在微量元素中，锌与机体免疫机能影响最为密切。锌在人体内的含量为 2~4 g，机体的骨骼、肌肉、视网膜、头发、内脏器官、牙齿、血液、精液、男性生殖器官与女性卵巢均含有锌，此外锌是胸腺内分泌生物活性物质必需的元素，机体中有 100 多种金属酶需锌的存在才能发挥其生物活性。锌有维持皮肤、黏膜结构与功能完整的作用，补锌能加速伤口的愈合。锌可增强吞噬细胞的杀菌功能，促进免疫器官释放免疫因子，缺锌时免疫力下降，容易发生感染。锌缺乏引起的免疫机能低下包括：淋巴器官萎缩和皮质区 T 淋巴细胞稀少，胸腺素水平降低；T 细胞功能障碍和巨噬细胞功能异常；巨噬细胞杀菌能力下降；缺锌对 B 细胞功能影响不大，但缺锌会使 Th 细胞数量功能下降，B 淋巴细胞缺乏 Th 的辅助而不能产生足够的特异性抗体。大量的临床研究证实补锌可缩短婴幼儿腹泻、肺炎、急性下呼吸道感染的病程并降低其发生率。

7. 硒 谷胱甘肽过氧化物酶/还原酶的辅助因子，其作用在于保持氧化还原的平衡和清除活性氧。硒对非特异性免疫和特异性免疫均有提高的作用。硒能促进干扰素的产生，并且可以增加 γ-干扰素的活性，增强人体 NK 细胞的细胞毒作用。硒还能促使 Th 淋巴细胞 IL-1 和 IL-2 的分泌能力显著增强，刺激免疫球蛋白的形成，提高机体合成 IgG、IgM 等抗体的能力。硒能加强单核-巨噬细胞对病毒体的趋化、吞噬和杀灭作用，也可加强巨噬细胞活因子（MAF）活性进一步激活巨噬细胞，同时降低巨噬细胞对淋巴细胞的抑制作用，保护特异性免疫反应细胞。

扫码"学一学"

第二节 增加免疫力功能评价实验基本内容及案例

根据国家保健食品功效评价规范，增加免疫力功能评价仅进行动物实验。

一、实验项目

1. 体重及其增量。

2. 脏器系数测定 胸腺与体重比值，脾脏与体重比值。

3. 细胞免疫功能测定 小鼠脾淋巴细胞转化实验，迟发性变态反应实验。

4. 体液免疫功能测定 抗体生成细胞检测，血清溶血素测定。

5. 单核 – 巨噬细胞功能测定 小鼠碳廓清实验，小鼠腹腔巨噬细胞吞噬鸡红细胞实验。

6. NK 细胞活性测定 乳酸脱氢酶（LDH）测定。

二、实验方法

（一）实验动物选择

选用近交系小鼠如 C57BL/6J、BALB/C 等，也可选用免疫功能低下模型动物，6 ~ 8 周龄，体重 18 ~ 22 g，雌雄均可但只选取一种性别，每组大于等于 10 只。

（二）动物实验剂量分组及受试样品给予时间

增加免疫力实验针对不同的免疫功能有四种实验方案，每种方案设立 3 个剂量组（以人体推荐量的 10 倍为其中的一个剂量组，另设 2 个剂量组，一般组间剂量差别为 2 ~ 3 倍，受试样品的功能实验剂量必须在毒理学评价确定的安全剂量范围之内）和 1 个空白对照组，必要时设阳性对照组。给药时间不少于 30 天，必要时可适当延长。

（三）增加免疫力实验方案

1. 细胞免疫功能实验方案

（1）T 淋巴细胞数量测定 一般采用刀豆蛋白 A（ConA）诱导的小鼠脾淋巴细胞转化实验（MTT 法），以 MTT 的吸光度值反映 T 淋巴细胞的增殖情况。

（2）T 淋巴细胞功能检测 一般采用迟发型变态反应（DTH）（二硝基氟苯诱导小鼠耳肿胀法）以小鼠耳肿胀后重量增加反映 T 淋巴细胞的功能水平。

2. 体液免疫功能实验方案

（1）B 淋巴细胞数量检测 一般使用 Jerne 改良玻片法（B 淋巴细胞溶血空斑实验），以溶血空斑数大体可反映抗体分泌细胞数。

（2）B 淋巴细胞功能检测 半数溶血值（HC_{50}）的测定法以抗体产生的溶血反应，释放出的血红蛋白含量反映动物血清中溶血素的含量。

3. 单核 – 巨噬细胞功能检测实验方案

（1）小鼠碳廓清实验（体内实验） 以血液中被非特异吞噬的碳粒量反映巨噬细胞的吞噬能力。

（2）小鼠腹腔巨噬细胞吞噬鸡红细胞实验（体外实验） 主要是通过计数吞噬鸡红细胞的巨噬细胞的百分比和吞噬指数，据此判定巨噬细胞的吞噬能力。

4. NK 细胞活性测定实验方案 一般使用乳酸脱氢酶（LDH）测定法，主要是通过 NK 细胞杀伤活细胞，使活细胞中的 LDH 释放至细胞外，其含量与 NK 细胞杀伤力成正比。

（四）实验结果判定

1. 细胞免疫功能测定项目中的两种实验结果均为阳性，或任一个实验的两个剂量组结果阳性，可判定细胞免疫功能测定结果阳性。

2. 体液免疫功能测定项目中的两种实验结果均为阳性，或任一个实验的两个剂量组结果阳性，可判定体液免疫功能测定结果阳性。

3. 单核－巨噬细胞功能测定项目中的两种实验结果均为阳性，或任一个实验的两个剂量组结果阳性，可判定单核－巨噬细胞功能结果阳性。

4. NK 细胞活性实验只有一种，因此只要 NK 细胞活性测定实验的两个剂量组结果阳性，即可判定 NK 细胞活性结果阳性。

（五）功能判定

细胞免疫功能、体液免疫功能、单核－巨噬细胞功能、NK 细胞活性四个方面任两个方面结果阳性，可判定该受试样品具有增加免疫力。

三、增加免疫力功能评价动物实验案例简介

某含石斛制剂增加免疫力研究。

（一）动物分组

选取 SPF 级 F1 代 BALB/C 健康雄性小鼠，体重为 19～22 g，共 200 只。分成 5 个区组，每个区组进行一类免疫功能实验，每区组 40 只分成 4 个剂量组，每个剂量组 10 只小鼠。

（二）给药剂量

受试样品人体推荐剂量为 3 g/d（成人以 60 kg 体重计），设分别相当于受试样品人体推荐摄入量的 5 倍、10 倍、30 倍的 3 个剂量组，即 0、0.25、0.50、1.50 g/(kg·d)。样品以去离子水溶解，另设对照组以去离子水代替，每日灌胃一次，连续 30 天。

（三）检测项目

动物体重每周称量一次，取出胸腺和脾脏，称重并计算免疫器官脏器系数（脏器重量/处死体重）。第一区组动物测定 ConA 诱导的小鼠脾淋巴细胞转化（细胞免疫功能）和利用乳酸脱氢酶法测定 NK 细胞活性（NK 细胞功能）；第二区组动物利用耳郭肿胀法进行 DNFB 诱导小鼠迟发型变态反应（细胞免疫功能）；第三区组动物进行抗体生成细胞检测和血清溶血素测定（体液免疫功能）；第四区组动物进行碳廓清实验（单核－巨噬细胞功能）；第五区组动物进行腹腔巨噬细胞吞噬鸡红细胞实验（单核－巨噬细胞功能）。

（四）实验结果

1. 体重及免疫器官脏器系数 所有给药组小鼠的体重、胸腺脏器系数、脾脏脏器系数与对照组比较差别无统计学意义（$P > 0.05$）。

2. T 淋巴细胞数量测定 1.60 g/(kg·d) 组 MTT 法吸光度（OD）差值（加 ConA 孔 OD 值减去不加 ConA 孔 OD 值）高于对照组且差别有统计学意义（$P < 0.05$），见表 8－2。

表 8 - 2　含石斛制剂对脾淋巴细胞增殖的影响（$\bar{x} \pm S$）

剂量［g/（kg·d）］	动物数（只）	加 ConA 孔与不加 ConA 孔 OD 差值
对照	10	0.012 ± 0.001
0.27	10	0.015 ± 0.004
0.53	10	0.014 ± 0.003
1.60	10	0.023 ± 0.004 *

注：* 与对照组比较 $P < 0.05$。

3. DNFB 诱导小鼠 DTH 实验　0.53、1.60 g/（kg·d）组耳壳重量高于对照组且差别有统计学意义（$P < 0.05$），见表 8 - 3。

表 8 - 3　含石斛制剂对 DNFB 诱导小鼠 DTH 的影响（$\bar{x} \pm S$）

剂量［g/（kg·d）］	动物数（只）	耳壳增重（mg）
对照	10	15.0 ± 1.4
0.27	10	16.3 ± 2.9
0.53	10	17.6 ± 2.4 *
1.60	10	19.2 ± 2.3 *

注：* 与对照组比较 $P < 0.05$。

4. B 淋巴细胞功能测定　1.60 g/（kg·d）组溶血空斑数高于对照组且差别有统计学意义（$P < 0.05$），见表 8 - 4。

表 8 - 4　含石斛制剂对小鼠溶血空斑数的影响（$\bar{x} \pm S$）

剂量［g/（kg·d）］	动物数（只）	溶血空斑数（个/10^6细胞）
对照	10	44 ± 19
0.27	10	43 ± 17
0.53	10	57 ± 27
1.60	10	71 ± 14 *

注：* 与对照组比较 $P < 0.05$。

5. B 淋巴细胞功能　所有给药组小鼠的血清半数溶血值与对照组比较差别无统计学意义（$P > 0.05$），见表 8 - 5。

表 8 - 5　含石斛制剂对半数溶血值的影响（$\bar{x} \pm S$）

剂量［g/（kg·d）］	动物数（只）	HC_{50}
对照	10	50 ± 17
0.27	10	49 ± 8
0.53	10	53 ± 24
1.60	10	64 ± 18

6. 单核 - 巨噬细胞活性测定　1.60 g/（kg·d）组小鼠碳颗粒吞噬指数及腹腔巨噬细胞吞噬红细胞指数均高于对照组且差别有统计学意义（$P < 0.05$），见表 8 - 6。

表 8-6　含石斛制剂对小鼠碳廓清指数及腹腔巨噬细胞吞噬鸡红细胞能力的影响（$\bar{x} \pm S$）

剂量 [g/(kg·d)]	动物数（只）	碳颗粒吞 噬指数（a）	腹腔巨噬细胞 吞噬百分率（%）	腹腔巨噬细胞 吞噬指数
对照	10	5.68 ± 0.76	21.3 ± 2.3	0.25 ± 0.03
0.27	10	6.05 ± 0.89	22.4 ± 2.4	0.25 ± 0.04
0.53	10	6.45 ± 0.91	23.5 ± 2.8	0.27 ± 0.04
1.60	10	6.71 ± 0.73 *	26.1 ± 1.9 *	0.29 ± 0.02 *

注：* 与对照组比较 $P < 0.05$。

7. NK 细胞活性测定　所有给药组小鼠的 LDH 与对照组比较差别无统计学意义（$P > 0.05$），见表 8-7。

表 8-7　含石斛制剂对小鼠 NK 细胞活性的影响（$\bar{x} \pm S$）

剂量 [g/(kg·d)]	动物数（只）	LDH 活性（%）
对照	10	25.2 ± 4.8
0.27	10	25.4 ± 6.8
0.53	10	26.7 ± 10.6
1.60	10	28.0 ± 8.4

（五）结果判定

细胞免疫功能实验为阳性，体液免疫功能实验为阴性，单核-巨噬细胞，NK 细胞活性测定实验为阳性，且无明显的整体毒性及免疫器官重量改变。最终认为该产品具有增加免疫力功能。

第三节　增加免疫力功能评价实验检测方法

一、ConA 诱导的小鼠脾淋巴细胞转化实验

（一）原理

ConA 是一种有丝分裂原，能刺激 T 淋巴细胞转化为淋巴母细胞，活细胞通过琥珀酸脱氢酶能使外源性 MTT（一种淡黄色的唑氮盐）还原为水不溶性的蓝紫色结晶甲瓒（formazan）并沉积在细胞中而显色，其吸光度值与活细胞的总数成正比。

（二）仪器和材料

RPMI 1640 细胞培养液、小牛血清、2-巯基乙醇（2-ME）、青霉素、链霉素、刀豆蛋白 A（ConA）、盐酸、异丙醇、MTT、Hank's 液、PBS 缓冲液（pH 7.2~7.4）。

200 目筛网、24 孔培养板、96 孔培养板（平底）、手术器械、二氧化碳培养箱、酶标仪、可见分光光度计、超净工作台。

（三）实验步骤

1. 试剂配制

（1）完全培养液　RPMI 1640 培养液过滤除菌，用前加入 10% 小牛血清，1% 谷氨酰胺

扫码"学一学"

（200 mmol/L），青霉素（100 U/mL），链霉素（100 ug/L）及 5×10^{-5} mol/L 的 2 - 巯基乙醇，用无菌的 1 mol/L 的 HCl 或 1 mol/L 的 NaOH 调 pH 至 7.0 ~ 7.2，即完全培养液。

（2）ConA 液　用双蒸水配制成 100 ug/mL 的溶液，过滤除菌，在低温冰箱（-20℃）保存。

（3）无菌 Hank's 液　用前以 3.5% 的无菌 $NaHCO_3$ 调 pH 7.2 ~ 7.4。

（4）MTT 液　将 5 mg MTT 溶于 1 mL pH 7.2 的 PBS 中，现配现用。

（5）酸性异丙醇溶液　96 mL 异丙醇中加入 4 mL 1 mol/L 的 HCl，临用前配制。

2. 脾细胞悬液制备　无菌取脾，置于盛有适量无菌 Hank's 液平皿中，用镊子轻轻将脾磨碎，制成单个细胞悬液。经 200 目筛网过滤，或用 4 层纱布将脾磨碎，用 Hank's 液洗 2 次，每次离心 10 分钟（1000 r/min）。然后将细胞悬浮于 1 mL 的完全培养液中，用台酚蓝染色计数活细胞数（应在 95% 以上），调整细胞浓度为 3×10^6 个/mL。

3. 淋巴细胞增殖反应　将细胞悬液分两孔加入 24 孔培养板中，每孔 1 mL，一孔加 75 μL ConA 液（相当于 7.5 ug/mL），另一孔作为对照，置 5% CO_2，37℃ CO_2 孵箱中培养 72 小时。培养结束前 4 小时，每孔轻轻吸去上清液 0.7 mL，加入 0.7 mL 不含小牛血清的 RPMI 1640 培养液，同时加入 MTT（5 mg/mL）50 μL/孔，继续培养 4 小时。培养结束后，每孔加入 1 mL 酸性异丙醇，吹打混匀，使紫色结晶完全溶解。然后分装到 96 孔培养板中，每个孔分装 3 ~ 6 孔作为平行样，用酶联免疫检测仪，以 570 nm 波长测定吸光度值。也可将溶解液直接移入 2 mL 比色杯中，可见分光光度计上在波长 570 nm 测定 OD 值。

（四）结果判定

用加 ConA 孔的吸光度值减去不加 ConA 孔的吸光度值代表淋巴细胞的增殖能力，受试样品组的吸光度差值显著高于对照组的吸光度差值，可判定该项实验结果阳性。

（五）注意事项

选择有丝分裂原时 ConA 的浓度很重要，ConA 的浓度过高会产生抑制作用。

二、二硝基氟苯诱导小鼠迟发型变态反应

（一）原理

该实验是基于 Td 细胞介导的 Ⅳ 型变态反应为理论基础的，二硝基氟苯（DNFB）是一种半抗原，将其稀释液涂抹腹壁皮肤后，与皮肤蛋白结合成完全抗原，由此刺激 T 淋巴细胞增殖成致敏淋巴细胞。4 ~ 7 天后再将其涂抹于耳部，使局部产生迟发型变态反应。一般在抗原攻击后 24 ~ 48 小时达高峰，故于此时测定其肿胀程度。

（二）仪器和材料

DNFB、麻油、丙酮、硫化钡、8 mm 打孔器。

（三）实验步骤

1. 试剂配制　DNFB 溶液应新鲜配制，称取 DNFB 50 mg，置清洁干燥小瓶中，将预先配好的 5 mL 丙酮麻油溶液（丙酮：麻油 = 1 : 1），倒入小瓶，盖好瓶塞并用胶布密封。混匀后，用 250 μL 注射器通过瓶盖取用。

2. 致敏　每鼠腹部皮肤用硫化钡脱毛，范围约 3 cm × 3 cm、用 DNFB 溶液 50 μL 均匀

涂抹致敏。

3. DTH 的产生与测定 5 天后，用 DNFB 溶液 10 μL 均匀涂抹于小鼠右耳（两面）进行攻击。攻击后 24 小时颈椎脱臼处死小鼠，剪下左右耳壳。用打孔器取下直径 8 mm 的耳片，称重。

（四）结果判定

左右耳重量之差表示迟发型变态反应的程度。受试样品组的差值显著高于与对照组的差值，可判定该项实验结果阳性。

（五）注意事项

操作时应避免 DNFB 与皮肤接触。

三、血清溶血素的测定

（一）原理

用 SRBC 免疫动物后，产生抗 SRBC 抗体（溶血素），利用其凝集 SRBC 的程度来检测溶血素的水平。

（二）仪器和材料

SRBC、生理盐水、微量血凝实验板、离心机。

（三）实验步骤

1. SRBC 绵羊颈静脉取血，将羊血放入有玻璃珠的灭菌锥形瓶中，朝一个方向摇动，以脱纤维，放入 4℃ 冰箱保存备用，可保存 2 周。

2. 免疫动物及血清分离 取羊血用生理盐水洗涤 3 次，每次离心（2000 r/min）10 分钟。将压积 SRBC 用生理盐水配成 2%（v/v）的细胞悬液，每只鼠腹腔注射 0.2 mL 进行免疫。4~5 天后，摘除眼球取血于离心管内，放置约 1 小时，将凝固血与管壁剥离，使血清充分析出，2000 r/min 离心 10 分钟，收集血清。

3. 凝集反应 用生理盐水将血清倍比稀释，将不同稀释度的血清分别置于微量血凝实验板内，每孔 100 μL，再加入 100 μL 0.5%（v/v）的 SRBC 悬液，混匀，装入湿润的平盘内加盖，于 37℃ 温箱孵育 3 小时，观察血球凝集程度。

（四）结果判定

血清凝集程度一般分为 5 级（0–Ⅳ）记录，按下式计算抗体积数，受试样品组的抗体积数显著高于对照组的抗体水平，可判定该项实验结果阳性，按公式（8–1）计算。

$$抗体水平 = （S_1 + 2S_2 + 3S_3 \cdots\cdots nS_n）\qquad（8-1）$$

式中 1、2、3……n 代表对倍稀释的指数，S 代表凝集程度的级别，抗体积数越大，表示血清抗体越高。

1. 0 级红细胞全部下沉，集中在孔底部形成致密的圆点状，四周液体清澈。
2. Ⅰ级红细胞大部分沉积在孔底成圆点状，四周有少量凝集的红细胞。
3. Ⅱ级凝集的红细胞在孔底形成薄层，中心可以明显见到一个疏松的红点。
4. Ⅲ级凝集的红细胞均匀地铺散在孔底成一薄层，中心隐约可见一个小红点。
5. Ⅳ级凝集的红细胞均匀地铺散在孔底成一薄层，凝块有时成卷折状。

四、小鼠碳廓清实验

（一）原理

印度墨汁粒径较小，进入血循环后，易被单核 – 巨噬细胞吞噬，在一定范围内，碳颗粒的清除速率与其剂量呈指函数关系，即吞噬速度与血碳浓度成正比，而与已吞噬的碳粒量成反比。

（二）仪器和材料

可见分光光度计、计时器、血色素吸管、印度墨汁、Na_2CO_3。

（三）实验步骤

1. 溶液配制 注射用墨汁将印度墨汁原液用生理盐水稀释 3~4 倍；Na_2CO_3 溶液取 0.1 g Na_2CO_3，加蒸馏水至 100 mL。

2. 注射墨汁 称体重，从小鼠尾静脉注入稀释的印度墨汁，按每 10 g 体重 0.1 mL 计算。待墨汁注入，立即计时。

3. 测定 注入墨汁后 2（t_1）、10（t_2）分钟，分别从内眦静脉丛取血 20 μL，并立即将其加到 2 mL 0.1% Na_2CO_3 溶液中。用可见分光光度计在 600 nm 波长处测吸光度（OD），以 Na_2CO_3 溶液作空白对照；将小鼠处死，取肝脏和脾脏，用滤纸吸干脏器表面血污，称重。

4. 吞噬指数 其表示小鼠碳廓清的能力。吞噬指数 α，按公式（8 – 2）就算。受试样品组的吞噬指数显著高于对照组的吞噬指数，可判定该项实验结果阳性。

$$K = \frac{\lg OD_1 - \lg OD_2}{t_2 - t_1} \quad \alpha = \frac{体重}{肝重 + 脾重} \times \sqrt[3]{K} \tag{8 – 2}$$

（四）结果判定

受试样品组的吞噬指数显著高于对照组的吞噬指数，可判定该项实验结果阳性。

五、乳酸脱氢酶活性的测定

（一）原理

活细胞的胞质内含有乳酸脱氢酶（LDH）。正常情况下，LDH 不能透过细胞膜，当细胞受到 NK 细胞的杀伤后，LDH 释放到细胞外。LDH 可使乳酸锂脱氢，进而使 NAD 还原成 NADH，后者再经递氢体吩嗪二甲酯硫酸盐（PMS）还原碘硝基氯化四氮唑（INT），INT 接受 H^+ 被还原成紫红色甲䐶类化合物。在酶标仪上用 490 nm 比色测定。

（二）仪器和材料

酶标仪、YAC – 1 细胞、Hank's 液（pH 7.2~7.4）、RPMI 1640 完全培养液、乳酸锂或乳酸钠、硝基氯化四氮唑（INT）、吩嗪二甲酯硫酸盐（PMS）、NAD、0.2 mol/L 的 Tris – HCl 缓冲液（pH 8.2）、1% NP_{40} 或 2.5% Triton。

（三）实验步骤

1. LDH 基质液的配制 乳酸锂 5×10^{-2} mol/L，硝基氯化四氮唑（INT）6.6×10^{-4} mol/L，吩嗪二甲酯硫酸盐（PMS）2.8×10^{-4} mol/L，氧化型辅酶 I（NAD）1.3×10^{-3} mol/L，上述试剂均溶于 0.2 mol/L 的 Tris – HCl 缓冲液中（pH 8.2）。

2. 靶细胞的传代（YAC－1 细胞）　实验前 24 小时将靶细胞进行传代培养。应用前以 Hank's 液洗 3 次，用 RPMI 1640 完全培养液调整细胞浓度为 4×10^5 个/mL。

3. 脾细胞悬液的制备（效应细胞）　无菌取脾，置于盛有适量无菌 Hank's 液的小平皿中，用镊子轻轻将脾磨碎，制成单细胞悬液。经 200 目筛网过滤，或用 4 层纱布将脾磨碎，或用 Hank's 液洗 2 次，每次离心 10 分钟（1000 r/min）。弃上清将细胞质弹起，加入 0.5 mL 灭菌水 20 秒，裂解红细胞后再加入 0.5 mL 2 倍 Hank's 液及 8 mL Hank's 液，1000 r/min，离心 10 分钟，用 1 mL 含 10% 小牛血清的 RPMI 1640 完全培养液重悬，用 1% 冰醋酸稀释后计数（活细胞数应在 95% 以上），用台酚蓝染色计数活细胞数（应在 95% 以上），最后用 RPMI 1640 完全培养液调整细胞浓度为每毫升 2×10^7 个。

4. NK 细胞活性检测　取靶细胞和效应细胞各 100 μL（效靶比 50∶1），加入 U 型 96 孔培养板中；靶细胞自然释放孔加靶细胞和培养液各 100 μL，靶细胞最大释放孔加靶细胞和 1% NP₄₀ 或 2.5% Triton 各 100 μL；上述各项均设三个复孔，于 37℃、5% CO₂ 培养箱中培养 4 小时，然后将 96 孔培养板以 1500 r/min 离心 5 分钟，每孔吸取上清 100 μL 置平底 96 孔培养板中，同时加入 LDH 基质液 100 μL，反应 3 分钟，每孔加入 1 mol/L 的 HCl 30 μL，在酶标仪 490 nm 处测定吸光度（OD）。

（四）结果判定

根据 OD 值计算 NK 细胞活性，受试样品组的 NK 细胞活性显著高于对照组的 NK 细胞活性，即可判定该项实验结果阳性。

本章小结

免疫系统是由免疫器官、免疫细胞和免疫分子组成，根据免疫反应的类型可分为特异性免疫和非特异性免疫。T 淋巴细胞是细胞免疫的主要功能细胞，B 淋巴细胞是体液免疫的主要功能细胞，NK 细胞主要在非特异性免疫中起作用，单核－巨噬细胞在非特异性免疫与特异性免疫中均具有重要作用。增加免疫力功能主要对这四种细胞进行评价：一般采用刀豆蛋白 A（ConA）诱导的小鼠脾淋巴细胞转化实验及二硝基氟苯诱导小鼠耳肿胀法评价 T 细胞免疫功能；主要采用 B 淋巴细胞溶血空斑实验与半数溶血值（HC_{50}）的测定法评价 B 淋巴细胞免疫功能；主要采用小鼠碳廓清实验与小鼠腹腔巨噬细胞吞噬鸡红细胞实验评价单核－巨噬细胞免疫功能；主要采用乳酸脱氢酶（LDH）测定法评价 NK 细胞免疫功能。

? 思考题

1. 简述特异性免疫与非特异性免疫的区别与联系。
2. 免疫系统由哪几个部分组成？各部分的功能如何？
3. 增加免疫力功能实验有几个？请列出代表实验。
4. 增加免疫力功效评价实验的结果如何判断？
5. 举出目前保健食品中具有增加免疫力的原材料，并简述其提高免疫力机制。

扫码"练一练"

（李宏）

第九章 抗氧化功能评价

扫码"学一学"

第一节 氧化损伤对机体的影响及相关保健食品

一、氧化与自由基

(一) 氧化

氧化损伤是导致人类疾病的一个重要因素，也是导致机体衰老的原因之一。Harman 提出的衰老自由基学说认为自由基对机体造成的氧化性损伤之总和，是机体衰老的一个重要原因。

(二) 自由基

1. 自由基的产生 共价键断裂可分为异裂反应和均裂反应。

异裂反应又称离子反应，组成共价键的一对电子成双成对地留在一个分裂碎片上（其带负电荷），而另一个原子或基团碎片上本来应有的电子则被夺去（带正电荷）：$A:B \rightarrow A^+ + B:^-$。例如，水的异裂反应生成 H^+（氢离子）和 OH^-（氢氧根离子）。

均裂反应是指当键断裂时，成键的一对电子平均分配在断裂后的两个片断上，每个片断有一个未成对电子：$A:B \rightarrow A \cdot + B \cdot$。例如，水分子中的一个共价键均裂反应生成 $H \cdot$（氢自由基）和 $\cdot OH$（羟自由基）。

这些单独存在的一个带有未成对电子的分子、原子、离子或基团称为自由基（free radical）。书写时，以一个小圆点表示未配对电子。自由基的单电子有强烈的配对倾向，因此自由基就到处夺取其他物质的一个电子，使自己形成稳定的物质。在化学中，这种现象称为"氧化"。

2. 自由基的种类　自由基按其组成是否含氧，分为氧自由基和非氧自由基。

（1）氧自由基　以氧为中心的自由基称为氧自由基。氧自由基又可分为超氧阴离子自由基（O_2^-·）、羟自由基（·OH）。机体发生酶促反应或非酶促反应过程中会产生 O_2^-·，O_2^-·可以经过一系列反应生成其他氧自由基，不仅具有重要的生物功能，也与多种疾病关系密切。·OH 的化学性质非常活泼，氧化活性最强，是一种极强的氧化剂，产生部位常为其所起作用的部位。由于·OH 是一种极强氧化剂，一旦产生，就能迅速与体内其他物质反应，如果它氧化了生物体内的核酸和蛋白质，就会产生严重后果。

（2）非氧自由基　包括氢自由基、有机自由基、氮自由基等。如氧自由基与多聚不饱和脂肪酸发生脂质过氧化的链式反应后所产生的中间代谢产物，如烷自由基（R·）、烷氧自由基（RO·）、烷过氧自由基（ROO·）等。

3. 自由基的来源　生物体内不断地进行氧化还原反应，进入机体的氧，绝大部分（95%以上）通过氧化食物转化为能量，而自身还原为水，剩余 2%～5% 的氧则被还原成自由基。X－射线、紫外线或 γ－射线、过度劳动、吸烟、长期酗酒、大气污染（如臭氧、二氧化氮等）、高氧环境、高温、压力、应激、炎症、失眠、生气等均可增加体内自由基的产生。生物体内自由基的生产途径主要有以下三种。

（1）分子氧的单电子还原途径　氧接受电子生成 O_2^-·、过氧化氢分子（H_2O_2）和 ·OH。正常情况下，人体利用的氧中约有 1%～3% 转化为 O_2^-·。

（2）酶促催化产生自由基　机体细胞液中的一些酶可通过酶的电子还原作用释放氧产生自由基，或由呼吸链断裂等作用生成自由基。常见的酶有黄嘌呤氧化酶、醛氧化酶、脂氧化酶等。

（3）某些生物物质的自动氧化　过氧化物及某些金属离子的氧化还原均可使机体产生自由基，其中以 Fe^{2+} 催化 H_2O_2 和过渡金属离子催化 LOOH 均裂产生脂氧自由基最为常见。

4. 自由基的特性及对机体的损害　自由基不稳定，存在时间短，化学性质活泼，氧化性强，能持续进行链式反应。自由基是维持生理机能的必需物质，同时也是生物大分子、细胞和生物组织的危险杀手。生理状态下，体内自由基不断产生，也不断被利用和被抗氧化剂所清除，维持一个正常的动态平衡。在某些疾病状态下，自由基的产生和消除失衡，就会导致各种疾病的发生或衰老。在病理条件下，过多的自由基可以与蛋白质、脂肪、核酸、碳水化合物等发生反应，破坏细胞内这些生命物质的化学结构，干扰细胞的正常功能，对机体造成各种损害从而诱发疾病。常见的癌症、动脉硬化、糖尿病、白内障、心血管病、老年痴呆、关节炎等疾病都被认为与自由基过多引起的氧化损伤相关。

二、抗氧化与健康

1. 抗氧化与抗氧化剂　抗氧化就是指抵抗氧化作用，令细胞免受自由基的伤害；简言之，就是抗老化、抗衰老；具体而言就是抵抗人体因氧化物质（自由基）引起的白内障、糖尿病、肿瘤、骨关节病、老年痴呆等一系列老化性慢性疾病的作用过程。

抗氧化剂是指能清除自由基或能阻断自由基参与的氧化反应的物质，也称为自由基清除剂。抗氧化剂的种类繁多，可分为酶类清除剂和非酶类清除剂两大类。酶类抗氧化剂一般为抗氧化酶，主要有超氧化物歧化酶（SOD）、过氧化氢酶（CAT）、谷胱甘肽过氧化物酶（GSH－Px）等。非酶类抗氧化剂一般包括黄酮类、多糖类、维生素 C、维生素 E、β－胡萝卜素等物质。它们是能帮助捕获并中和自由基，从而去除自由基对人体损害的一类物质。

2. 抗氧化剂对人体的作用　可以对抗自由基，预防食物及人体氧化作用，阻止细胞膜中多元不饱和脂肪酸被氧化，中和自由基的不稳定性，减少自由基产生，帮助体内生产抗氧化酶。抗氧化剂能强化人体组织功能，抗老化，增强新陈代谢功能，增强人体免疫力，强化淋巴组织功能，抵抗过氧化能力。

三、常用于抗氧化功能的物品或原料

原国家食品药品监督管理局已批准具有抗氧化功能的常用原料有：维生素 A、维生素 C、维生素 E、硒，OPC（低聚原花青素），SOD（超氧化物歧化酶），辅酶 Q10，DHA，茶多酚，β－胡萝卜素，番茄红素、虾青素、牛磺酸，螺旋藻等。

（一）维生素类抗氧化物

1. 维生素 A　有一定的抗氧化作用，可中和有害的自由基。β－胡萝卜素是维生素 A 的前体，在体内可以分解为维生素 A，β－胡萝卜素具有较强的抗氧化作用，通过提供电子抑制活性氧的产生，从而减少自由基的生成。食物中以深黄、橘红及深绿色的果蔬中 β－胡萝卜素含量最多，如南瓜、茼蒿、油菜、芒果、胡萝卜等。商品化 β－胡萝卜素来源有植物提取、微生物发酵和化学合成。

2. 维生素 C　在自然界中存在还原型抗坏血酸和氧化型脱氢抗坏血酸两种形式。抗坏血酸通过逐级供给电子而转变成半脱氢抗坏血酸和脱氢抗坏血酸，在转化的过程中达到清除 $O_2^- \cdot$、$\cdot OH$、$ROO \cdot$ 等自由基的作用。维生素 C 具有强抗氧活性，能增强免疫功能、阻断亚硝胺生成、增强肝脏中细胞色素 P450 酶体系的解毒功能。维生素 C 的主要作用是对抗游离基，有助于防癌，降低胆固醇，防止坏血病；提高免疫力，预防心脏病、中风，保护牙齿和牙龈等。维生素 C 主要由工业化发酵方法生产，也可来源于富含维生素 C 的水果，如沙棘、猕猴桃，刺梨等。

3. 维生素 E　一种脂溶性维生素，又称生育酚，也是一种重要的抗氧化剂，对超氧阴离子自由基、羟自由基、脂质过氧化自由基和其他自由基及单线态氧均有清除作用，一个维生素 E 分子可清除两个自由基。维生素 E 主要存在于细胞膜中，特别是内质网膜和线粒体膜中，因此在保护细胞膜免受自由基损害方面具有重要作用。食物中的胚芽、豆类、甘薯及绿色蔬菜，都是维生素 E 的来源。

（二）类胡萝卜素类抗氧化剂

类胡萝卜素分子中通常都含有多个共轭双键，抗氧化能力强。

1. 番茄红素　与 β－胡萝卜素是同分异构体。番茄红素是番茄中的红色素，在红色的番茄、红西瓜、木瓜等果实中存在较多的番茄红素。同一种作物，鲜红色品种的番茄红素含量较多。商品化的番茄红素来源有植物提取、微生物发酵和化学合成。番茄红素是一种稳定而且活性很强的抗氧化剂。番茄红素清除自由基的功效远胜于其他维生素，其抗氧化能力是维生素 C 的 20 倍，猝灭单线态氧的能力是维生素 E 的 100 倍。它可以有效防治因衰老、免疫力下降引起的各种疾病。

2. 虾青素　一种非维生素 A 原类胡萝卜素。最早是从河虾外壳，牡蛎和鲑鱼中发现的一种红色类胡萝卜素，在体内可与蛋白质结合而呈青、蓝色。

虾青素是类胡萝卜素合成的最高级别产物，β-胡萝卜素、叶黄素、角黄素、番茄红素等都不过是类胡萝卜素合成的中间产物，因此，在自然界，虾青素具有最强的抗氧化性，虾青素是迄今为止人类发现的自然界中最强的抗氧化剂之一。据报道，其抗氧化能力是天然维生素 E 的 1000 倍，茶多酚的 200 倍，硫辛酸的 75 倍，辅酶 Q10 的 60 倍，OPC 的 20 倍，β-胡萝卜素的 10 倍，对单线态氧的淬灭能力仅次于番茄红素。通过它的强抗氧化作用可抑制癌细胞的诱变进程，还具有预防和缓解运动疲劳、抗炎、抗感染等作用。

3. 叶黄素　与玉米黄素是构成玉米、蔬菜、水果、花卉等植物色素的主要组分，也是构成人眼视网膜黄斑区域的主要色素。

叶黄素能抑制活性氧自由基的活性、通过物理或化学淬灭作用灭活单线态氧，从而保护机体免受伤害，增强机体的免疫能力。另外叶黄素还能降低由日光、电脑等所发射的紫外线对眼睛和视力的损害作用，缓解视疲劳；降低白内障的发生率。

（三）原花青素

原花青素由不同数量的儿茶素（catechin）或表儿茶素（epicatechin）结合而成。最简单的原花青素是儿茶素或表儿茶素或儿茶素与表儿茶素形成的二聚体。

原花青素是一种有着特殊分子结构的生物类黄酮，是目前国际上公认的有效清除人体内自由基的天然抗氧化剂。葡萄籽提取物或法国海岸松树皮提取物的主要成分就是原花青素。原花青素是自然界中发现的最安全高效的抗氧化剂、自由基清除剂和紫外线吸收剂之一，广泛应用于保健食品、化妆品。其抗氧化能力是维生素 E 的 50 倍、维生素 C 的 20 倍。

（四）辅酶 Q10

又称泛醌，是一种存在于自然界的脂溶性抗氧化剂。辅酶 Q10 在体内主要有两个作用。

1. 在营养物质在线粒体内转化为能量的过程中起重要作用，辅酶 Q10 是细胞线粒体中的能量转换剂，它通过转移和传递电子参与三羧酸循环产生 ATP。

2. 有明显的抗脂质过氧化作用，辅酶 Q10 作为一种强抗氧化剂，单独使用或与维生素 B_6（吡哆醇）联合使用可抑制自由基对免疫细胞上受体与细胞分化和活性相关的微管系统的修饰作用，增强免疫系统，延缓衰老。

含辅酶 Q10 的保健食品中，原料辅酶 Q10 的质量应符合《中华人民共和国药典》中辅酶 Q10 的相关要求；含辅酶 Q10 的产品，其辅酶 Q10 的每日推荐食用量不得超过 50 mg。

（五）谷胱甘肽

谷胱甘肽是由谷氨酸、半胱氨酸和甘氨酸组成，含有巯基的三肽，具有抗氧化作用。谷胱甘肽广泛存在于动、植物中，在生物体内有着重要的作用。半胱氨酸上的巯基为谷胱甘肽活性基团，易被氧化脱氢，这一特异结构使其成为体内主要的自由基清除剂。例如当细胞内生成少量 H_2O_2 时，谷胱甘肽在谷胱甘肽过氧化物酶的作用下，把 H_2O_2 还原成 H_2O，其自身被氧化为氧化型谷胱甘肽，而氧化型谷胱甘肽被存在于肝脏和红细胞中的谷胱甘肽还原酶还原，接受氢还原成谷胱甘肽，使体内自由基的清除反应能够持续进行。

（六）茶多酚

茶多酚是从茶叶中提取的抗氧化剂，儿茶素类化合物为茶多酚的主要成分，占茶多酚总量的 70% 左右，主要包括表没食子儿茶素（EGC）、表没食子儿茶素没食子酸酯（EGCG）、表儿茶素没食子酸酯（ECG）以及表儿茶素（EC）。茶多酚具有较强的抗氧化作用，尤其是 EGCG，其还原性甚至可达 L-异坏血酸的 100 倍。4 种主要儿茶素化合物当中，抗氧化能力为 EGCG＞EGC＞ECG＞EC＞BHA，且抗氧化性能随温度的升高而增强。研究表明茶多酚的抗氧化性明显优于维生素 E，且与维生素 E、维生素 C 有协同作用。

（七）抗氧化酶

1. 超氧化物歧化酶（SOD） 生物体内重要的抗氧化酶，广泛分布于各种生物体内，如动物、植物、微生物等。SOD 是一类含金属的酶，按其所含金属辅基不同可分为含铜锌（分子中同时含有铜和锌）、含锰或铁（分子中含有锰或铁）和含镍（分子中含有镍）3 种。含铜锌金属辅基的 $Cu \cdot Zn-SOD$ 性质稳定、易分离纯化，较耐热，不受蛋白酶水解，是目前应用最广泛的一类酶。其广泛存在于动物血液、牛肝、猪肝、牛心、豌豆、麦叶等动植物组织中。

SOD 是生物体内防御氧化损伤的一种十分重要的金属酶，对氧自由基有强烈清除作用，特别对于超氧阴离子（$O_2^- \cdot$），SOD 可将其催化歧化而生成 H_2O_2 和 O_2，故 SOD 又称为清除超氧阴离子自由基的特异酶。

2. 过氧化氢酶（CAT） 一种酶类清除剂，又称为触酶，是以铁卟啉为辅基的结合酶。CAT 广泛存在于能呼吸的生物体内，如植物的叶绿体、线粒体、内质网、动物的肝和红细胞中。

CAT 作用于过氧化氢的机理实质上是 H_2O_2 的歧化，它可促使 H_2O_2 分解为分子氧和水，清除体内的过氧化氢，从而使细胞免于遭受 H_2O_2 的毒害，是生物防御体系的关键酶之一。H_2O_2 浓度越高，分解速度越快。

3. 谷胱甘肽过氧化物酶（GSH-Px） GSH-Px 为生物体中清除过氧化氢和其他有机过氧化物的脱毒酶。GSH-Px 能催化 GSH 变为 GSSG，使有毒的过氧化物还原成无毒的羟基化合物，同时促进 H_2O_2 的分解，从而保护细胞膜的结构及功能不受过氧化物的干扰及损害。

第二节　抗氧化功能评价实验基本内容及案例

抗氧化功能评价方法规定了保健食品抗氧化功能评价动物实验和人体试食试验评价体系。

一、实验项目

（一）动物实验

1. 体重。

2. 脂质氧化产物 丙二醛（MDA）或血清 8-表氢氧异前列腺素（8-Isoprostane）。

3. 蛋白质氧化产物 蛋白质羰基。

4. 抗氧化酶 超氧化物歧化酶或谷胱甘肽过氧化物酶。

5. 抗氧化物质 还原型谷胱甘肽。

（二）人体试食试验

1. 脂质氧化产物　丙二醛（MDA）或血清 8-表氢氧异前列腺素（8-Isoprostane）。

扫码"学一学"

2. 超氧化物歧化酶。

3. 谷胱甘肽过氧化物酶。

二、实验原则

动物实验和人体试食试验所列的指标均为必测项目；脂质氧化产物指标中丙二醛和血清8-表氢氧异前列腺素任选其一进行指标测定，动物实验抗氧化酶指标中超氧化物歧化酶和谷胱甘肽过氧化物酶任选其一进行指标测定；氧化损伤模型动物和老龄动物任选其一进行生化指标测定；在进行人体试食试验时，应对受试样品的食用安全性进一步的观察。

三、实验方法

（一）动物实验

1. 实验动物选择　选用10月龄以上老龄大鼠或8月龄以上老龄小鼠，也可用氧化损伤模型鼠。单一性别，小鼠每组10~15只，大鼠8~12只。

2. 动物模型选择

（1）老龄动物　选用10月龄以上大鼠或8月龄以上小鼠，按血中MDA水平分组，随机分为1个溶剂对照组和3个受试样品剂量组。3个剂量组给予不同浓度受试样品，对照组给予同体积溶剂，实验结束后处死动物，测定脂质氧化产物含量、蛋白质羰基含量、还原型谷胱甘肽含量、抗氧化酶活力。

（2）D-半乳糖氧化损伤模型　D-半乳糖供给过量，超常产生活性氧，打破了受控于遗传模式的活性氧产生与消除的平衡状态，引起过氧化效应。

选25~30 g健康成年小鼠，除空白对照组外，其余动物用D-半乳糖40 mg/kg~1.2 g/kg颈背部皮下注射或腹腔注射造模，注射量为0.1 mL/10 g，每日1次，连续造模6周，取血测MDA，按MDA水平分组。随机分为1个模型对照组和3个受试样品剂量组，3个剂量组经口给予不同浓度受试样品，模型对照组给予同体积溶剂，在给受试样品的同时，模型对照组和各剂量组继续给予相同剂量D-半乳糖颈背部皮下或腹腔注射，实验结束后处死动物，测定脂质氧化产物含量、蛋白质羰基含量、还原型谷胱甘肽含量、抗氧化酶活力。

（3）乙醇氧化损伤模型　乙醇大量摄入，激活氧分子产生自由基，导致组织细胞过氧化效应及体内还原型谷胱甘肽的耗竭。

选25~30 g健康成年小鼠（180~220 g大鼠），随机分为4个组，1个模型对照组和3个受试样品剂量组，必要时可增设1个空白对照组。3个剂量组给予不同浓度受试样品，模型对照组给予同体积溶剂，连续灌胃30天，末次灌胃后，模型组对照组和3个剂量组禁食16小时（过夜），然后1次性灌胃给予50%乙醇12 mL/kg，6小时后取材（空白对照组不作处理，不禁食取材），测定血清或肝组织脂质氧化产物含量、蛋白质羰基含量、还原型谷胱甘肽含量、抗氧化酶活力。

3. 动物实验剂量分组及受试样品给予时间　实验设三个剂量组和一个溶剂对照组，以人体推荐量的10倍（小鼠）或5倍（大鼠）为其中的一个剂量组，另设两个剂量组，高剂量一般不超过30倍，必要时设阳性对照组、空白对照组。受试样品给予时间30天，必要时可延长至45天。

4. 各指标阳性判定标准

（1）脂质氧化产物　受试样品组与模型（或老龄）对照组比较，过氧化脂质（丙二醛或8-表氢氧异前列腺素）含量降低有统计学意义，判定该受试样品有降低脂质过氧化作用，该项指标结果阳性。

（2）蛋白质氧化产物　受试样品组与模型（或老龄）对照组比较，蛋白质羰基含量降低有统计学意义，判定该受试样品有降低蛋白质过氧化作用，该项指标结果阳性。

（3）抗氧化酶活力　受试样品组与模型（或老龄）对照组比较，抗氧化酶（SOD 或 GSH-PX）活力升高有统计学意义，判定该受试样品有升高抗氧化酶活力作用，该项指标结果阳性。

（4）抗氧化物质 GSH　受试样品组与模型（或老龄）对照组比较，GSH 含量升高有统计学意义，判定该受试样品有升高抗氧化物质 GSH 作用，该项指标结果阳性。

（二）人体试食试验

1. 受试者选择　选年龄在 18~65 岁，身体健康状况良好，无明显脑、心、肝、肺、肾、血液疾患，无长期服药史，志愿受试保证配合的人群。

排除受试者标准：妊娠或哺乳期妇女，对保健食品过敏者；合并有心、肝、肾和造血系统等严重疾病患者；短期内服用与受试功能有关的物品，影响到对结果的判断者；不符合纳入标准，未按规定食用受试样品，无法判定功效或资料不全影响功效或安全性判断者。

2. 受试者分组　对受试者按 MDA、SOD、GSH-Px 水平随机分为试食组和对照组，尽可能考虑影响结果的混杂因素如年龄、性别、生活饮食习惯等，进行均衡性检验，以保证组间的可比性。每组受试者不少于 50 例。

3. 试验方法　采用自身和组间两种对照设计。试验组按推荐服用方法、服用量每日服用受试产品，对照组可服用安慰剂或采用阴性对照。受试样品给予时间 3 个月，必要时可延长至 6 个月。试验期间对照组和试食组原生活、饮食不变。

4. 观察指标　各项指标在试验开始及结束时各检测 1 次。

（1）安全性指标

①一般状况，包括精神、睡眠、饮食、大小便、血压等。

②血、尿、便常规检查。

③肝、肾功能检查。

④胸透、心电图、腹部 B 超检查。

（2）功效指标

①过氧化脂质含量。观察试验前后 MDA 的变化及 MDA 下降百分率，按公式（9-1）计算。

$$MDA\ 下降百分率 = \frac{试验前\ MDA - 试验后\ MDA}{试验前\ MDA} \times 100\% \qquad (9-1)$$

观察试验前后 8-Isoprostane 的变化及 8-Isoprostane 下降百分率，按公式（9-2）计算。

$$8-Isoprostane\ 下降百分率 = \frac{试验前\ 8-Isoprostane - 试验后\ 8-Isoprostane}{试验前\ 8-Isoprostane} \times 100\%$$

$$(9-2)$$

②超氧化物歧化酶。观察试验前后 SOD 的变化及 SOD 升高百分率，按公式（9-3）计算。

$$SOD 升高百分率 = \frac{试验前 SOD - 试验后 SOD}{试验前 SOD} \times 100\% \qquad (9-3)$$

③谷胱甘肽过氧化物酶。观察试验前后 GSH-Px 的变化及 GSH-Px 升高百分率，按公式（9-4）计算。

$$GSH-Px 升高百分率 = \frac{试验前 GSH-Px - 试验后 GSH-Px}{试验前 GSH-Px} \times 100\% \qquad (9-4)$$

（三）抗氧化功能结果判定

1. 动物实验结果判定　过氧化脂质含量、蛋白质羰基、抗氧化酶活性、还原型谷胱甘肽四项指标中三项指标阳性，可判定该受试样品抗氧化动物实验结果阳性。

2. 人体试食试验结果判定　各功效观察指标试验前后自身比较和试食后组间比较均有统计学意义，方可判定该指标阳性。过氧化脂质含量、超氧化物歧化酶、谷胱甘肽过氧化物酶三项实验中任二项实验结果阳性，且对机体健康无影响，可判定该受试样品具有抗氧化功能作用。

四、抗氧化功能评价动物实验案例简介

以××牌虾青素软胶囊为例，进行如下实验

（一）老龄动物模型

1. 实验动物　8 月龄以上老龄小鼠，按血中 MDA 水平分组，随机分为 1 个溶剂对照组和 3 个受试样品剂量组。

2. 给药剂量及途径　该产品人推荐量为 0.65 g/（60 kg·d），按成人日推荐用量的 5 倍、10 倍、30 倍设低、中、高 3 个样品剂量组，分别为 0.05 g/（kg·d）、0.11 g/（kg·d）和 0.33 g/（kg·d）。

3. 测量项目　采用比色法测定脂质氧化产物丙二醛含量；分光光度法测定蛋白质羰基含量；比色法测定超氧化物歧化酶（SOD）活力；分光光度法测定抗氧化物质还原型谷胱甘肽（GSH）含量。

4. 实验结果

（1）对小鼠体重的影响　各剂量组对小鼠体重影响的实验结果见表 9-1。各组小鼠的初始体重、实验结束时的末体重经方差分析差异均无统计学意义（$P > 0.05$）。表明小鼠的初始体重在各组间较为均衡；该样品对小鼠的体重增长无影响。

表 9-1　各剂量组对小鼠体重的影响（$\bar{x} \pm S$）

组别	剂量（g/kg）	初体重（g）	P 值	末体重（g）	P 值
对照组	0.00	52.3 ± 5.9	/	55.3 ± 7.0	/
低剂量组	0.05	51.8 ± 4.8	0.81	56.8 ± 8.1	0.88
中剂量组	0.11	54.8 ± 6.4	0.34	59.1 ± 8.2	0.39
高剂量组	0.33	53.4 ± 5.9	0.68	56.6 ± 5.9	0.90

（2）对老龄小鼠2%溶血液中 MDA 含量的影响　各剂量组对老龄小鼠2%溶血液中 MDA 影响的实验结果见表9-2。从实验结果可知，受试物各剂量组老龄小鼠2%溶血液中 MDA 均低于阴性对照组，且受试物高剂量能明显降低老龄小鼠2%溶血液中 MDA 含量，与对照组比较，有显著性差异（$P < 0.05$）。

表9-2　各剂量组对老龄小鼠2%溶血液中 MDA 含量的影响（$\bar{x} \pm S$）

组别	剂量（g/kg）	MDA（nmol/mL）	P 值
对照组	0.00	13.64 ± 1.42	/
低剂量组	0.05	12.73 ± 2.52	0.87
中剂量组	0.11	11.79 ± 2.22	0.35
高剂量组	0.33	10.86 ± 2.86*	0.04

注：* 与对照组比较 $P < 0.05$。

（3）对老龄小鼠肝匀浆总 SOD、GSH 的影响　各剂量组对老龄小鼠肝匀浆中 SOD、GSH 影响的实验结果见表9-3。从实验结果可知，受试物各剂量组老龄小鼠肝匀浆中 SOD 活性、GSH 含量均高于对照组，且受试物高剂量能明显升高老龄小鼠1%肝匀浆中 SOD 活性、能明显升高老龄小鼠10%肝匀浆中 GSH 含量，与对照组比较，均有显著性差异（均为 $P < 0.05$）。

表9-3　各剂量组对老龄小鼠肝匀浆 SOD、GSH 含量的影响（$\bar{x} \pm S$）

组别	剂量（g/kg）	SOD（NU/mg）	P 值	GSH（mg/gprot）	P 值
对照组	0.00	280.7 ± 31.3	/	8.56 ± 1.65	/
低剂量组	0.05	304.7 ± 70.6	0.87	9.78 ± 2.46	0.58
中剂量组	0.11	321.4 ± 53.4	0.35	10.09 ± 2.93	0.36
高剂量组	0.33	342.4 ± 49.1*	0.04	11.11 ± 2.64*	0.04

注：* 与对照组比较 $P < 0.05$。

（4）对老龄小鼠10%肝匀浆中蛋白质羰基含量的影响　各剂量组对老龄小鼠10%肝匀浆中蛋白质羰基含量的影响实验结果见表9-4。从实验结果可知，受试物各剂量组老龄小鼠10%肝匀浆中蛋白质羰基含量均低于对照组，但受试物各剂量组对老龄小鼠10%肝匀浆中蛋白质羰基含量与对照组比较，均无显著性差异（均为 $P > 0.05$）。表明该受试物对老龄小鼠肝组织中蛋白质羰基活性无明显的降低作用。

表9-4　各剂量组对老龄小鼠10%肝匀浆中蛋白质羰基含量的影响（$\bar{x} \pm S$）

组别	剂量（g/kg）	蛋白质羰基（nmol/mgprot）	P 值
对照组	0.00	22.17 ± 3.56	/
低剂量组	0.05	21.08 ± 3.41	0.68
中剂量组	0.11	20.74 ± 3.19	0.87
高剂量组	0.33	20.27 ± 2.86	0.55

5. 动物实验结论　与模型对照组比较，高剂量组小鼠2%溶血液中 MDA 含量明显降低，高剂量组小鼠肝组织 SOD 活力、GSH 含量均明显升高，蛋白质羰基含量明显降低，差

异均有显著性（P＜0.05），且对小鼠体重增长无不良影响。表明××牌虾青素软胶囊动物实验具有抗氧化功能。

五、抗氧化功能评价人体试食试验案例简介

（一）试验方案

1. 受试者 按前文所述标准纳入和排除。

2. 受试者分组 120 例受试者按 MDA、SOD、GSH－Px 水平随机分为试食组和对照组，各组 60 例，在分组的过程中尽可能考虑影响结果的主要因素如年龄、性别、生活饮食习惯等，进行均衡性检验，以保证组间的可比性。

3. 试验方法 采用自身和组间两种对照设计。试验组连续 3 个月服用受试物，每日一次，每次一粒；对照组服用安慰剂。试验期间对照组和试食组原生活、饮食不变。同时，该实验已经通过医学伦理委员会审查批准，在试验过程中进行了相关质量控制措施。

4. 观察指标 观察指标包括安全性指标和功能性指标，各项指标在试验开始及结束时各检测 1 次。

安全性指标包括一般状况（包括精神、睡眠、饮食、大小便、血压等），血、尿、便常规检查，肝、肾功能检查，胸透、心电图、腹部 B 超检查，观察不良反应以及病例脱失率。

功效指标包括观察过氧化脂质含量（观察试验前后 MDA 的变化及 MDA 下降百分率）、超氧化物歧化酶（观察试验前后 SOD 的变化及 SOD 升高百分率）及谷胱甘肽过氧化物酶（观察试验前后 GSH－Px 的变化及 GSH－Px 升高百分率）。

5. 结果判定 各功效观察指标试验前后自身比较和试食后组间比较均有统计学意义，方可判定该指标阳性。

过氧化脂质含量、超氧化物歧化酶、谷胱甘肽过氧化物酶三项实验中任两项实验结果阳性，可判定该受试样品具有抗氧化功能作用。

（二）试食试验结果

1. 一般资料 实验中共观察 120 例受试者，其中试食组和对照组各 60 例，实验结束后各组取有效病例各 50 例，试验组男性 13 例，女性 37 例，年龄最小 32 岁，最大 65 岁，平均年龄（56.88±5.62）岁。对照组男性 11 例，女性 39 例，年龄最小 40 岁，最大 65 岁，平均（56.92±5.26）岁。两组试食前 MDA、SOD、GSH－Px 水平无明显差异，具有可比性。

2. 两组试食前后的安全性指标 试食组试食前后饮食、精神和大小便无明显变化，两组心率、血压、血常规、尿常规、便常规及血生化指标在试食前后无明显变化，心电图、腹部 B 超和 X 线胸透都基本在正常范围内，说明受试物对受试者身体健康没有不良影响。

3. 两组试食前后 MDA 含量、SOD、GSH－Px 的变化情况 试验前后血过氧化脂质（丙二醛）含量变化情况见表 9－5 所示。由表 9－5 可知，试验前后试食组和对照组自身比较，MDA 含量均无显著差异（P＞0.05）；两组比较也无显著差异（P＞0.05）。表明人体试食脂质氧化指标结果阴性。

表 9 – 5 丙二醛含量变化（$\bar{x} \pm S$）   单位（nmol/mL）

组别	例数	试食前	试食后	差值	下降比分率%
试食组	50	9.86 ± 3.13	9.22 ± 3.41	− 0.64 ± 2.98	6.49
对照组	50	9.92 ± 2.44	10.06 ± 1.41	0.14 ± 2.60	− 1.41

注：自身比较 $P > 0.05$；组间差值比较 $P > 0.05$；组间下降百分率比较 $P > 0.05$。

试验前后血超氧化物歧化酶（SOD）活性变化情况见表 9 – 6 所示。由表 9 – 6 可知，对照组试验前后自身比较 SOD 活性无显著差异（$P > 0.05$）；试食组试验前后自身比较，SOD 活性显著升高（$P < 0.01$），与对照组比较也显著升高（$P < 0.05$）；试食组与对照组比较，SOD 升高百分率差异显著（$P < 0.05$）。表明人体试食超氧化物歧化酶指标结果阳性。

表 9 – 6 SOD 变化（$\bar{x} \pm S$）   单位（U/mL）

组别	例数	试食前	试食后	差值	升高比分率%
试食组	50	71.69 ± 10.91	74.85 ± 12.12	3.16 ± 7.50 *#	4.41#
对照组	50	73.14 ± 6.52	73.15 ± 6.09	0.01 ± 7.80	0.01

注：自身比较 * $P < 0.01$；组间差值比较 # $P < 0.05$；组间上升百分率比较 # $P < 0.05$。

试验前后血谷胱甘肽过氧化物酶（GSH – Px）活性变化情况见表 9 – 7 所示。由表 9 – 7 可知，对照组试验前后自身比较 SOD 活性无显著差异（$P > 0.05$）；试食组试验前后自身比较，SOD 活性显著升高（$P < 0.01$），与对照组比较也显著升高（$P < 0.05$）；试食组与对照组比较，GSH – Px 升高百分率差异显著（$P < 0.05$）。表明人体试食谷胱甘肽过氧化物酶指标结果阳性。

表 9 – 7 GSH – Px 变化（$\bar{x} \pm S$）   单位（U/mL）

组别	例数	试食前	试食后	差值	升高比分率%
试食组	50	50.51 ± 7.19	53.87 ± 8.59	3.36 ± 9.44 *#	6.65#
对照组	50	51.05 ± 6.58	51.99 ± 5.65	0.94 ± 4.10	1.84

注：自身比较 * $P < 0.01$；组间差值比较 # $P < 0.05$；组间上升百分率比较 # $P < 0.05$。

4. 人体试食试验结论 各项安全性指标均未见异常，表明受试物对受试者身体健康无不良影响。试食后试验组血超氧化物歧化酶（SOD）活性、谷胱甘肽过氧化物歧化酶（GSH – Px）活性显著高于试验前，且显著高于对照组。表明 × × 牌虾青素软胶囊人体试验具有抗氧化功能。

第三节 抗氧化功能评价实验检测方法

一、组织中脂质氧化产物丙二醛含量测定

1. 原理 丙二醛（malondiadehycle，MDA）是细胞膜脂质过氧化的终产物之一，测其含量可间接估计脂质过氧化的程度。1 个丙二醛（MDA）分子与 2 个硫代巴比妥酸（TBA）分子在酸性条件下共热，形成粉红色复合物。该物质在波长 532 nm 有最大吸收峰，可用分光光度法进行测定。

扫码"学一学"

2. 仪器与试剂

（1）仪器　可见光分光光度计、酶标仪、微量加样器、恒温水浴锅、普通离心机、混旋器、具塞离心管、组织匀浆器。

（2）试剂　与血液中过氧化脂质降解产物丙二醛（MDA）含量试剂相同。

3. 实验步骤

（1）组织匀浆样品制备　取一定量的所需脏器，生理盐水冲洗、拭干、称重、剪碎，置匀浆器中，加入 0.2M 磷酸盐缓冲液，20000 r/min 匀浆 10 秒，间歇 30 秒，反复进行 3 次，制成 10% 组织匀浆（W/V），3000 r/min 离心 5～10 分钟，取上清液待测。

（2）样品测定　空白管、样品管和标准管溶液配制过程见表 9-8。

表 9-8　样品测定中溶液配制过程

试剂	空白管（mL）	样品管（mL）	标准管（mL）
10% 组织匀浆	—	0.2	—
40 nmol/mL 四乙氧基丙烷	—	—	0.2
8.1% SDS	0.2	0.2	0.2
0.2M 乙酸盐缓冲液	1.5	1.5	1.5
0.8% TBA	1.5	1.5	1.5
H₂O	0.89	0.69	0.69
混匀，避光沸水浴 60 分钟，流水冷却，于 532 nm 比色			

（3）计算　按公式（9-5）计算。

$$过氧化脂质含量(nmol/mg\ 组织) = \frac{B-A}{F-A} \times C \times K = \frac{B-A}{F-A} \times 40 \times \frac{1}{0.2 \times 10\% \times 1000}$$

$$(9-5)$$

式中，A 为空白管吸光度；B 为样品管吸光度；F 为四乙氧基丙烷吸光度；C 为四乙氧基丙烷浓度（40 nmol/mL）；K 为稀释倍数。

二、血清中蛋白质羰基的测定

蛋白质羰基为蛋白质氧化产物。H_2O_2 或 $O_2 \cdot ^-$ 自由基对蛋白质氨基酸侧链的氧化可导致羰基产物的积累。羟自由基也可直接作用于肽链，使肽链断裂，引起蛋白质一级结构的破坏，在断裂处产生羰基。羰基化蛋白极易相互交联、聚集为大分子从而降低或失去原有蛋白质的功能，蛋白质羰基含量可直接反映蛋白质损伤的程度。蛋白质羰基形成是多种氨基酸在蛋白质的氧化修饰过程中的早期标志，它随着年龄的增长而增加。

（一）原理

被氧化后的蛋白质羰基含量增多，羰基可与 2,4-二硝基苯肼反应生成 2,4-二硝基苯腙，2,4-二硝基苯腙为红棕色的沉淀，将沉淀用盐酸胍溶解后即可在分光光度计上读取 370 nm 下的吸光度值，从而测定蛋白质的羰基含量。

（二）仪器与试剂

1. 仪器　紫外分光光度计、酶标仪、微量加样器、生化培养箱、恒温水浴锅、低温高速离心机、混旋器、2 mL 离心管。

2. 试剂 10 mmol/L 2, 4 - 二硝基苯肼（DNPH）、2 mol/L HCl、200 g/L 三氯乙酸（TCA）、6 mol/L 盐酸胍、体积比1：1无水乙醇与乙酸乙酯混合应用液。

（三）操作步骤

测定管和对照管溶液配制过程见表9 - 9。

表9 - 9　样品测定中溶液配制过程

试剂	测定管（mL）	对照管（mL）
血清（血浆）	0.1	0.1
10 mmol/L 2, 4 - 二硝基苯肼	0.4	
2 mol/L HCl		0.4
涡旋混匀1分钟，37℃准确避光反应30分钟		
200 g/L 三氯乙酸	0.5	0.5
涡旋混匀1分钟，以4℃下，以12000 r/min离心10分钟，弃上清，留沉淀		
无水乙醇乙酸乙酯混合应用液	1.0	1.0
重复上述用无水乙醇乙酸乙酯混合液提取操作三次		
6 mol/L 盐酸胍	1.25	1.25
混匀后，37℃准确水浴15分钟		

涡旋混匀，将全部沉淀溶解，12 000 r/min 离心 15 分钟，取上清液在 370 nm 处比色，6 mol/L盐酸胍试剂调零，测定 OD 值。用双缩脲法测定血清（或血浆）蛋白质含量。

（四）计算方法

按公式（9 - 6）计算。

$$蛋白质羰基含量(nmol/mgprot) = \frac{测定管\ OD - 对照管\ OD}{22 \times 比色光径(cm) \times 样本蛋白浓度(mg/L)} \times 125 \times 10^5$$

$$(9 - 6)$$

三、抗氧化酶活力测定

SOD 催化超氧阴离子自由基（$O_2 \cdot^-$）生成 H_2O_2，再由其他抗氧化酶如谷胱甘肽过氧化物酶（GSH - Px）和过氧化氢酶作用生成水，这样可以清除 $O_2 \cdot^-$ 对细胞的毒害作用。SOD、GSH - Px 在动物某些器官和人体血红细胞中的含量均有明显的增龄变化，酶活性与生物年龄的增长成反比。消除自由基的能力与酶活性成正比。本书选择超氧化物歧化酶（SOD）活力测定方法。

（一）原理

$O_2 \cdot^-$ 氧化羟胺的最终产物为亚硝酸盐，后者在对氨基苯磺酸及甲萘胺作用下呈现紫红色，在波长 530 nm 处有最大吸收峰，可用分光光度法进行测定，当 SOD 消除 $O_2 \cdot^-$ 后形成的亚硝酸盐减少。

（二）仪器与试剂

1. 仪器 可见光分光光度计、酶标仪、离心机、恒温水浴、匀浆器

2. 试剂 65 mM 磷酸盐缓冲液（PBS）pH 7.8、10 mmol/L 盐酸羟胺、7.5 mmol/L 黄嘌呤、0.2 g/L 黄嘌呤氧化酶、0.1%甲萘胺、0.33% 对氨基苯磺酸、SOD 标准品、三氯甲烷、95% 乙醇（v/v）、0.9%生理盐水。

（三）实验步骤

1. 样品制备

（1）红细胞抽提液制备　10 μL 全血冲入 0.5 mL 生理盐水，2000 r/min 离心 3 分钟，弃上清，加冰冷的双蒸水 0.2 mL 混匀，加入 95% 乙醇 0.1 mL，振荡 30 秒，加入三氯甲烷 0.1 mL，置快速混合器抽提 1 分钟，4000 r/min 离心 3 分钟，分层，上层为 SOD 抽提液，中层为血红蛋白沉淀物，下层为三氯甲烷，记录上清液体积待测。

（2）组织匀浆的制备　剪取一定量的所需脏器，生理盐水冲洗、试干、称重、剪碎，至玻璃匀浆器中加入冷生理盐水 20000 r/min 匀浆 10 秒，间歇 30 秒，反复进行三次，制成 1% 组织匀浆，（最好用超声波发生器处理 30 秒），使线粒体振破，以中性红 - 詹钠氏绿 B 染色证明线粒体已振碎。以 4000 r/min 离心 5 分钟，取上清液 20 μL 待测。

2. SOD 标准抑制曲线　将 SOD 标准品用磷酸盐缓冲液配制成 750 U/mL 的溶液，再稀释到 50 倍，即 SOD 量为 15 U/mL（1.5 μg/mL），用本法测定不同量的 SOD 标准液的百分抑制率，按公式（9 - 7）计算。以百分抑制率为纵坐标，以 SOD 活力单位 U/mL 为横坐标绘制标准曲线。

$$SOD\ 百分抑制率 = \frac{对照管\ OD - 测定管\ OD}{对照管\ OD} \times 100\% \qquad (9-7)$$

计算每 mL 反应液中 SOD 抑制率达 50% 时所对应的 SOD 量为一个单位，按公式（9 - 8）计算。

$$SOD\ 活力\left(\frac{U}{mL}\right) = \frac{\frac{对照管\ OD - 测定管\ OD}{对照管\ OD} \times 100\%}{50\%} \times \frac{反应液总量(6\ mL)}{取液量} \times 样品稀释倍数$$

$$(9-8)$$

3. 样品测定步骤　测定管和对照管溶液配制过程如表 9 - 10 所示。

表 9 - 10　样品测定中溶液配制过程

试剂	测定管（mL）	对照管（mL）
1/15 mol/L 磷酸盐缓冲液 pH7.8	1.0	1.0
样品溶液	A*	
10 mmol/L 盐酸羟胺	0.1	0.1
7.5 mmol/L 黄嘌呤	0.2	0.2
0.2 mg/mL 黄嘌呤氧化酶	0.2	0.2
双蒸水	0.49	0.49
均匀，37℃ 恒温水浴 30 分钟		
0.33% 对氨基苯磺酸	2.0	2.0
0.1% 甲萘胺	2.0	2.0
混匀 15 分钟后，倒入 1 cm 光径比色杯，以蒸馏水调零，530 nm 处比色测定 OD 值		

A* 所用样品的量

红细胞抽提液 10 μL，血清（或血浆）20~30 μL（溶血样品剔除），1% 组织匀浆 10~40 μL。

四、血或组织中抗氧化物质还原型谷胱甘肽测定

谷胱甘肽（GSH）是一种低分子清除剂，它可清除 O_2^-、H_2O_2、LOOH。谷胱甘肽是谷

氨酸、甘氨酸和半胱氨酸组成的一种三肽，是组织中主要的非蛋白质的硫基化合物，是 GSH-PX 和 GST 两种酶类的底物，为这两种酶分解氢过氧化物所必需，它能稳定含硫基的酶，和防止血红蛋白及其他辅助因子受氧化损伤，缺乏或耗竭 GSH 会促使许多化学物质或环境因素产生中毒作用，GSH 量的多少是衡量机体抗氧化能力大小的重要因素。

（一）原理

GSH^- 和 5，5′-二硫对硝基甲酸（DTNB）反应在 GSH-Px 催化下可生成黄色的 5-硫代 2-硝基甲酸阴离子，于 420 nm 波长有最大吸收峰，测定该离子浓度，即可计算 GSH 的含量。

（二）仪器和试剂

1. 仪器 可见光分光光度计、酶标仪、低温高速离心机、匀浆器、恒温水浴锅、微量加样器。

2. 试剂 0.9% 生理盐水，4% 磺基水杨酸溶液，0.1 mol/L PBS 溶液（pH = 8.0），0.004% DTNB 溶液，叠氮纳缓冲液，标准溶液：称取还原型 GSH 15.4 mg，加叠氮纳缓冲液至 50 mL，终浓度为 1 mmol/L，临用前配制。

（三）实验步骤

1. 样品制备

（1）溶血液上清液 取 0.1 mL 抗凝全血加双蒸水 0.9 mL（1：9 溶血液），充分混匀，直至透亮为止。取溶血液 0.5 mL 加 4% 磺基水杨酸 0.5 mL 混匀，室温下 3500 r/min 离心 10 分钟，取上清液备用。

（2）血清上清液 取 0.1 mL 血清加 4% 磺基水杨酸 0.1 mL 混匀，室温下 3500 r/min 离心 10 分钟，取上清液备用。

（3）组织上清液 取组织 0.5 g 加生理盐水 4.5 mL 充分研磨成细浆（10% 肝匀浆），混匀后取浆液 0.5 mL 加 4% 磺基水杨酸 0.5 mL 混匀，室温下 3500 r/min 离心 10 分钟，取上清液备用。

2. 样品测定

（1）溶血液或组织样品测定 溶液配制过程见表 9-11。

表 9-11 溶血液或组织样品测定中溶液配制过程

	测定管（mL）	空白管（mL）
上清液	0.5	—
4% 磺基水杨酸	—	0.5
DTNB	4.5	4.5

混匀，室温放置 10 分钟后，420 nm 处测定吸光度。

（2）血清样品测定 溶液配制过程见表 9-12。

表 9-12 血清样品测定中溶液配制过程

	测定管（mL）	空白管（mL）
上清液	0.1	—
4% 磺基水杨酸	—	0.1
DTNB	0.9	0.9

混匀，室温放置 10 分钟后，420 nm 处测定吸光度。

3. 标准曲线 取 1 mmol/L GSH 标准溶液 0、10、20、50、100、150、200 μL，分别加入生理盐水至 0.5 mL，即得到 0、20、40、100、200、300、400 μmol/L 的 GSH 标准液系列，各管加入 DTNB 4.5 mL，混匀，室温放置 10 分钟后，空白管调零，420 nm 处测定吸光度，具体溶液配制过程见表 9-13。以浓度为横坐标，吸光度为纵坐标，做标准曲线。

表 9-13 标准曲线测定配制过程

	1	2	3	4	5	6	7
1 mmol/L GSH （mL）	0	0.01	0.02	0.05	0.10	0.15	0.20
生理盐水（mL）	0.50	0.49	0.48	0.45	0.40	0.35	0.30
DTNB（mL）	4.50	4.50	4.50	4.50	4.50	4.50	4.50
GSH 量（μmol/L）	0	20	40	100	200	300	400

（四）结果计算

样品 GSH 含量 = 对应曲线浓度值（μmol/L）×溶血液稀释倍数×上清液稀释倍数

（μmol/L 全血）= 对应曲线浓度值（μmol/L）×10×2

样品 GSH 含量 = 对应曲线浓度值（μmol/L）×上清液稀释倍数

（μmol/L 血清）= 对应曲线浓度值（μmol/L）×2

样品 GSH 含量 = 对应曲线浓度值（μmol/L）×上清液稀释倍数÷上清液组织含量

（μmol/g 组织）= 对应曲线浓度值（μmol/L）×2÷100 g 组织/L

本章小结

本章主要介绍了氧化与自由基、抗氧化与健康的关系；常用于抗氧化功能保健食品原料及营养素；抗氧化功能评价内容、方法及具体案例分析；抗氧化功能检验中常用到丙二醛、蛋白质羰基、超氧化物歧化酶、谷胱甘肽过氧化物酶、还原型谷胱甘肽指标的检测方法。本章通过一个具体的评价案例，让同学们能直观了解到抗氧化功能检验的详细过程，包括实验方案设计、安全性指标及功效性指标等检测指标的实验方法和基本检测技术、对实验结果的判定标准等。

? 思考题

1. 抗氧化功能动物实验评价的指标有哪些？请列出代表实验。
2. 举出目前保健食品中常用的具有抗氧化功能的原材料有哪些？
3. 增强抗氧化功效评价实验的结果如何判断？
4. 什么是自由基？自由基及对机体的影响？

扫码"练一练"

（张莉华）

第十章 减肥功能评价

> ### 📖 知识目标
> 1. **掌握** 肥胖症的定义与判断；减肥功能的实验设计及结果判定方法。
> 2. **熟悉** 减肥保健原料或营养素及其机制。
> 3. **了解** 肥胖症的分类、肥胖与健康的关系。
>
> ### 📋 能力目标
> 1. 能够运用相关知识分析减肥功能案例。
> 2. 能够运用相关知识进行减肥保健食品开发、申报和营销。

第一节 减肥及相关保健食品

扫码"学一学"

《中国居民营养与慢性病状况报告（2015）》指出，城乡居民膳食结构有所变化，超重肥胖问题凸显。全国18岁及以上成人超重率为30.1%，肥胖率为11.9%，比2002年上升了7.3和4.8个百分点，6~17岁儿童青少年超重率为9.6%，肥胖率为6.4%，比2002年上升了5.1和4.3个百分点。数据显示，北方地区减肥人群肥胖率（BMI≥28.0）平均占比达35%以上，而南方地区减肥人群肥胖率平均只占到27%。其中，河北、内蒙古、新疆等省肥胖人群占总数的41.9%、39.6%和37.8%，位列前三。我国已经变成了全球第一"肥胖症"大国。肥胖，已严重威胁国民健康。

一、肥胖症

（一）概念

肥胖症是指由于人体生理机能的改变引起体内脂肪堆积过多，导致体重增加，从而使机体发生一系列病理、生理变化的病症。任何年龄均可发生肥胖，以中年人多见，且女性多于男性。

（二）肥胖症的判断标准

1. 体重

（1）成人体重标准（布洛卡公式），见公式（10-1）、（10-2）。

$$165\text{ cm 以下}:标准体重(kg) = 身高(cm) - 100 \tag{10-1}$$

$$165\text{ cm 以上}:标准体重(kg) = 身高(cm) - 110 \tag{10-2}$$

（2）儿童体重标准，见公式（10-3）、（10-4）与（10-5）。

婴儿(1~6个月):标准体重(g) = 出生时体重(g) + 月龄×600　　　(10-3)

幼儿(7~12个月):标准体重(g) = 出生时体重(g) + 月龄×500　　　(10-4)

1岁以上:标准体重(kg) = 年龄×2 + 8 或参考儿童生长发育曲线图表　(10-5)

实测体重超过标准体重<20%，属于超重；实测体重超过标准体重20%~30%，属于轻度肥胖；实测体重超过标准体重30%~50%，属于中度肥胖；体重超标50%以上者，属于重度肥胖。

注意，体重增加并不能表示患有肥胖症。因为体重过重有三种情况:①体内瘦体质过重，而体脂量并不多，属于肌肉发达，例如运动员；②体内水液潴留过多，体重过重，属于水肿；③体脂过量，使体重超出正常范围，则属于肥胖。

2. 脂肪百分率　判断肥胖与否单凭测体重不够确切，主要看脂肪在全身的比例（见表10-1），可按公式（10-6）计算。

$$脂肪百分率 = (4.570/D - 4.142) \times 100\% \quad (10-6)$$

其中体密度（D）= 总体重/总体积，依照表10-2测算，然后代入公式内。

表 10-1　不同性别脂肪的分级标准表

	男性	女性
正常	15	22
超重	25~30	30~35
轻度肥胖	30~35	35~50
中度肥胖	35~45	40~50
重度肥胖	>45	>50

表 10-2　不同年龄男、女体密度值表

年龄	男性	女性
9~11岁	$1.0879 \sim 0.00151 \cdot X$	$1.0794 \sim 0.00142 \cdot X$
12~14岁	$1.0868 \sim 0.00133 \cdot X$	$1.0888 \sim 0.00153 \cdot X$
15~18岁	$1.0977 \sim 0.00146 \cdot X$	$1.0931 \sim 0.00160 \cdot X$
>19岁	$1.0913 \sim 0.00116 \cdot X$	$1.0879 \sim 0.00133 \cdot X$

注: X = 肩胛角下皮褶厚度（mm）+ 上臂三头肌皮褶厚度（mm），取右侧。

3. 肥胖度　肥胖度和体脂肪量分别按公式（10-7）、（10-8）计算。

$$肥胖度 = (实测体重)/标准体重 \times 100\% \quad (10-7)$$

$$体脂肪量 = (4.95/体密度 - 4.5) \times 100 \quad (10-8)$$

肥胖度在±10%以内，被认为是正常体重，或称标准体重。肥胖度10%~20%为超重；肥胖度20%~30%为轻度肥胖；肥胖度30%~50%为中度肥胖；肥胖度超过50%为重度肥胖。肥胖度在20%以上的人应该进行减肥。

4. 体质指数　按公式（10-9）计算。

$$体质指数（BMI）= 体重（kg）/ [身高（m）]^2 \quad (10-9)$$

体质指数被认为是临床用来表示肥胖的最好指标之一。该指标考虑了体重和身高两个因素，主要反映全身性超重和肥胖，简单且易测量，不受性别的影响，但对特殊人群如运动员，难以准确反映超重和肥胖度。适用于体格发育基本稳定（即 18 岁以上）的成人。具体评定标准见表 10 - 3。

表 10 - 3 BMI 的评定标准

我国	亚洲	国际 WHO
<18.5 低体重	<18.5 低体重	<18.5 低体重
18.5 ~ 23.9 正常	18.5 ~ 22.9 正常	18.5 ~ 24.9 正常
24 ~ 27.9 超重	≥23.0 超重	≥25.0 超重
28 ~ 29.9 轻度肥胖	23.0 ~ 24.9 肥胖前期	25.0 ~ 29.9 肥胖前状态
30.0 ~ 34.9 中度肥胖	25.0 ~ 29.9 一级肥胖	30.0 ~ 34.9 一级肥胖
>35 重度肥胖	≥30 二级肥胖	35.0 ~ 39.9 二级肥胖
		≥40.0 三级肥胖

5. 腰臀比（WHR） 测量腹部脂肪的方法：白种人 WHR > 1.0 的男性和 WHR > 0.85 的女性被定义为腹部脂肪堆积。

6. 腰围（WC） 反映脂肪总量和脂肪分布结构的综合指标。腰围较腰臀比更简单可靠，现在更倾向于用腰围代替腰臀比预测中心性脂肪含量。WHO 建议男性 WC > 94 cm，女性 WC > 80 cm 为肥胖。中国肥胖问题工作组建议对中国成人来说，男性 WC ≥ 85 cm，女性 WC ≥ 80 cm 为腹部脂肪蓄积的诊断界值。

7. 局部脂肪贮积的测定

（1）皮下脂肪厚度。

①B 超测定法。测定位点 4 个，A 点为右三角肌下缘臂外侧正中点、B 点为右肩胛下角、C 点为右脐旁 3 cm、D 点为右髂前上棘。测定三头肌和肩胛下角部位的正常值高限：男性为 51 mm，女性为 70 mm，此方法影响因素较多，压力不同，皮下脂肪组织分布不同，皮下脂肪和深部脂肪含量的比例的个体差异较大。

②皮褶卡钳法。测定位点同上。

（2）心包膜脂肪厚度（B 超测定法） 测定点位 6 个，A 点为动脉根部水平、B 点为二尖瓣口水平、C 点为心尖四腔切面（测量右心室心尖部）、D 点为右心室心尖右侧 1.5 cm 处、E 点为左心室心尖部、F 点为左心室心尖部左侧 1.5 cm 处。

（3）血脂测定 测定总胆固醇（TC）、甘油三酯（TG）、低密度脂蛋白 - 胆固醇（HDL - C）、低密度脂蛋白 - 胆固醇（LDL - C）、LDL - C/HDL - C、HDL - C/TC 6 项血脂水平。

（三）肥胖症的预防和治疗

迄今为止，较为常见的预防和治疗肥胖症的方法有药物疗法、饮食疗法、运动疗法和行为疗法 4 种。具有减肥的药物主要为食欲抑制剂，加速代谢的激素及某些药物，影响消化吸收的药物等。食欲抑制剂大多是通过儿茶酚胺和 5 - 羟色胺递质的作用降低食欲，从而使体重下降，这类药物主要有苯丙胺及其衍生物芬氟拉明等。加速代谢的激素及药物主要通过增加生热使代谢率上升，从而达到减肥目的，它们主要有甲状腺激素、生长激素等。影响消化吸收的药物主要是通过延长胃的排空时间，增加饱腹感，减少能量与营养物的吸收，而使体重下降，这些药物包括食用纤维、蔗糖聚酯等。虽然这些药物都具有减肥作用，但大多有一定的副作用，而且药物治疗的同时，一般还需配合低热量饮食以增加减肥效果。事实上，不仅仅是药物疗法，即使是运动疗法和行为疗法也需结合低热量食品。可见饮食疗法是最根本、最安全的减肥方法。减肥的饮食原则如下。

1. 限制总热量 饮食疗法可分为 3 种类型：①节食疗法。每天摄入的热能大约在 5.0 ~ 7.5 MJ。②低热能疗法。每天摄入的热能大约在 2.5 ~ 4.2 MJ。③极低热能疗法。每天摄入的热能在 0.84 ~ 2.5 MJ。前两种疗法主要适用于轻、中度肥胖者。但是，最好在医生的指导下进行。极低热能疗法主要适用于重度肥胖患者，通常患者需要住院，在医生的密切观察下进行治疗。

2. 限制脂肪 肥胖者皮下脂肪过多，易引起脂肪肝、肝硬化、高脂血症、冠心病等，因此每日脂肪摄入量应控制在 30 ~ 50 g，应以植物油为主，严格限制动物油。

3. 限制碳水化合物 低碳水化合物膳食可使体重迅速下降，原因如下：①大大减缓脂肪的产生和贮存，但又加速脂肪组织的释放，使脂肪进入血液。②阻止脂肪能量的完全代谢，其结果是产生一种酮类产物，而使食欲下降。③可能引起组织蛋白的分解及向碳水化合物方面的转化，以维持血糖的含量。④促进水的丧失，自然也会使尿中的各种无机盐丧失。

4. 供给优质的蛋白质 在节食或饥饿情况下可以产生快速的减重效果，这是由于脂肪及瘦肉组织为产生能量而破坏了代谢平衡。尽管体脂的迅速下降是减肥的最大愿望，但瘦肉组织中蛋白质的丧失可能会是身体虚弱，或损害某些器官。因此，理想的减肥节食办法是快速减掉脂肪而保留身体的蛋白质。

蛋白质具有特殊动力作用，其需要量应略高于正常人，因此肥胖人每日蛋白质需要量为 80 ~ 100 g。应选择生理价值高的食物，如牛奶、鸡蛋、鱼、鸡、瘦牛肉等。

采用低热能疗法，三大供能营养素的搭配比例为：碳水化合物 40% ~ 55%，蛋白质 20% ~ 30%，脂肪 25% ~ 30%。为了单纯地追求低热量，有些减肥饮食疗法中仅有氨基酸、维生素与微量元素组成，没有碳水化合物，也不含脂肪。这类疗法对身体极为有害。减肥过程中体内脂肪的分解必须要有葡萄糖的参与，如果没有碳水化合物的补充，则肌肉中的蛋白质通过糖原异生作用产生葡萄糖来帮助脂肪分解，使体内肌肉含量下降。因此，在采用低热量饮食疗法进行减肥时，一定要注意碳水化合物、脂肪、蛋白质这三大营养素的平衡性，三者缺一不可。

5. 供给充足的膳食纤维 膳食纤维具有低热量、高持水性和缚水后体积的膨胀性，对胃肠道产生容积作用及引起胃排空的减慢，更快产生饱腹感且不易感到饥饿，对于预防肥胖有很大的益处。

膳食纤维的摄取，有助于吸附胆固醇、延缓和降低餐后血糖和血清胰岛素水平的升高，改善葡萄糖耐量曲线，维持餐后血糖水平的平衡和稳定。

同时，膳食纤维可促进肠道蠕动，缩短粪便在肠道内的停留时间，加快粪便的排出。膳食纤维被结肠内的某些细菌酵解，产生短链脂肪酸，使结肠内 pH 下降，影响结肠内微生物的生长和增殖，促进肠道有益菌的生长和增殖，而抑制肠道内有害腐败菌的生长。

6. 供给丰富多样的无机盐、维生素 无机盐和维生素供给应丰富多样，满足身体的生理需要，必要时补充维生素和钙剂，以防缺乏。食盐具有亲水性，可增加水分在体内的潴留，不利于肥胖症的控制，每日食盐量以 3 ~ 6 g 为宜。

7. 限制含嘌呤的食物 嘌呤能增进食欲，加重肝、肾、心的中间代谢负担，膳食中应加以限制。动物内脏、豆类、鸡汤、肉汤等高嘌呤食物应该避免。

二、常用于减肥功能的物品或原料

用于减肥的保健食品原料很多,常见的如下。

1. 魔芋 别名蒟蒻,已经列为普通食品管理的食品新资源(《卫生部公告 2004 年第 17 号》)。主要功效成分是魔芋多糖(KGM)和膳食纤维。魔芋多糖又称魔芋葡甘露聚糖,是由众多的甘露糖和葡萄糖,以 D(1,4)糖苷键连接起来的线性高分子化合物。主要生理功能有如下。

(1)魔芋膳食纤维能加强肠道蠕动,促使排便,缩短食物在肠道内的停留时间,肉类食物从进食到排出体外大约需要 12 小时,魔芋从进食到排出体外大约为 7 小时。可使大便在肠道停留的时间缩短 5 小时左右。从而减少小肠对营养的吸收,同时也减少了大便中的有害物质对身体的危害。

(2)魔芋热量极低,吸水后体积膨胀系数很大,最高可达到干品其自身体积的 100 倍,魔芋在胃内吸水膨胀后使人产生饱腹感,在充分满足人们的饮食快感的同时不会增肥,从而实现理想减肥的效果。

(3)改善脂质代谢,降低胆固醇水平。魔芋多糖可黏附胆酸并减少其通过肝肠循环,抑制胆固醇、甘油三酯的吸收,从而降低血胆固醇和血脂水平。

(4)魔芋多糖不易消化,并通过增加胰岛素的敏感性发挥降低血糖和改善糖代谢的作用。有降低正常小鼠血糖、改善小鼠糖耐量的作用,能明显降低四氧嘧啶糖尿病小鼠的血糖,但对血清胰岛素水平无明显影响。

2. 壳聚糖(CTS) 甲壳素(chitin)经脱乙酰化处理后的产物,即脱乙酰基甲壳素,学名聚氨基葡萄糖,又名可溶性甲壳质。它是迄今为止发现的唯一阳离子动物纤维和唯一的碱性多糖。壳聚糖广泛存在于动物和微生物中,其中含量比较丰富的动物有甲壳类动物、昆虫、软体动物和环节动物。目前市场上的壳聚糖大多是从虾皮和蟹壳中提取出来的。主要生理功能如下。

(1)减少脂质吸收,壳聚糖与胆汁酸结合影响脂类乳化,减少吸收,从而达到降血脂的功效。

(2)强化体细胞及免疫细胞,壳聚糖可使体液保持正常,从而达到强化体细胞及免疫细胞的目的,提高人体免疫力。

(3)提高淋巴细胞活力,研究表明,食用壳聚糖属弱碱性物质,能提高 T 淋巴细胞和 B 淋巴细胞的活力,能增加免疫活性细胞的数量和质量,发挥其抗癌作用。

3. 左旋肉碱 又称 L - 肉碱或音译卡尼丁,俗称脂肪燃烧弹,是一种促使脂肪转化为能量的类氨基酸。特别适合人们配合做有氧运动来减脂,效果比较明显。不同类型的日常饮食已经含有 5~100 mg 的左旋肉碱。左旋肉碱在人体的肝脏和肾中产生,并储存在肌肉、精液、脑和心脏中。

左旋肉碱的补充主要依靠外源性补充,而且补充肉碱的重要性不亚于补充维生素和矿物元素。膳食中 L - 肉碱主要来源于动物,植物中的含量很少。丰富来源的有瘦肉、肝、心、酵母、鸡肉、兔肉、牛奶和乳清等。主要生理功能如下。

(1)减少身体脂肪,降低体重。

（2）降低血清总胆固醇和甘油三酯，升高血清高密度脂蛋白。

（3）在运动时帮助身体燃烧脂肪，提高运动时的能量、耐力和运动成绩。

（4）促进丙酮酸代谢供能，减少乳酸在肌肉细胞中的堆积。

（5）增强心肌细胞氧化脂肪的能力，降低高强度运动时心脏的负担。

（6）增强机体活力，缓解疲劳。

（7）提高人体的免疫功能和肝功能。

（8）预防运动时产生脂质过氧化物，保护肌纤维不受游离基团的伤害。

4. 乌龙茶　亦称青茶、半发酵茶，是中国几大茶类中独具鲜明特色的茶叶品类。乌龙茶由宋代贡茶龙团、凤饼演变而来，创制于 1725 年（清雍正年间）前后，经过杀青、萎雕、摇青、半发酵、烘焙等工序后制出的品质优异的茶类。

减肥作用原理：乌龙茶中可水解单宁类在儿茶酚氧化酶催化下形成邻醌类发酵聚合物和缩聚物，对甘油三酯和胆固醇有一定结合能力，结合后随粪便排出，而当肠内甘油三酯不足时，就会动用体内脂肪和血脂经一系列变化而与之结合，从而达到减脂的目的。

5. 荷叶　作为荷叶碱提取原料的荷叶被列入《既是食品又是药品的物品名单》（卫法监发〔2002〕51 号）。荷叶可以应用于药品及保健品。荷叶碱具有降脂减肥作用。

6. 苦瓜　苦瓜的果实和种子中富含苦瓜皂苷，有研究显示，苦瓜皂苷可显著降低进食后的大鼠血浆中胆固醇的含量，对血液和肝的甘油三酯的水平也有调节作用。此外具有调节血糖代谢，免疫调节作用。

7. 共轭亚油酸（conjugated linoleic acid，CLA）　为一组具有共轭不饱和双键的亚油酸的位置和结构异构体，已被美国食品协会列入 GRAS（generally recognized as safe）认证的候选名单；中国原卫生部 2009 年 12 号公告，批准共轭亚油酸可作为食品新资源。

天然的 CLA 主要存在于反刍动物如牛、羊的乳脂及肉制品中，每克乳脂中的 CLA 含量约 2～25 mg，且 CLA 含量随奶牛的年龄增长而呈现增加的趋势，草食喂养的反刍动物中的 CLA 含量比谷物喂养的反刍动物中含量高。

CLA 具有减少脂肪组织含量的作用和降低血脂作用。此外，CLA 可减轻慢性炎症，减少免疫应答细胞中抗原诱导的细胞因子的产生，动物实验和人体研究证明，CLA 对先天性和适应性免疫应答均具有调节作用。

第二节　减肥功能评价实验基本内容及案例

减肥功能评价的确定需同时完成动物实验及人体试食试验。

一、实验项目

（一）动物实验

1. 体重、体重增重。

2. 摄食量、摄入总热量。

3. 体内脂肪重量（睾丸周围脂肪垫、肾周围脂肪垫）。

4. 脂/体比。

扫码"学一学"

（二）人体试食试验

1. 体重。

2. 腰围、臀围。

3. 体内脂肪含量。

二、实验原则

1. 动物实验和人体试食试验所列指标均为必做项目。

2. 动物实验中大鼠肥胖模型法和预防大鼠肥胖模型法任选其一。

3. 减少体内多余脂肪，不单纯以减轻体重为目标。

4. 引起腹泻或抑制食欲的受试样品不能作为减肥功能食品。

5. 每日营养素摄入量应基本保证机体正常生命活动的需要。

6. 对机体健康无明显损害。

7. 实验前应对同批受试样品进行违禁药物的检测。

8. 以各种营养素为主要成分替代主食的减肥功能受试样品可以不进行动物实验，仅进行人体试食试验。

9. 不替代主食的减肥功能实验，应对试食前后的受试者膳食和运动状况进行观察。

10. 替代主食的减肥功能实验，除开展不替代主食的设计指标外，还应设立身体活动、情绪、工作能力等测量表格，排除服用受试样品后无相应的负面影响产生。结合替代主食的受试样品配方，对每日膳食进行营养学评估。

11. 在进行人体试食试验时，应对受试样品的食用安全性进一步观察。

三、实验方法

（一）动物实验

1. 实验动物　选用雄性大鼠，适应期结束时，体重（200±20）g，每组8～12只。

2. 剂量分组及受试样品给予时间　实验设三个剂量组和一个模型对照组，以人体推荐量的5倍为其中的一个剂量组，另设二个剂量组，必要时设阳性对照组和空白对照组。受试样品给予时间至少给予6周，不超过10周。

3. 高热量模型饲料　在维持饲料中添加15.0%蔗糖、15.0%猪油，适量的酪蛋白、磷酸氢钙、石粉等。除了粗脂肪外，模型饲料的水分、粗蛋白、粗脂肪、粗纤维、粗灰分、钙、磷、钙磷比均要达到维持饲料的国家标准。

（二）人体试食试验

1. 受试者纳入标准　受试对象为单纯性肥胖人群，成人BMI≥30，或总脂肪百分率达到男>25%，女>30%的自愿受试者。

2. 受试者排除标准

（1）合并有心、肝、肾和造血系统等严重疾病，精神病患者。

（2）短期内服用与受试功能有关的物品，影响到对结果的判断者。

（3）未按规定食用受试样品，无法判定功效或资料不全影响功效或安全性判断者。

3. 试验设计及分组要求

（1）不替代主食的减肥功能试验　采用自身对照及组间对照试验设计。按受试者的体重、体脂重量随机分为试食组和对照组，尽可能考虑影响结果的主要因素如年龄、性别、饮食、运动状况等，进行均衡性检验，以保证组间的可比性。每组受试者不少于50例。

（2）替代主食的减肥功能试验　替代主食的减肥功能试验只设单一试食组，按受试者的体重、体脂重量随机分组，尽可能考虑影响结果的主要因素如年龄、性别、饮食、运动状况等，进行均衡性检验，以保证组间的可比性。有效例数不少于50人，不设对照组。

（三）结果判定

1. 动物实验　实验组的体重或体重增重低于模型对照组，体内脂肪重量或脂/体比低于模型对照组，差异有显著性，摄食量不显著低于模型对照组，可判定该受试样品动物减肥功能实验结果阳性。

2. 人体试食试验

（1）不替代主食的减肥功能受试样品　试食组自身比较及试食组与对照组组间比较，体内脂肪重量减少，皮下脂肪4个点中任两个点减少，腰围与臀围之一减少，且差异有显著性，运动耐力不下降，对机体健康无明显损害，并排除膳食及运动对减肥功能作用的影响，可判定该受试样品具有减肥功能的作用。

（2）替代主食的减肥功能受试样品　试食组实验前后自身比较，其体内脂肪重量减少，皮下脂肪4个点中至少有2个点减少，腰围与臀围之一减少，且差异有显著性（$P < 0.05$），微量元素、维生素营养学评价无异常，运动耐力不下降，情绪、工作能力不受影响，并排除运动对减肥功能作用的影响，可判定该受试样品具有减肥功能作用。

四、减肥功能评价动物实验案例简介

某共轭亚油酸减肥保健品功能性评价动物实验研究。

（一）材料与方法

1. 实验动物的分组

（1）清洁级SD大鼠　雄性成年大鼠，体重范围230～291 g，70只。由动物单笼饲养，自由饮食饮水。

（2）高热量模型饲料　按国食药监保化［2012］107号附件8《减肥功能评价方法》中要求制作。

2. 剂量选择和受试物给予方式

（1）剂量选择　实验大鼠按随机分组原则，参照国食药监保化［2012］107号附件8《减肥功能评价方法》的检测方法，按照人体推荐剂量的5、10和20倍作为低、中、高3个剂量组，即1、2和4 g/kg，另设模型对照组和空白对照组。

（2）受试物给予方式　灌胃给药，灌胃容积为10 mL/（kg·bw）。

（3）受试物配制　称取受试物1、2和4 g，分别加溶剂蒸馏水至10 mL，充分混匀；依此比例配制即为低中高3个剂量组的供试液。

模型对照组和空白对照组分别灌胃给予蒸馏水。

3. 造模筛选　在屏障系统下，给大鼠饲喂维持饲料观察5天。适应期结束后按大鼠体重随机分成 2 组，10 只大鼠给予维持饲料，作为空白对照组，60 只给予高热量饲料作为模型组。每周记录给食量、撒食量及剩食量，称量体重 1 次。喂养 2 周后，给予高热量饲料的大鼠按体重增重排序，淘汰体重增加低的 1/3 肥胖抵抗大鼠。

4. 给予受试物 筛选出的 40 只肥胖敏感大鼠按体重随机分成 4 组，分别为模型对照组和 3 个剂量组。模型对照组和 3 个剂量组给予高热量模型饲料，空白对照组给予维持饲料。各剂量组灌胃给予不同剂量受试物，模型对照组和空白对照组给予等量的相应溶剂，受试物给予时间 6 周。每周记录给食量、剩食量，称量体重 1 次。

（二）观察指标

末次给样后，空腹 16 小时后，称重，以 1% 戊巴比妥钠 $[0.5\ mL/（100\ g \cdot bw）]$ 麻醉，解剖取肾周围脂肪、睾丸周围脂肪并称重，计算脂/体比。另外，统计大鼠体重增重、摄食量、摄入总热量（摄食量×每千克饲料热量）、食物利用率、体内脂肪重量（睾丸及肾周围脂肪垫）及脂肪/体重。

（三）实验结果

1. 体重及增重 实验结果见表 10 - 4。

表 10 - 4 受试物对动物体重的影响（$\bar{x} \pm S$，$n = 10$）

组别	给样初期（g）	给样中期（g）	给样末期（g）	增重（g）
模型对照组	387.8 ± 21.6	488.7 ± 34.8[a]	550.2 ± 43.9[a]	162.4 ± 40.9[a]
低剂量组	384.0 ± 16.8	465.8 ± 24.1	522.7 ± 34.4	138.7 ± 30.7
中剂量组	384.2 ± 14.9	461.8 ± 22.5	521.3 ± 27.4	137.1 ± 29.6
高剂量组	371.3 ± 12.9	450.5 ± 16.7[b]	508.3 ± 19.9[b]	137.0 ± 25.3
空白对照组	376.6 ± 21.1	447.5 ± 30.0	497.6 ± 36.5	121.0 ± 21.2

注：[a] 表示经方差分析，模型对照组与空白对照组比较，$P < 0.05$；[b] 各受试物组与模型对照组相比，$P < 0.05$。

由表 10 - 4 可见，给样初期，各组间均未见显著性差异（$P > 0.05$）；给样中期、给样末期，模型对照组的体重均明显大于空白对照组（$P < 0.05$），且增重也显著大于空白对照组（$P < 0.05$），说明模型成功建立，可用于实验。受试物高剂量组（4 g/kg）动物在实验中期和实验末期的体重明显小于肥胖模型对照组（$P < 0.05$）。

2. 摄食量及食物利用率 实验结果见表 10 - 5。

表 10 - 5 受试物对大鼠食物利用率的影响（$\bar{x} \pm S$，$n = 10$）

组别	总摄食量（g）	摄入总热量（kJ）	食物利用率（%）
模型对照组	1022.0 ± 108.7	16352.0 ± 1738.5[a]	15.8 ± 2.8[c]
低剂量组	943.6 ± 79.9	15097.6 ± 1279.1	14.6 ± 2.6
中剂量组	948.3 ± 51.0	15172.8 ± 816.3	14.4 ± 2.6
高剂量组	941.5 ± 43.0	15064.0 ± 688.4	14.5 ± 2.4
空白对照组	1069.6 ± 82.4	14974.4 ± 1152.9	11.3 ± 1.5

注：模型对照组与空白对照组比较，经方差分析，[a] 表示 $P < 0.05$；[c] 表示 $P < 0.01$。

由表 10 - 5 可见，模型对照组的摄入总热量明显高于空白对照组（$P < 0.05$），且由于模型组的体重明显增加，故模型对照组食物利用率明显高于空白对照组（$P < 0.01$）；受试

物各剂量组的总摄食量、总热量及食物利用率与模型对照组比较，无显著性差异。

3. 体内脂肪重及脂/体比 实验结果见表 10 - 6。

表 10 - 6 受试物对大鼠体内脂肪重的影响（$\bar{x} \pm S$, $n = 10$）

组别	实验末空腹体重（g）	体内脂肪重（g）	脂/体比（%）
模型对照组	525.4 ± 46.1[a]	21.89 ± 8.34[c]	4.10 ± 1.27[c]
低剂量组	504.2 ± 32.1	19.02 ± 5.06	3.77 ± 0.97
中剂量组	503.7 ± 26.7	17.96 ± 4.63	3.54 ± 0.80
高剂量组	490.3 ± 18.9[b]	13.96 ± 2.20[d]	2.84 ± 0.40[d]
空白对照组	474.8 ± 33.5	12.02 ± 3.67	2.53 ± 0.74

注：模型对照组与空白对照组比较，经方差分析，[a] 表示 $P < 0.05$；[c] 表示 $P < 0.01$。各受试物组与模型对照组相比，[b] 表示 $P < 0.05$，[d] 表示 $P < 0.01$。

由表 10 - 6 可见，模型对照组的体内脂肪重和脂/体比均显著大于空白对照组，说明模型成立。

（四）结果判定

受试物高剂量组（4 g/kg）的体内脂肪重和脂/体比均低于模型对照组。受试物高剂量组（4 g/kg）的实验末体重低于模型对照组，体内脂肪重和脂/体比均低于模型对照组，摄食量与模型对照组无显著性差异。按照国食药监保化〔2012〕107 号附件 8《减肥功能评价方法》的结果判定原则，该产品对动物具有减肥功能。

第三节 减肥功能评价实验检测方法

一、动物实验

（一）原理

本方法是以高热量食物诱发动物肥胖，再给予受试样品（肥胖模型），或在给予高热量食物同时给予受试样品（预防肥胖模型），观察动物体重、体内脂肪含量的变化。

（二）仪器和材料

动物天平，解剖器械等；戊巴比妥钠。

（三）实验步骤

1. 肥胖模型法

（1）适应期 于屏障系统下大鼠喂饲维持饲料观察 5 ~ 7 天。

（2）造模期 适应期结束后按体重随机分成 2 组，10 只大鼠给予维持饲料作为空白对照组，60 只大鼠给予高热量模型饲料。每周记录给食量、撒食量、剩食量，称量体重 1 次。

喂养 2 周后，给予高热量饲料的 60 只大鼠按体重增重排序，淘汰体重增重较低的 1/3 肥胖抵抗大鼠。将筛选出的 40 只肥胖敏感大鼠再给予高热量饲料 6 周，空白对照组同时给予维持饲料。

（3）受试样品给予 造模期结束后，40 只肥胖敏感大鼠按体重随机分成 4 组，分别为

扫码"学一学"

模型对照组和 3 个剂量组。每周记录给食量、撒食量、剩食量，称量体重 1 次。模型对照组和 3 个剂量组给予高热量模型饲料，空白对照组给予维持饲料。各剂量组灌胃给予不同剂量的受试样品，模型对照组和空白对照组给予等量的相应溶剂，受试样品给予时间 6 周，不超过 10 周。

实验结束后，称体重，1% 戊巴比妥钠 0.5 mL/100 g 麻醉，解剖取肾周围脂肪、睾丸周围脂肪，并称重，计算脂/体比。

2. 预防肥胖模型法

（1）适应期　屏障系统下大鼠喂饲维持饲料观察 5~7 天。

（2）造模筛选期　适应期结束后按体重随机分成 2 组，10 只大鼠给予维持饲料作为空白对照组，60 只给予高热量饲料作为模型组。每周记录给食量、撒食量、剩食量，称量体重 1 次。喂养 2 周后，给予高热量饲料的大鼠按体重增重排序，淘汰体重增重较低的 1/3 肥胖抵抗大鼠。

（3）受试样品给予　将筛选出的 40 只肥胖敏感大鼠按体重随机分成 4 组，分别为模型组和 3 个剂量组。模型对照组和 3 个剂量组给予高热量模型饲料，空白对照组给予维持饲料。各剂量组灌胃给予不同剂量的受试样品，模型对照组和空白对照组给予等量的相应溶剂，受试样品给予时间 6 周，不超过 10 周。每周记录给食量、撒食量、剩食量，称量体重 1 次。

实验结束后，称体重，1% 戊巴比妥钠 0.5 mL/100 g 麻醉，解剖取肾周围脂肪、睾丸周围脂肪，并称重，计算脂/体比。

3. 观察指标　体重、体重增重、摄食量、摄入总热量（摄食量×每千克饲料热量）、食物利用率、体内脂肪重量（睾丸及肾周围脂肪垫）、脂肪/体重。

（四）结果判定

实验组的体重或体重增重低于模型对照组，体内脂肪重量或脂/体比低于模型对照组，差异有显著性，摄食量不显著低于模型对照组，可判定该受试样品动物减肥功能实验结果阳性。

二、人体试食试验

（一）原理

单纯性肥胖受试者食用受试样品，观察体重、体内脂肪含量的变化及对机体健康有无损害。

（二）仪器和材料

体成分测定设备、功率自行车、心率监测器、B 超、皮褶卡钳、体重计。

（三）实验步骤

1. 受试样品的剂量和使用方法

（1）不替代主食的减肥功能受试样品　试食组按推荐服用方法、服用量服用受试产品，对照组可服用安慰剂或采用空白对照。按盲法进行试食实验。受试样品给予时间至少 60 天。

（2）替代主食的减肥功能受试样品　建议取代每天 1~2 餐主食，并能保证消费者同时摄取充足的营养素，应鼓励增加果蔬摄入量。受试者按推荐方法和推荐剂量服用受试样品，受试样品给予时间至少 35 天。

2. 观察指标

（1）安全性指标。

①一般状况（包括精神、睡眠、饮食、大小便、血压等）。

②血、尿、便常规检查。

③肝、肾功能检查。

④胸透、心电图、腹部 B 超检查（各项指标于实验前检查一次）。

⑤血尿酸、尿酮体。

⑥运动耐力测试。运动耐力测试方法为功率自行车实验。试食前后受试者以相同的运动方案做功率自行车实验，记录心率，并应用 Astrand 和 Ryhming 的列线图法间接测定每个受试者的最大摄氧量（L/分）。

⑦其他不良反应观察。如厌食、腹泻等。

（2）膳食因素及运动情况观察　不替代主食的减肥功能实验需对受试者实验开始前、结束前进行 3 天的询问法膳食调查，为排除饮食因素对实验结果的影响，要求尽可能与日常饮食相一致。对实验期间受试者的运动状况进行询问观察，要求与日常运动情况一致。

替代主食的减肥功能实验，除开展不替代主食的设计指标外，还应设立身体活动、情绪、工作能力等测量表格，排除服用受试样品后无相应的负面影响产生。结合替代主食的受试样品配方，对每日膳食进行营养学评估。

每日能量摄入量达到人体需要量的 80%（男：1920 kcal，女：1680 kcal），每日主要营养素摄入量要达到人体膳食营养素参考摄入量（DRIs），蛋白质（男：75 g，女：65 g），钙（800 mg），磷（700 mg），钾（2000 mg），钠（2200 mg），镁（350 mg），铁（男：15 mg，女 20 mg），维生素 A（男：800 μg，女：700 μg），维生素 D（5 μg）。

（3）功效性指标。

①体重、身高、腰围（脐周）、臀围，并计算体质指数（BMI），标准体重、超重度。

②体内脂肪含量的测定。体内脂肪总量和脂肪占体重百分率，用水下称重法或电阻抗法。

皮下脂肪厚度用 B 超测定法或皮褶卡钳法，4 个测定位点如下。

A 点：右三角肌下缘臂外侧正中点。

B 点：右肩胛下角。

C 点：右脐旁 3 cm。

D 点：右髂前上棘。

（四）结果判定

1. 不替代主食的减肥功能受试样品　试食组自身比较及试食后试食组与对照组比较，其体内脂肪重量减少，皮下脂肪 4 个点中至少有两个点减少，腰围与臀围之一减少，且差异有显著性（$P < 0.05$），运动耐力不下降，对机体健康无不良影响，并排除膳食及运动对减肥功能作用的影响，可判定实验结果为阳性。

2. 替代主食的减肥功能受试样品 试食组实验前后自身比较，其体内脂肪重量减少，皮下脂肪4个点中至少有两个点减少，腰围与臀围之一减少，且差异有显著性（$P < 0.05$），能量和营养学评价无异常，运动耐力不下降，情绪、工作能力不受影响，并排除运动对减肥功能作用的影响，可判定实验结果为阳性。

本章小结

肥胖症是指由于人体生理机能的改变引起体内脂肪堆积过多，导致体重增加，从而使机体发生一系列病理、生理变化的病症。判断肥胖的方法最根本是要确定体内脂肪的含量，但常用肥胖的外化表现如体重、腰臀围、皮褶厚度、体质指数等。在进行减肥功能性评价时，实验前应对同批受试样品进行违禁药物（如芬氟拉明）的检测。以各种营养素为主要成分替代主食的减肥功能性食品可以不进行动物实验，仅进行人体试食试验；替代主食的减肥功能性食品，动物实验和人体试食试验所列指标均为必做项目。动物实验中大鼠肥胖模型法和预防大鼠肥胖模型法任选其一，动物实验观察指标包括体重、体重增重、摄食量、摄入总热量、食物利用率、体内脂肪重量（睾丸及肾周围脂肪垫）、脂肪/体重；人体试食试验观察指标包括安全性指标、膳食因素及运动情况观察、功效性指标（体重、身高、腰围、臀围、体质指数、标准体重、超重度、皮下脂肪厚度）。

扫码"练一练"

？思考题

1. 简述肥胖症的定义。

2. 肥胖症的判断方法有哪些？指标如何？

3. 减肥功能性评价有哪几个实验，请列出代表实验。

4. 减肥功能性评价实验的结果如何判断？

5. 举出目前可用于减肥保健食品的原材料，并简述其减肥机制。

（杨 萌）

第十一章 改善睡眠功能评价

第一节 人体睡眠、健康及相关保健食品

扫码"学一学"

　　睡眠是高等脊椎动物周期性出现的一种自发的和可逆的静息状态，表现为机体对外界刺激的反应性降低和意识的暂时中断。人的一生大约有 1/3 的时间是在睡眠中度过的。当人们处于睡眠状态中时，可以使人们的大脑和身体得到休息、休整和恢复，适量的睡眠有助于人们日常的工作和学习。科学提高睡眠质量，是人们正常工作、学习、生活的保障。

一、睡眠

（一）睡眠原因

　　睡眠（sleep）是由于身体内部的需要，使感觉活动和运动性活动暂时停止，给予适当刺激就能使其立即觉醒的状态。人们认识了脑电活动后，认为睡眠是由于脑的功能活动而引起的动物生理性活动低下，给予适当刺激可使之达到完全清醒的状态。

　　睡眠是一种主动过程，睡眠是恢复精力所必需的休息，有专门的中枢管理睡眠与觉醒，睡时人脑只是换了一个工作方式，使能量得到贮存，有利于精神和体力的恢复；而适当的睡眠是最好的休息，既是维护健康和体力的基础，也是取得高度生产能力的保证。接受处理内外刺激并做出反应的兴奋度较高的神经细胞因防止没有经过深加工的刺激联结相互干扰，这就表现为缓解疲劳。而睡眠质量不高是指屏蔽度不够或睡眠时间不足以充分消化刺激联结的现象。嗜睡则是病态的过多过久屏蔽。这些都是神经控制不足的表现。在睡眠中由于主动性活动减弱，身体的状态也得到恢复。

（二）生理变化

　　睡眠往往是一种无意识的愉快状态，通常发生在躺在床上和夜里我们允许自己休息的

时候。与觉醒状态相比较，睡眠的时候人与周围的接触停止，自觉意识消失，不再能控制自己说什么或做什么。处在睡眠状态的人肌肉放松，神经反射减弱，体温下降，心跳减慢，血压轻度下降，新陈代谢的速度减慢，胃肠道的蠕动也明显减弱。这时候看上去睡着的人是静止的，被动的，实际不然，如果在一个人睡眠时给他作脑电图，我们会发现，人在睡眠时脑细胞发放的电脉冲并不比觉醒时减弱。这证明大脑并未休息。

正常成年人入睡后，首先进入慢波相，历时 70～120 分钟不等，即转入异相睡眠，5～15 分钟，这样便结束第 1 个时相转换，接着又开始慢波相，并转入下一个异相睡眠，如此周而复始地进行下去。整个睡眠过程，一般有 4～6 次转换，慢波相时程逐次缩短，并以第 2 期为主，而异相时程则逐步延长。以睡眠全时为 100%，则慢波睡眠约占 80%，而异相睡眠占 20%。将睡眠不同时相和觉醒态按出现先后的时间序列排列，可绘制成睡眠图，它能直观地反映睡眠各时相的动态变化。

正常人在睡眠时有时眼球不活动或者只有很慢的浮动，这段时间比较长；但有时眼球很快地来回活动，这段时间比较短，与眼球慢动或快动的同时，脑电图出现不同的变化。由此，科学家把睡眠分成非快速眼动相睡眠和快速眼动相睡眠两部分，为书写方便起见，在文献中都用英文缩写的第一个大写字母来表示，非快速眼动相睡眠写作 NREM，而快速眼动相睡眠写作 REM。

正常睡眠时的基本规律是，正常成年人在睡眠一开始先进入 NREM，由浅入深，大概经过 60～90 分钟后，转成 REM，REM 持续时间只有 10～15 分钟左右，然后又转成 NREM，就这样周期性地交替出现 NREM 和 REM，一夜出现 4～6 次，直到清醒为止。

（三）睡眠时间

新生儿平均每天睡 16 小时，婴儿睡眠时间逐渐缩短，至 2 岁时约睡 9～12 小时。成年人的睡眠时间因人而异，通常为 6～9 小时不等，一般认为 7.5 小时是合适的。可是老年人的睡眠经常少到 6 小时。根据脑电图的分析，新生儿的异相睡眠约占睡眠总时间的 50%，并且入睡后很快就进入异相时期，成年人约占 20%，而老人则不到 20%。在成年人凡异相睡眠时间低于 15% 或高于 25% 的则被认为不正常。同样，慢波相第 4 期也随年龄增长而逐渐减少。至于睡眠与觉醒的周期更替，新生儿一天中约 5～6 次，婴儿逐渐减少，学龄儿童每天约 1～2 次的睡眠。有些老年人又恢复一日睡几次的习惯。

（四）睡眠疾病

睡眠疾病包括的内容不少，可以分成三大类：①睡得太少，失眠；②睡得太多，嗜睡；③睡眠中出现异常行动，所谓异常睡眠。

1995 年由中华精神科学会制订、通过的《中国精神疾患分类和诊断标准（第二版修订本）》（CCMD－2－R）中有"睡眠与觉醒障碍"一节，这是国内现行的、比较权威的分类和诊断标准。

1. 失眠症 指持续相当长时间的对睡眠的质和量不满意的状况，不能以统计上的正常睡眠时间作为诊断失眠的主要标准。对失眠有忧虑或恐惧心理可形成恶性循环，从而使症状持续存在。

2. 嗜睡症 指白天睡眠过多，并非睡眠不足所致，不是药物、脑器质性疾病或躯体疾病所致，也不是某种精神障碍（如神经衰弱、抑郁症）的一部分。

3. 睡行症 通常出现在睡眠的前 1/3 段的深睡期，起床在室内或户外行走，或同时做些白天的常规活动，一般没有语言活动，询问也不回答，多能自动回到床上继续睡觉，次晨醒来不能回忆，多见于儿童少年。

4. 夜惊 幼儿在睡眠中突然惊叫、哭喊，伴有惊恐表情和动作，以及心率增快、呼吸急促、出汗、瞳孔扩大等自主神经症状。通常在晚间睡眠后较短时间内发作，每次发作持续 1~10 分钟。

5. 梦魇 从睡眠中为噩梦突然惊醒，对梦境中的恐怖内容能清晰回忆，犹心有余悸。通常在晚间睡眠的后期发作。

二、失眠

失眠（insomnia）是指患者对睡眠时间和（或）质量不满足并影响日间社会功能的一种主观体验。

（一）病因

1. 原发性失眠 通常缺少明确病因，或在排除可能引起失眠的病因后仍遗留失眠症状，主要包括心理生理性失眠、特发性失眠和主观性失眠 3 种类型。原发性失眠的诊断缺乏特异性指标，主要是一种排除性诊断。当引起失眠的可能病因被排除或治愈以后，仍遗留失眠症状时即可考虑为原发性失眠。心理生理性失眠在临床上发现其病因都可以溯源为某一个或长期事件对患者大脑边缘系统功能稳定性的影响，边缘系统功能的稳定性失衡最终导致了大脑睡眠功能的紊乱，失眠发生。

2. 继发性失眠 包括由于躯体疾病、精神障碍、药物滥用等引起的失眠，以及与睡眠呼吸紊乱、睡眠运动障碍等相关的失眠。

失眠常与其他疾病同时发生，有时很难确定这些疾病与失眠之间的因果关系，故近年来提出共病性失眠（comorbid insomnia）的概念，用以描述那些同时伴随其他疾病的失眠。

（二）临床表现

失眠患者的临床表现主要有以下几方面。

1. 睡眠过程的障碍 入睡困难、睡眠质量下降和睡眠时间减少。

2. 日间认知功能障碍 记忆功能下降、注意功能下降、计划功能下降从而导致白天困倦，工作能力下降，在停止工作时容易出现日间嗜睡现象。

3. 大脑边缘系统及其周围的自主神经功能紊乱 心血管系统表现为胸闷、心悸、血压不稳定，周围血管收缩扩展障碍；消化系统表现为便秘或腹泻、胃部闷胀；运动系统表现为颈肩部肌肉紧张、头痛和腰痛。情绪控制能力减低，容易生气或者不开心；男性容易出现阳痿，女性常出现性功能减低等表现。

4. 其他系统症状 容易出现短期内体重减低，免疫功能减低和内分泌功能紊乱。

（三）检查

1. 了解睡眠障碍的最重要方法是应用脑电图多导联描记装置进行全夜睡眠过程的监测。因为睡眠不安和白天嗜睡的主诉有各种不同的原因，而脑电图多导联描记对于准确诊断是必不可少的。

2. 在询问病史和重点神经系统查体基础上，为鉴别器质性病变导致的失眠，必要的有选择性的辅助检查项目包括：CT 及 MRI 等检查血常规、血电解质、血糖、肝肾功能心电图、腹部 B 超、胸透。

（四）诊断

《中国成人失眠诊断与治疗指南》制定了中国成年人失眠的诊断标准如下。

1. 失眠表现入睡困难，入睡时间超过 30 分钟。

2. 睡眠质量下降，睡眠维持障碍，整夜觉醒次数≥2 次、早醒。

3. 总睡眠时间减少，通常少于 6 小时。

4. 日间功能障碍睡眠相关的日间功能损害包括：①疲劳或全身不适；②注意力、注意维持能力或记忆力减退；③学习、工作和（或）社交能力下降；④情绪波动或易激惹；⑤日间思睡；⑥兴趣、精力减退；⑦工作或驾驶过程中错误倾向增加；⑧紧张、头痛、头晕，或与睡眠缺失有关的其他躯体症状；⑨对睡眠过度关注。

失眠根据病程分为：①急性失眠，病程＜1 个月；②亚急性失眠，病程≥1 个月，＜6 个月；③慢性失眠，病程≥6 个月。

诊断失眠的标准流程与临床路径如下。

（1）病史采集　临床医师需仔细询问病史，包括具体的睡眠情况、用药史以及可能存在的物质依赖情况，进行体格检查和精神心理状态评估。睡眠状况资料获取的具体内容包括失眠表现形式、作息规律、与睡眠相关的症状以及失眠对日间功能的影响等。可以通过自评量表工具、家庭睡眠记录、症状筛查表、精神筛查测试以及家庭成员陈述等多种手段收集病史资料。推荐的病史收集过程（1~7 为必要评估项目，8 为建议评估项目）如下。

①通过系统回顾明确是否存在神经系统、心血管系统、呼吸系统、消化系统和内分泌系统等疾病，还要排查是否存在其他各种类型的躯体疾病，如皮肤瘙痒和慢性疼痛等。②通过问诊明确患者是否存在心境障碍、焦虑障碍、记忆障碍，以及其他精神障碍。③回顾药物或物质应用史，特别是抗抑郁药、中枢兴奋性药物、镇痛药、镇静药、茶碱类药、类固醇以及酒精等精神活性物质滥用史。④回顾过去 2~4 周内总体睡眠状况，包括入睡潜伏期（上床开始睡觉到入睡的时间），睡眠中觉醒次数、持续时间和总睡眠时间。需要注意在询问上述参数时应取用平均估计值，不宜将单夜的睡眠状况和体验作为诊断依据；推荐使用体动睡眠检测仪进行 7 天一个周期的睡眠评估。⑤进行睡眠质量评估，可借助于匹兹堡睡眠质量指数（PSQJ）问卷等量表工具，推荐使用体动睡眠检测仪进行 7 天一个周期的睡眠评估，用指脉血氧监测仪监测夜间血氧。⑥通过问诊或借助于量表工具对日间功能进行评估，排除其他损害日间功能的疾病。⑦针对日间思睡患者进行，结合问诊筛查睡眠呼吸紊乱及其他睡眠障碍。⑧在首次系统评估前最好由患者和家人协助完成为期 2 周的睡眠日记，记录每日上床时间，估计睡眠潜伏期，记录夜间觉醒次数以及每次觉醒的时间，记录从上床开始到起床之间的总卧床时间，根据早晨觉醒时间估计实际睡眠时间，计算睡眠效率（即实际睡眠时间/卧床时间×100%），记录夜间异常症状（打鼾、异常呼吸、行为和运动等），日间精力与社会功能受影响的程度，午休情况，日间用药情况和自我体验。

（2）量表测评　①病史的系统回顾：推荐使用《康奈尔健康指数》进行半定量的病史及现状回顾，获得相关躯体和情绪方面的基本数据支持证据。②睡眠质量量表评估：失眠严重程度指数；匹茨堡睡眠指数；疲劳严重程度量表；生活质量问卷；睡眠信念和态度问卷，Epworth 思睡量表评估。③情绪包括自评与他评失眠相关测评量表：Beck 抑郁量表；状态与特质焦虑问卷。

（3）认知功能评估 注意功能评估推荐使用 IVA－CPT；记忆功能推荐使用韦氏记忆量表。

（4）客观评估 失眠患者对睡眠状况的自我评估更容易出现偏差，必要时需采取客观评估手段进行甄别。①睡眠监测整夜多导睡眠图（PSG）主要用于睡眠障碍的评估和鉴别诊断。对慢性失眠患者鉴别诊断时才可以进行 PSG 评估。多次睡眠潜伏期试验用于发作性睡病和日间睡眠过度等疾病的诊断与鉴别诊断。体动记录仪可以在无 PSG 监测条件时作为替代手段评估患者夜间总睡眠时间和睡眠模式。指脉血氧监测可以了解睡眠过程中血氧情况，在治疗前后都应该进行，治疗前主要用于诊断是否存在睡眠过程中缺氧，治疗中主要判断药物对睡眠过程中呼吸的影响。②边缘系统稳定性检查事件相关诱发电位检查是可以为情绪和认知功能障碍诊断提供客观指标。神经功能影像学为失眠的诊断和鉴别诊断开拓崭新的领域。③病因学排除检查。因为睡眠疾病的发生常常和内分泌功能、肿瘤、糖尿病和心血管病相关，所以建议进行甲状腺功能检查、性激素水平检查、肿瘤标记物检查、血糖检查、动态心电图夜间心率变异性分析。部分患者需要进行头部影像学检查。

（五）治疗

1. 总体目标 尽可能明确病因，达到以下目的。

（1）改善睡眠质量和（或）增加有效睡眠时间；

（2）恢复社会功能，提高患者的生活质量；

（3）减少或消除与失眠相关的躯体疾病或与躯体疾病共病的风险；

（4）避免药物干预带来的负面效应。

2. 失眠的干预措施 主要包括药物治疗和非药物治疗。对于急性失眠患者宜早期应用药物治疗。对于亚急性或慢性失眠患者，无论是原发还是继发，在应用药物治疗的同时应当辅助以心理行为治疗，即使是那些已经长期服用镇静催眠药物的失眠患者亦是如此。针对失眠的有效心理行为治疗方法主要是认知行为治疗（CBT－I）。

目前国内能够从事心理行为治疗的专业资源相对匮乏，具有这方面专业资质认证的人员不多，单纯采用 CBT－I 也会面临依从性问题，所以药物干预仍然占据失眠治疗的主导地位。除心理行为治疗之外的其他非药物治疗，如饮食疗法、芳香疗法、按摩、顺势疗法、光照疗法等，均缺乏令人信服的大样本对照研究。传统中医学治疗失眠的历史悠久，但囿于特殊的个体化医学模式，难以用现代循证医学模式进行评估。应强调睡眠健康教育的重要性，即在建立良好睡眠卫生习惯的基础上，开展心理行为治疗、药物治疗和传统医学治疗。

3. 失眠的药物治疗 尽管具有催眠作用的药物种类繁多，但其中大多数药物的主要用途并不是治疗失眠。抗组胺药物（如苯海拉明）、褪黑素以及缬草提取物虽然具有催眠作用，但是现有的临床研究证据有限，不宜作为失眠常规用药。酒精（乙醇）不能用于治疗失眠。一般的治疗推荐非苯二氮䓬类药物：如艾司佐匹克隆（eszopiclone）、唑吡坦、唑吡坦控释剂（zolpidem－CR）、佐匹克隆（zopiclone）等；治疗失眠的苯二氮䓬类药物复杂而且繁多，包括：艾司唑仑（estazolam）、氟西泮（flurazepam）、夸西泮（quazepam）、替马西泮（temazepam）、三唑仑（triazolam）、阿普唑仑（alprazolam）、氯氮䓬（chlordiazepoxide）、地西泮（diazepam）、劳拉西泮（lorazepam）、咪哒唑仑（midazolam）等，但是由于这类药物有依赖的可能性，所以，一般不主张长期服用。现在推荐如雷美尔通（ramelteon）、特斯美尔通（Ⅲ期临床中，tasimelteon）、阿戈美拉汀（agomelatin）和各种抗抑郁药物作为治疗失眠的首选药，所以建议在治疗失眠时必须到专科医师处就诊，根据医师开出的处方服药。

4. 物理治疗　重复经颅磁刺激是目前一种新型的失眠治疗非药物方案，这是一种在人头颅特定部位给予重复磁刺激的新技术。重复经颅磁刺激能影响刺激局部和功能相关的远隔皮层功能，实现皮层功能区域性重建，且对脑内神经递质及其传递、不同脑区内多种受体包括 5 - 羟色胺等受体及调节神经元兴奋性的基因表达有明显影响。可以和药物联合治疗迅速阻断失眠的发生，特别适用于妇女哺乳期间的失眠治疗，特别是产后抑郁所导致的失眠。

5. 特殊类型失眠患者的药物治疗

（1）老年患者　老年失眠患者首选非药物治疗手段，如睡眠卫生教育，尤其强调接受 CBT－I（Ⅰ级推荐）。当针对原发疾病的治疗不能缓解失眠症状或者无法依从非药物治疗时，可以考虑药物治疗。老年失眠患者推荐使用非苯二氮䓬类或褪黑素受体激动剂（Ⅱ级推荐）。必须使用苯二氮䓬类药物时需谨慎，若发生共济失调、意识模糊、反常运动、幻觉、呼吸抑制时需立即停药并妥善处理，同时需注意服用苯二氮䓬类药物引起的肌张力降低可能导致跌倒等意外伤害。老年患者的药物治疗剂量应从最小有效剂量开始，短期应用或采用间歇疗法，不主张大剂量给药，用药过程中需密切观察药物不良反应。

（2）妊娠期及哺乳期患者　妊娠期妇女使用镇静催眠药物的安全性缺乏资料，由于唑吡坦在动物实验中没有致畸作用，必要时可以短期服用（Ⅳ级推荐）。哺乳期应用镇静催眠药物以及抗抑郁剂需谨慎，避免药物通过乳汁影响婴儿，推荐采用非药物干预手段治疗失眠（Ⅰ级推荐）。现有实验表明经颅磁刺激是治疗妊娠期及哺乳期失眠有前途的方法，但确切的效果需要进一步大样本观察。

（3）围绝经期和绝经期患者　对于围绝经期和绝经斯的失眠妇女，应首先鉴别和处理此年龄组中影响睡眠的常见疾病，如抑郁障碍、焦虑障碍和睡眠呼吸暂停综合征等，依据症状和激素水平给予必要的激素替代治疗，此部分患者的失眠症状处理与普通成人相同。

（4）伴有呼吸系统疾病患者　苯二氮䓬类药物由于其呼吸抑制等不良反应，在慢性阻塞性肺病（COPD）、睡眠呼吸暂停低通气综合征患者中慎用。非苯二氮䓬类药物受体选择性强，次晨残余作用发生率低，使用唑吡坦和佐匹克隆治疗稳定期的轻、中度 COPD 的失眠者尚未发现有呼吸功能不良反应的报道，但扎来普隆对伴呼吸系统疾病失眠患者的疗效尚未确定。

老年睡眠呼吸暂停患者可以失眠为主诉，复杂性睡眠呼吸紊乱者增多，单用唑吡坦等短效促眠药物可以减少中枢性睡眠呼吸暂停的发生，在无创呼吸机治疗的同时应用可提高顺应性，减少诱发阻塞型睡眠呼吸暂停的可能。对高碳酸血症明显的 COPD 急性加重期、限制性通气功能障碍失代偿期的患者禁用苯二氮䓬类药物，必要时可在机械通气支持（有创或无创）的同时应用并密切监护。褪黑素受体激动剂雷美尔通可用于治疗睡眠呼吸障碍合并失眠的患者，但需要进一步的研究。

（5）共病精神障碍患者 精神障碍患者中常存在失眠症状，应该由精神科执业医师按专科原则治疗和控制原发病，同时治疗失眠症状。抑郁障碍常与失眠共病，不可孤立治疗以免进入恶性循环的困境，推荐的组合治疗方法包括：①CBT‑I治疗：CBT‑I治疗失眠的同时应用具有催眠作用的抗抑郁剂（如多塞平、阿米替林、米氮平等）；②抗抑郁剂：抗抑郁剂（单药或组合）加镇静催眠药物，如非苯二氮䓬类药物或褪黑素受体激动剂（Ⅲ级推荐）。需要注意抗抑郁药物和催眠药物的使用有可能加重睡眠呼吸暂停综合征和周期性腿动。焦虑障碍患者存在失眠时，以抗焦虑药物为主，必要时在睡前加用镇静催眠药物。精神分裂症患者存在失眠时，应选择抗精神病药物治疗为主，必要情况下可辅以镇静催眠药物治疗失眠。

6. 失眠的心理行为 治疗心理行为治疗的本质是改变患者的信念系统，发挥其自我效能，进而改善失眠症状。要完成这一目标，常常需要专业医师的参与。心理行为治疗对于成人原发性失眠和继发性失眠具有良好效果，通常包括睡眠卫生教育、刺激控制疗法、睡眠限制疗法、认知疗法和松弛疗法。这些方法或独立，或组合用于成人原发性或继发性失眠的治疗。

（1）睡眠卫生教育 大部分失眠患者存在不良睡眠习惯，破坏正常的睡眠模式，形成对睡眠的错误概念，从而导致失眠。睡眠卫生教育主要是帮助失眠患者认识不良睡眠习惯在失眠的发生与发展中的重要作用，分析寻找形成不良睡眠习惯的原因，建立良好的睡眠习惯。一般来讲，睡眠卫生教育需要与其他心理行为治疗方法同时进行，不推荐将睡眠卫生教育作为孤立的干预方式应用。

睡眠卫生教育的内容包括：①睡前数小时（一般下午4点以后）避免使用兴奋性物质（咖啡、浓茶或吸烟等）；②睡前不要饮酒，酒精可干扰睡眠；③规律的体育锻炼，但睡前应避免剧烈运动；④睡前不要大吃大喝或进食不易消化的食物；⑤睡前至少1小时内不做容易引起兴奋的脑力劳动或观看容易引起兴奋的书籍和影视节目；⑥卧室环境应安静、舒适，光线及温度适宜；⑦保持规律的作息时间；⑧卧床后不宜在床上阅读、看电视、进食等；⑨睡前有条件洗澡或洗脚。

（2）松弛疗法 应激、紧张和焦虑是诱发失眠的常见因素。放松治疗可以缓解上述因素带来的不良效应，因此是治疗失眠最常用的非药物疗法，其目的是降低卧床时的警觉性及减少夜间觉醒。减少觉醒和促进夜间睡眠的技巧训练包括渐进性肌肉放松、指导性想象和腹式呼吸训练。患者计划进行松弛训练后应坚持每天练习2~3次，环境要求整洁、安静，初期应在专业人员指导下进行。松弛疗法可作为独立的干预措施用于失眠治疗（Ⅰ级推荐）。

（3）刺激控制疗法 刺激控制疗法是一套改善睡眠环境与睡眠倾向（睡意）之间相互作用的行为干预措施，恢复卧床作为诱导睡眠信号的功能，使患者易于入睡，重建睡眠‑觉醒生物节律。刺激控制疗法可作为独立的干预措施应用（Ⅰ级推荐）。具体内容：①只有在有睡意时才上床；②如果卧床20分钟不能入睡，应起床离开卧室，可从事一些简单活动，等有睡意时再返回卧室睡觉；③不要在床上做与睡眠无关的活动，如进食、看电视、听收音机及思考复杂问题等；④不管前晚睡眠时间有多长，保持规律的起床时间；⑤日间避免小睡。

（4）睡眠限制疗法　很多失眠患者企图通过增加卧床时间来增加睡眠的机会，但常常事与愿违，反而使睡眠质量进一步下降。睡眠限制疗法通过缩短卧床清醒时间，增加入睡的驱动能力以提高睡眠效率。推荐的睡眠限制疗法具体内容如下（Ⅱ级推荐）：①减少卧床时间以使其和实际睡眠时间相符，并且只有在 1 周的睡眠效率超过 85% 的情况下才可增加 15～20 分钟的卧床时间；②当睡眠效率低于 80% 时则减少 15～20 分钟的卧床时间，睡眠效率在 80%～85% 之间则保持卧床时间不变；③避免日间小睡，并且保持起床时间规律。

（5）认知行为治疗　失眠患者常对失眠本身感到恐惧，过分关注失眠的不良后果，常在临近睡眠时感到紧张、担心睡不好，这些负性情绪使睡眠进一步恶化，失眠的加重又反过来影响患者的情绪，两者形成恶性循环。认知疗法的目的就是改变患者对失眠的认知偏差，改变患者对于睡眠问题的非理性信念和态度。认知疗法常与刺激控制疗法和睡眠限制疗法联合使用，组成失眠的 CBT－I。认知行为疗法的基本内容：①保持合理的睡眠期望；②不要把所有的问题都归咎于失眠；③保持自然入睡，避免过度主观的入睡意图（强行要求自己入睡）；④不要过分关注睡眠；⑤不要因为一晚没睡好就产生挫败感；⑥培养对失眠影响的耐受性。CBT－I 通常是认知疗法与行为治疗（刺激控制疗法、睡眠限制疗法）的综合，同时还可以叠加松弛疗法以及辅以睡眠卫生教育。CBT－I 是失眠心理行为治疗的核心（Ⅰ级推荐）。

三、常用于改善睡眠功能的物品或原料

1. 天麻　含天麻素、天麻苷元、香草醛、香草醇、倍半萜类、嘌呤类等多种成分，其中天麻素是其主要有效成分。研究表明，小鼠腹腔注射给予天麻素或灌胃给予超微天麻粉均有改善睡眠的作用。

2. 五味子　含木脂素、多糖、挥发油、有机酸等多种成分。文献报道，五味子冻干粉可以改善果蝇睡眠，并呈一定的量效和时效关系特性；五味子水煎液可延长大鼠的总睡眠时间和Ⅱ期慢波睡眠时间。研究表明，木脂素是五味子催眠作用的有效成分。

3. 远志　主要成分为皂苷类，现已分离得到 80 多种皂苷。研究表明，远志皂苷类成分具有明显的镇静催眠作用，而且不同条件蜜炙后其安神功效未受影响。

4. 刺五加　主要成分为苷类化合物、多糖和黄酮类，还有香豆素、脂肪酸、挥发油、氨基酸及微量元素等。文献报道，刺五加根水提液及刺五加皂苷均有改善大鼠睡眠的作用。

5. 柏子仁　含柏子仁皂苷、挥发油等成分，种子含柏木醇、谷甾醇及双萜类成分。研究表明，柏子仁皂苷、柏子仁油对实验动物均有镇静催眠效应。

6. 丹参　化学成分可分为脂溶性和水溶性两大部分，前者为丹参酮类，如丹参酮Ⅰ、丹参酮Ⅱd、丹参酮ⅡB；后者主要为酚酸类，如丹参素、原儿茶醛。研究表明，丹参水提物具有明显的镇静催眠作用。

7. 杜仲　含杜仲胶、杜仲苷、杜仲醇、酚类、有机酸、黄酮类等成分。文献报道，杜仲乙酸乙酯部位、水饱和正丁醇、水层溶出部位均具有改善小鼠睡眠的作用，以乙酸乙酯部位更强。

8. 灵芝　灵芝孢子是灵芝生长成熟期从菌盖弹射出来的极其细小的颗粒，富含蛋白质、氨基酸、糖肽类、三萜类物质。文献报道，灵芝孢子粉、灵芝破壁孢粉对小鼠睡眠具有的一定改善作用。此外，不同灵芝类群的药效存在差异，其中紫灵芝和美国大灵芝群改善睡

眠的作用更佳。

9. 女贞子 含齐墩果酸、红景天苷、黄酮类、多糖、挥发油和微量元素等成分。文献报道，女贞子对小鼠具有明显的镇静催眠作用。

10. 褪黑素 作为一种改善睡眠的保健品其独特的优点为：有较为理想的改善睡眠效果。是一种内源性物质，通过对内分泌系统的调节而起作用，对机体来说并非异物，在体内有其自身的代谢途径。不会造成药物及其代谢物在体内蓄积。生物半衰期短，口服几小时后即降至正常人的生理水平。无毒性。

扫码"学一学"

第二节 改善睡眠功能评价实验基本内容及案例

改善睡眠功能仅做动物实验，如认为声称有改善睡眠功能的实验样品配方合理，一般可用大鼠或小鼠进行动物实验。

一、实验项目

1. 直接睡眠实验。
2. 延长戊巴比妥钠睡眠时间实验。
3. 戊巴比妥钠阈下剂量催眠实验。
4. 戊巴比妥钠睡眠潜伏期实验。

二、实验原则

1. 以上四项均为必测项目。
2. 观测被检样品对阳性对照物（如催眠剂戊巴比妥钠）在阈上或阈下剂量时的催眠作用。

三、实验方法

（一）实验动物、剂量分组及受试样品给予时间

选择体重 60 ~ 80 g 离乳大鼠 80 只，雌雄各半，按体重随机分为四组。以推荐量的 10 倍、50 倍、100 倍设三个剂量组，和阴性对照组，共四组。

按大鼠体重的 10% 作为日进食量，计算各剂量组所需受试物量，掺入粉状基础饲料中饲喂。阴性对照组用基础饲料喂饲。连续喂养 30 天。

（二）体重及一般情况观察

实验期间，每三天测量一次体重，动物自由摄食和饮水，每天观察并记录动物的一般表现、行为、中毒症状和死亡情况。每周称一次体重。

（三）观察指标

1. 体重。
2. 睡眠时间。
3. 睡眠发生率。
4. 睡眠潜伏期。

（四）结果判定

以上检测项目中两项为阳性，检测结果判定为有改善睡眠功能。

四、改善睡眠功能动物实验案例简介

酸枣仁改善睡眠功能研究。

（一）动物分组及给药

供试小鼠为雄性 ICR 小鼠，小鼠经 30 天正常饲料喂养适应后，分组进行实验。选取 40 只雄性 ICR 小鼠，体重为（22±2）g。随机分为 4 组，其中样品组每组为 10 只小鼠，对照组每组为 10 只小鼠。样品组设置 3 个不同给药剂量，其剂量分别为 570、1000 和 2000 mg/kg，同时设定蒸馏水为阴性对照组。实验进行 30 天后进行各项指标的测定。

（二）实验项目

（1）直接睡眠实验观察各组小鼠的睡眠发生率。睡眠以翻正反射消失为判断指标，当小鼠置于背卧位时，60 秒内不能翻正者，即认为翻正反射消失，进入睡眠。

（2）延长戊巴比妥钠睡眠时间实验末次给样或蒸馏水 15 分钟后，各组小鼠腹腔注射 50 mg/kg 戊巴比妥钠，注射量为 0.2 mL/20 g，以翻正反射消失为指标，观察睡眠时间。

（3）戊巴比妥钠阈下催眠剂量实验末次给样或蒸馏水 15 分钟后，各组小鼠腹腔注射 30 mg/kg 戊巴比妥钠最大阈下催眠剂量，注射量为 9.2 mL/20 g，观察 30 分钟内入睡（翻正反射消失 1 分钟以上者）小鼠数。

（4）戊巴比妥钠睡眠潜伏期实验末次给样或蒸馏水 20 分钟后，各组小鼠腹腔注射 250 mg/kg 戊巴比妥钠，注射量为 0.2 mL/20 g，以翻正反射消失为指标，观察睡眠潜伏期。

（三）实验结果

1. 直接睡眠实验　小鼠给予样品后，观察 60 分钟内小鼠的活动情况，在此期间样品组与对照组均无睡眠现象发生，小鼠活动正常，说明酸枣仁粉剂没有直接催眠的功能。

2. 延长戊巴比妥钠睡眠时间实验　酸枣仁粉剂对延长戊巴比妥钠睡眠时间的影响。低剂量和中剂量酸枣仁粉剂组能明显延长小鼠睡眠时间，与对照组对比差异极显著（$P < 0.01$），但高剂量组与对照组对比无差异显著性（$P > 0.05$），见表 11 - 1。

表 11 - 1　酸枣仁对延长戊巴比妥钠睡眠时间的影响（$\bar{x} \pm S$）

组别	动物数（只）	剂量（mg/kg）	入睡时间（s）	觉醒时间（s）	睡眠时间（s）
对照	10	0	274.0 ± 39.9	2750.3 ± 1579	2475.4 ± 1575.5
低剂量	16	570	330.9 ± 59.0	4685.0 ± 907.1	4354.1 ± 904.6 *
中剂量	16	1000	381.3 ± 76.3	4617.0 ± 1079.4	4235.6 ± 1110.5 *
高剂量	15	2000	474.6 ± 157.4	3017.9 ± 1453	2543.3 ± 1501.0

注：与对照组相比，* $P < 0.05$。

3. 戊巴比妥钠阈下催眠剂量实验　酸枣仁粉剂对戊巴比妥钠阈下催眠睡眠发生率的影响的影响见表 11 - 2。中剂量和高剂量组均能明显增加小鼠在 30 分钟内的入睡率，与对照组对比差异显著（$P < 0.05$），而低剂量组与对照组对比差异不显著（$P > 0.05$）。

表 11 - 2　酸枣仁对戊巴比妥钠阈下催眠剂量的影响（$\bar{x} \pm S$）

组别	动物数（只）	剂量（mg/kg）	睡眠数	睡眠发生率（%）
对照	16	0	3	18.75
低剂量	15	570	6	40
中剂量	16	1000	10*	62.5*
高剂量	16	2000	9*	56.25*

注：与对照组比较，* $P < 0.05$。

4. 戊巴比妥钠睡眠潜伏期实验　酸枣仁粉剂对戊巴比妥钠睡眠潜伏期入睡时间的影响见表 11 - 3。3 种剂量酸枣仁粉剂和对照组对比均没有缩短入睡时间，而且与对照组对比没有显著性差异（$P > 0.05$）。

表 11 - 3　酸枣仁睡眠潜伏期的影响（$\bar{x} \pm S$）

组别	动物数（只）	剂量（mg/kg）	入睡所需时间（s）
对照	10	0	1674.7 ± 449.5
低剂量	16	570	1942.1 ± 8761
中剂量	15	1000	1965.5 ± 482.8
高剂量	16	2000	1825.3 ± 513.3

（四）结果判定

综上所述，酸枣仁粉剂中剂量组没有明显直接催眠作用，并且延长戊巴比妥钠睡眠时间实验与戊巴比妥钠阈下催眠剂量实验两项呈阳性。根据保健食品检测评价方法，证明酸枣仁粉剂中剂量组具有改善睡眠的作用。

第三节　改善睡眠功能评价实验检测方法

扫码"学一学"

一、实验动物睡眠时间的测量

1. 实验材料　改善睡眠功能的实验样品配方。

2. 剂量分组　以日推荐量的 2 倍、10 倍、30 倍设三个剂量组，各加蒸馏水至 100 mL。为低，中，高剂量，另设一阴性对照组（蒸馏水）。

3. 操作步骤　选体重 18 ~ 22 g 雌性小鼠 40 只，随机分为四组，每组 10 只，各组均每天经口灌胃给予受试物一次，连续 30 天。灌胃容量为 0.2 mL/10 g。同时调整灌胃量，末次灌胃结束后 15 分钟，给各组动物腹腔注射戊巴比妥钠（80 mg/kg，临用前现配），注射量 0.1 mL/10 g。以翻正反射消失为指标，观察受试样品能否延长戊巴比妥钠睡眠时间。

4. 结果判定　延长戊巴比妥钠睡眠时间，低、中剂量组与对照组比较无显著性差异。高剂量组与对照组比较有显著性差异。并有剂量反应关系，表明在戊巴比妥钠催眠的基础上，该受试物能延长睡眠时间，说明该受试物与戊巴比妥钠有协同作用。

二、实验动物睡眠发生率的测量

1. 实验材料　改善睡眠功能的实验样品配方。

2. 剂量分组　以推荐量的 2 倍、10 倍、30 倍设三个剂量组，各加蒸馏水至 100 mL，分别为低、中、高剂量，另设一阴性对照组（蒸馏水）。

3. 操作步骤　选体重 18～22 g 雌性小鼠 40 只，随机分为四组，每组 10 只，各组均每天经口灌胃给予受试物一次，连续 30 天。灌胃容量为 0.2 mL/10 g。同时调整灌胃量，末次灌胃结束后 15 分钟，给各组动物腹腔注射戊巴比妥钠（40 mg/kg，临用前现配），注射量 0.1 mL/10 g。以翻正反射消失达 1 分钟以上者为指标，记录 30 分钟内入睡动物数。

4. 结果判定　入睡小鼠数，低、中剂量组与对照组比较均无显著性差异。高剂量组与对照组比较有显著性差异。说明该受试物在高剂量时具有促进小鼠入睡作用。

三、实验动物睡眠潜伏期的测量

1. 实验材料　改善睡眠功能的实验样品配方。

2. 剂量分组　以日推荐量的 2 倍、10 倍、30 倍设三个剂量组，各加蒸馏水至 100 mL，分别为低、中、高剂量，另设一阴性对照组（蒸馏水）。

3. 操作步骤　选体重 18～22 g 雄性小鼠 40 只，随机分为四组，每组 10 只，各组均每天经口灌胃给予受试物一次，连续 30 天。灌胃容量为 0.2 mL/10 g。同时调整灌胃量，末次灌胃结束后 15 分钟，给各组动物腹腔注射戊巴比妥钠（300 mg/kg，临用前现配），注射量 0.1 mL/10 g。以翻正反射消失为指标，观察受试样品对戊巴比妥钠睡眠潜伏期的影响。

4. 结果判定　戊巴比妥钠睡眠潜伏期时间，低、中剂量组与对照组比较均无显著性差异。高剂量组与对照组比较有高度显著性差异，并有剂量反应关系，表明在戊巴比妥钠催眠的基础上，该受试物能缩短入睡潜伏期，说明该受试物与戊巴比妥钠有协同作用。

四、结果判定

以上检测项目中两项为阳性，检测结果判定为有改善睡眠功能。

本章小结

睡眠有助于人们日常的工作和学习。科学提高睡眠质量，是人们正常工作学习生活的保障。失眠包括原发性失眠和继发性失眠。原发性失眠通常缺少明确病因，主要包括心理生理性失眠、特发性失眠和主观性失眠 3 种类型。继发性失眠包括由于躯体疾病、精神障碍、药物滥用等引起的失眠，以及与睡眠呼吸紊乱、睡眠运动障碍等相关的失眠。动物入睡标志是翻正反射消失，即翻转动物使其处于背卧位，如动物不能翻正使腹面向下，即显示动物翻正反射消失，说明动物已经入睡。反之，说明动物处于觉醒而未入睡。对于改善睡眠功能的保健食品的必测试的项目有体重、睡眠时间、睡眠发生率、睡眠潜伏期四项。以上检测项目中两项为阳性，检测结果判定为有改善睡眠功能。

扫码"练一练"

? 思考题

1. 简述睡眠和失眠的生理变化与健康的关系。

2. 失眠有哪些类型？对健康的危害如何？

3. 改善睡眠功能的必测项目有几项？分别是什么？

4. 改善睡眠功能评价实验的结果如何判断？

5. 举出目前保健食品中具有改善睡眠的原材料，并简述其改善睡眠的机制。

（唐小峦）

第十二章　提高缺氧耐受力功能评价

第一节　缺氧耐受力及相关保健食品

扫码"学一学"

一、缺氧的概念

人或动物在生长、发育过程中，当组织细胞得不到代谢活动所必需的氧时，导致肺泡氧分压和血氧饱和度降低，组织细胞不能从血液获得所需的氧进行正常氧化代谢而出现的一系列症状，称为缺氧症，简称缺氧。

缺氧广泛存在于人类的生活与工作中，尤其在高原环境、高空或剧烈的运动过程中，以及呼吸和循环系统的某些疾病或急性失血等情况下。由于细胞内80%以上的氧在线粒体内氧化磷酸化过程中用于腺苷三磷酸（ATP）的生成，所以缺氧条件下ATP的生成受阻，二磷酸腺苷（ADP）及磷酸基团（Pi）增加，无氧酵解加强，乳酸的生成增加，对体内各种需能过程产生广泛的影响。这些缺氧症状一般包括：心跳加快、口干、嘴唇发紫、头晕、头痛，进一步可出现恶心、呕吐、食欲下降、腹胀、腹泻、心悸、呼吸短促甚至水肿以至全身乏力、失眠、昏迷等。

根据引起缺氧的原因，可将其分为缺氧性缺氧症、缺血性缺氧症、循环性缺氧症和组织性缺氧症。若按发生速度分，常分为暴发性缺氧症、急性缺氧症、亚急性缺氧症和慢性缺氧症。但不论是哪一种分类，哪一类缺氧症，共同的基本特征是：对机体的危害视缺氧程度而定，一般短暂而且程度轻的缺氧，可使机体从外界获得更多的氧气以满足体内氧气的不足；如果长时间或急剧的缺氧，则可由于机体氧化代谢受阻，能量产生不足甚至耗竭，引起严重的功能障碍，或病理性改变，出现许多相关性的疾病，并可能最终导致生命活动的终止。

二、各类型缺氧的发生机制

（一）缺氧性缺氧症

缺氧性缺氧症是指各种原因引起的动脉血氧分压下降，以致动脉血氧含量减少的缺氧状态，故缺氧性缺氧症又称为低张性低氧血症，属于氧的摄入障碍。

1. 原因和机制 根据人体对缺氧的生理耐受程度，可将高原分为无反应区（3000 m 以下）、代偿区（3000~4500 m）、障碍区（4500~6000 m）、危险区（6000~7000 m）和休克致死区（7000 m 以上）。缺氧性缺氧症多发生于海拔 4000 m 以上高原地区，该地区具有大气压与氧分压、沸点、气温低，太阳辐射与电离辐射强，气流快等特点。高原这些特殊气候对动植物和人都会产生影响，其中温度与气流等对植物影响较大，而大气压力与氧分压低（缺氧）对人体影响明显。肺泡气和动脉血氧分压也随大气氧分压的降低而下降，毛细血管血液与细胞线粒体间氧分压梯度差缩小，从而引起组织缺氧，又称大气性缺氧。机体血氧饱和度低于 80%，出现缺氧症状。在通风不良的矿井、坑道以及吸入空气被惰性气体或麻醉剂过度稀释时，可因吸入气中氧分压低而引起缺氧。

由于高原往往是军事、旅游、体育、科研、医学和经济的重要地区，常年有大量的人群居住和工作。人在高原，首先是由于大气中氧分压低，导致肺泡氧分压与血氧饱和度降低，组织细胞不能从血液中获得充足的氧进行正常有氧代谢。人在高原受缺氧的影响是持续不断的，不因季节、昼夜、性别、年龄等因素的不同而有明显差别。因此，人进入高原后，每时每刻都受到缺氧的影响，因海拔高度和个体对缺氧敏感性等方面的差异，会出现不同程度的缺氧反应。部分人群可出现一系列不适反应。轻者表现为头晕、头痛、失眠、乏力、四肢麻木等；重者可产生高原性肺水肿，患者表现呼吸困难，吐粉红色或白色泡沫痰，肺部有湿啰音，皮肤黏膜青紫色等。寒冷、肺部感染、劳累、过量吸烟饮酒、精神紧张等都可能诱发高原肺水肿。缺氧引起交感神经兴奋，外周血管收缩，回心血量增加，呼吸加深，也能使肺血量增多，体液容易渗出。缺氧和交感神经兴奋可能激活肺泡巨噬细胞、肥大细胞，释放血管活性物质，使血管壁通透性增加等。上述因素皆是肺水肿形成的可能机制。高原肺水肿一旦发生，将明显加重机体缺氧。

2. 缺氧性缺氧症的特点 氧气摄入不足使动脉血氧分压下降是缺氧性缺氧症的基本特征。氧分压在 8.0 kPa（60 mmHg）以上时，氧解离曲线近似水平线，氧分压的变化对血氧饱和度影响很小。有报道在海拔 2000 m 高原上，肺泡中氧分压可降到 10.64 kPa（80 mmHg）左右，但血氧饱和度仍能维持在 90% 以上，从而保持了全身组织细胞氧的供应。动脉血氧分压一般要降至 8.0 kPa（60 mmHg）以下才会引起组织缺氧。此时，氧离曲线坡度转向陡直，氧分压只要略有降低，血氧饱和度、血氧含量就会显著减少。血氧饱和度降低意味着动脉血氧含量随之下降，细胞因得到氧减少而造成缺氧。

在产生缺氧性缺氧症时，血红蛋白无异常变化，故血氧容量可以保持正常。但是机体会出现发绀现象。这是因为氧结合血红蛋白为鲜红色，脱氧血红蛋白为暗红色。当血氧饱和度下降时，毛细血管中脱氧血红蛋白量迅速增加，其暗红色的程度足以使表皮呈现青紫色，这种现象被称为发绀。血氧饱和度在 85% 以下即可出现发绀。

（二）缺血性缺氧症

缺血性缺氧症指由于血红蛋白的量减少或血红蛋白的性质发生改变，致使血液携带氧的能力降低，血氧含量减少，导致供养不足。这类缺氧，由于血液中溶解氧不受血红蛋白的影响，因而动脉血氧分压正常。

1. 原因和机制

（1）贫血　各种原因的贫血，使血红蛋白的量减少，血氧容量亦下降。这是一类十分常见的缺氧病因，产生的现象类似缺氧性缺氧。但严重贫血时，血红蛋白显著减少，面色苍白，因此贫血患者一般不出现发绀现象。

（2）高铁血红蛋白症　正常血红蛋白有 4 个 Fe^{2+} 血红素亚基，可与氧结合而形成氧合血红蛋白。若 Fe^{2+} 被氧化成为 Fe^{3+}，生成的高铁血红蛋白则失去携氧的能力，后者也被称为变性血红蛋白或羟化血红蛋白。

高铁血红蛋白的 Fe^{3+} 失去结合氧的能力，或者 4 个血红素中有 1~2 个 Fe^{2+} 变为 Fe^{3+}，其余 Fe^{2+} 血红素亚基虽然能结合氧，但不容易与氧解离。所以，高铁血红蛋白血症比贫血造成的缺氧更为严重。高铁血红蛋白量超过血红蛋白总量的 10% 就可以出现缺氧表现；达到 40% 左右可出现严重缺氧，表现全身青紫、意识不清及昏迷症状。

高铁血红蛋白血症主要见于亚硝酸盐等物质中毒。新腌制的酸菜、变质的剩菜中因含有较多的硝酸盐，大量食用后在肠道菌群的作用下将硝酸盐转化为亚硝酸盐，亚硝酸盐可使低铁血红蛋白转化为高铁血红蛋白，从而导致缺氧发生。高铁血红蛋白呈现棕褐色，患者可出现类发绀，亦称为"肠源性发绀"。

（3）一氧化碳中毒　一氧化碳与血红蛋白的亲和力是氧的 210 倍。当吸入一氧化碳后，它就迅速地与血红蛋白结合，形成碳氧血红蛋白（COHb），使血红蛋白与氧结合的量减少，导致机体缺氧。一氧化碳还能抑制红细胞内的糖酵解，不利于氧的释放。所以一氧化碳中毒既妨碍血红蛋白与氧的结合，又妨碍氧的解离，危害极大。当机体血中 COHb 含量达到 10% 时即可出现中毒症状；达 50% 时为重度中毒，可导致中枢神经系统和心脏系统严重损伤；高达 70% 时，中毒者可因心脏和呼吸功能衰竭而死亡。一氧化碳中毒时，因为血液中的碳氧血红蛋白呈现鲜红色，导致患者的皮肤、黏膜可显红色。

一氧化碳与血红蛋白的结合是可逆的。因此，中毒患者应立即转移至空气流通好的地方或者吸氧。对于严重的中毒患者，最好吸入纯氧，通过氧与一氧化碳竞争性地与血红蛋白结合而明显加速一氧化碳的排出。

2. 缺血性缺氧的特点　缺血性缺氧时，因吸入气中的氧分压和外呼吸功能是正常的，所以动脉血氧分压正常，其血氧饱和度也正常。由于血红蛋白数量减少或者性质的变化，因而血氧容量降低，血氧含量亦随之降低。

缺血性缺氧患者的动脉血氧分压虽然正常，但是血液的携氧量减少，因此向组织释放氧量减少，动静脉血氧含量差亦减小。

（三）循环性缺氧症

循环性缺氧是指由于血液循环发生障碍，导致组织供血量减少而引起的缺氧，又称低动力缺氧。血管狭窄、血栓、心力衰竭、休克等均可引起循环性缺氧。

1. 原因和机制

（1）循环性缺氧　常见于因心力衰竭、休克引起的全身性供血不足；动脉粥样硬化引起的血管狭窄、闭塞；血管痉挛、栓塞等引起的局部性供血不足，导致组织获取的氧量不足。

（2）淤血性缺氧　见于静脉回流出现障碍。心力衰竭会造成静脉回流障碍、静脉淤血，使血液循环时间延长、血流缓慢，组织获得的新鲜血液减少，从而造成组织的供氧不足。心衰造成的器官淤血、水肿亦会加重组织缺氧（氧弥散距离加大），左心衰竭更因肺淤血和肺水肿而影响呼吸功能，使动脉血氧分压下降，并存缺氧性缺氧。

2. 循环性缺氧的特点　一般情况下由于氧的摄入和血液携带氧的能力并未受影响，因此动脉血的氧分压、氧容量、氧含量和血氧饱和度均正常。但由于血流缓慢导致供给组织的血流量减少，组织从单位容积血液内摄取的氧增多，静脉血氧分压、血氧饱和度和血氧含量降低显著，因而动静脉血氧含量差加大。

由于组织从单位容积血液内摄取的氧增多，毛细血管中脱氧血红蛋白量增大，因此循环性缺氧患者多有明显发绀现象。

（四）组织性缺氧症

组织性缺氧是指由于组织利用氧的能力降低，生物氧化反应不能正常进行而发生的缺氧。

1. 原因和机制

（1）组织中毒　呼吸链是最终供给各组织氧的主要通路。不少毒物如氰化物、砷化物、硫化物、汞化物、甲醇等可引起线粒体呼吸链的损伤，阻碍电子传递，致使组织不能利用氧。其中最典型的是氰化物中毒。各种氰化物可通过消化道、呼吸道和皮肤进入人体内，氰离子（CN^-）可迅速与氧化型细胞色素氧化酶的三价铁结合转化为氰化高铁细胞色素氧化酶，使之不能转变为还原型细胞色素氧化酶，不能向氧传递电子，电子传递链中断，造成用氧障碍。

（2）细胞损伤　机体产生过量自由基可以损伤包括线粒体在内的质膜，造成其功能损害。细菌毒素如内毒素亦可造成线粒体损害，导致细胞用氧障碍。

（3）呼吸酶辅酶的严重缺乏　维生素 B 族，尤其是维生素 B_1、维生素 B_2 和烟酰胺均为机体呼吸链的递氢体黄素蛋白、NADH（烟酰胺腺嘌呤二核苷酸还原态）、NADPH（烟酰胺腺嘌呤二核苷酸磷酸还原态）的辅因子。这些维生素的重度缺乏，可使呼吸酶功能障碍，组织细胞用氧过程也会发生障碍。而机体在缺氧状态时又会加剧这些维生素的排出，从而形成恶性循环。据报道，在组织缺氧时，大鼠肝、肾等组织中维生素 B_1、维生素 B_2 含量比对照组明显减少。

2. 组织性缺氧的特点　组织性缺氧表现为动脉血氧分压、血氧容量、血氧含量和血氧饱和度均正常。由于组织利用氧障碍，故静脉血氧分压及氧含量高于正常，动静脉血氧含量差小于正常，毛细血管中氧含量高于正常，无发绀现象。

上述四种类型缺氧可以单独存在，也可以混合性缺氧。

三、缺氧对机体生理功能的影响

1. 对神经系统的影响　在机体所有组织中，神经系统，特别是大脑皮层对缺氧最为敏感。每克脑组织在 1 分钟内需氧约 0.09 ~ 0.10 mL，几乎是肌肉组织需要量的 20 倍。进入机体的氧，约有 25% 被约占体重 2.5% 的大脑所利用，因此，缺氧条件下高级神经活动的改变出现较早。

轻度缺氧时，皮层下中枢损害较轻，兴奋过程占优势，交感神经肾上腺髓质系统处于兴奋状态，化学感受器对缺氧刺激的冲动能够做出一系列适应代偿性反应，如通气量增加，心跳加速，心输出量增多，血流加快。在心理活动上有情绪不稳和兴奋现象等。如果这种适应性超过一定限度，某些器官的负担过重，则给机体带来不良影响。中度缺氧时，某些与机体积极适应功能无关或关系较小的皮层中枢内抑制过程进一步破坏，兴奋过程减弱，超限抑制发展，某些与机体积极适应功能有关的皮层中枢兴奋过程和内抑制过程加强，不出现超限抑制。因此对一些与机体适应有关的器官的调节作用加强。严重缺氧时，由于皮层细胞发生严重营养代谢障碍，则兴奋过程和条件反射逐渐减弱，抑制过程逐渐加深，从皮层向皮层下中枢扩散，导致生理功能调节障碍。

缺氧对自主神经系统也有明显的影响。轻度缺氧时，感受器神经紧张性增强，如眼皮颤抖、头痛、易怒。严重缺氧时，出现副交感神经紧张力增强和迷走神经过敏综合征，如恶心、呕吐、头痛等。同时感受器官功能也发生改变，出现味觉、视觉和触觉等的敏感性降低。而脑电图的典型变化是振幅增大，并出现 7 周/秒以下的慢波，以后随缺氧加重，慢波占优势，频率下降。

2. 对消化系统的影响　缺氧状态下，动物或人对食物的摄取减少，出现食欲下降、恶心、呕吐、各类消化腺的分泌量均有所下降，消化功能减弱，胃的排空时间延长，肠的活动受到抑制，张力减弱，蠕动速度和幅度减小，多有消化不良。胃肠黏膜血管扩张，血流淤滞，血栓形成，易引起消化道出血。肠道的吸收功能在轻度缺氧时没有大的影响，但随着缺氧程度的加重，肠道的吸收功能也逐渐减弱；严重缺氧时肝细胞坏死，出现黄疸。

3. 对呼吸系统的影响　缺氧开始时，呼吸系统改变明显，呼吸频率加快，肺活量加大，肺通气量增加，肺泡内氧分压增高，同时肺泡开放，肺表面积增大，肺泡表面活性物质增多，肺动脉压增高，这些改变有利于向组织供氧。而缺氧及迷走神经反射性兴奋会引起支气管平滑肌收缩，使肺非弹性阻力增加。中度缺氧时，肺表面活性物质减少，弹性回缩力下降。过度换气能使二氧化碳排出过多，血液 pH 升高，出现碱血症；肺动脉高压又常导致右心室肥大和高原性心脏病的发生。

4. 对循环系统的影响　缺氧时，首先出现心跳加快，其适应意义是力图增加心输出量，利于组织供氧；中度缺氧时，心率增加但每搏输出量逐渐呈进行性下降；严重缺氧时，心率减慢；极度缺氧时，心率可再次增加，或伴有心律不齐，随后极度减慢，直到脉搏停止。而在急性缺氧时，脑的血流增加以提高血液运氧能力，但持续性增加可能导致脑水肿发生。冠状血流增加或减少，肾血流不变或稍有增加，皮肤血流减少。

5. 对泌尿系统的影响　机体处于缺氧状态时，肾血流量、肾血浆流量均减少，而缺氧引起的大脑垂体后叶抗利尿激素分泌增加，故出现少尿现象，时间越长，体力负荷越大，出现蛋白尿的机会越多。

6. 对内分泌系统的影响　甲状腺是氧耗时的主要调节者，缺氧可抑制甲状腺的功能，切除甲状腺的动物对缺氧的耐受力增强，注射甲状腺素的动物对缺氧的耐受力降低。缺氧初起时，交感肾上腺系统兴奋性增强，表现为肾上腺素和去甲肾上腺素浓度增加，尿中儿茶酚胺排除增多，以后逐渐趋于正常。

四、常用于提高缺氧耐受力功能的物品或原料

1. 红景天 景天科红景天属多年生草本植物，高 10~20 cm，花红色。主要品种有大花红景天，长鞭红景天、高山红景天等。主要生长于海拔 1700 m 以上的青藏高原和东北长白山地区。全世界约有 90 多种品种，中国占 70 多种，主要利用其根、茎、叶。主要成分红景天苷、黄酮、核酸、超氧化歧化酶等。

红景天是近年来新发现的药用植物，其中藏药狭叶红景天用于多种动物缺氧模型，均可显著提高对缺氧的耐受力。由耗氧量测定、减压缺氧和窒息性缺氧实验的结果可发现，藏药狭叶红景天能降低氧耗速度，延长动物在缺氧环境中的生存时间，尤其是能降低动物中枢神经系统的氧耗速度，提高大脑对氧耗的耐力，对脑的缺氧有一定的保护作用。通过血氧分析结果还发现，藏药狭叶红景天可迅速升高兔动脉氧分压，显示该植物还具有增加供氧的作用，这种作用很可能是药物通过兴奋呼吸中枢，提高了动物呼吸功能的结果。

2. 深海鲨鱼肝油和角鲨烯（鲨烯） 由栖息于海水深 300~1000 m 的深海鲨鱼的肝脏中提取并精制而成。鲨鱼中的深海鲨鱼是特殊的一族，属油鲨科，不出现于沿岸或近海海域，肝脏比一般鲨鱼为大，约占总体重的 17%~25%，肝脏中含油量在 75% 以上，其中 80%~90% 为角鲨烯（化学名：三十碳六烯酸）。角鲨烯除大量存在于深海鲨鱼肝油中外，也广泛存在于蔬菜、水果及酵母脂类、棕榈油、棉籽油、菜籽油等植物油中，但量极微。也或多或少存在于人的大脑、小脑、甲状腺、淋巴结、肌腱、皮下脂肪、动脉壁内膜、皮肤、肺、心肌、骨骼肌、肝脏、胰脏、肾脏、卵巢、子宫、睾丸、脾脏、胆囊、前列腺、大肠及红细胞等中，这也可看出其存在和作用的广泛。

主要生理功能是提高缺氧耐受力，增强体内氧的输送能力。进入体内的角鲨烯具有类似红细胞血红蛋白摄取、携氧和释放氧的功能，能生成活化的氧化角鲨烯，随血液被输送至机体末端细胞释放出氧，增强机体组织对氧的利用能力，加速克服缺氧所引起的症状。它能有效地增加血液氧分压、氧含量和氧饱和度，增加组织细胞氧的利用率，从而为组织细胞制备能量提供充裕的物质基础，并使脑细胞获得足够的能量，使更多的脑细胞参与大脑活动，从而活跃思维，提高大脑工作效率。

此外，角鲨烯还具有免疫能力、改善肝功能、提高血清中有益的高密度脂蛋白，减少有害的超低密度脂蛋白和低密度脂蛋白的比例等功能。

3. 山药（薯蓣）和山药多糖 薯蓣科植物薯蓣的干燥根茎。以河南怀庆所产者最著名，因坚实、粉足、色白，有"怀山药"之称。主要成分是含薯蓣皂苷，酸水解后得薯蓣皂苷元（含量约 0.1%），山药素 I、II、III、IV、V，尿囊素，山药多糖。主要生理功能有：增加免疫力作用；提高缺氧耐受力作用；抗氧化作用；辅助降血糖作用。

4. 党参 桔梗科植物党参的干燥根。于秋季采挖后清洗、干燥而成。呈长圆柱或圆锥形，长 15~45 cm，直径 0.5~2.5 cm，表面灰黄或棕黄色，质坚韧，断面较平整。微有香气，味甜，嚼之无渣。产于东北、华北、西北、华东、西南各地。主要成分党参皂苷，党参多糖、磷脂类、胆碱、蒲公英萜醇、木栓酮、豆甾醇、豆甾烯醇、苍术内酚，以及菊糖、果糖等。主要生理功能有：缓解体力疲劳作用；提高缺氧耐受力作用；增强免疫力、辅助改善记忆力等功能。

5. 人参 在中医学中被列为补气养阴、扶正固本药，它具有多种多样的药理作用，能增强机体非特异性抵抗力，对高温、低温、超重、电离辐射、缺氧、有毒物质对机体的损害有保护作用，并具有缓解体力疲劳、抗衰老的功效。它对中枢神经系统特别是其高级部位有某些特异作用，能最优地调节其兴奋和抑制过程，从而提高功效并减少能量的消耗。7000 m 高空缺氧条件下，人参苷对脑皮层神经元细胞器的超微结构有明显的保护作用，而且还可抑制内源性糖原的利用，增强组织呼吸，促进无氧糖酵解，在缺氧条件下提高产能水平。一方面降低能耗，一方面提高产能，所以能保护神经元免受缺氧损害。另外，人参苷可以增加红细胞的2，3 - 二磷酸甘油酸的浓度，降低血红蛋白对氧的亲和力，从而向组织释放更多的氧，满足其对氧的需要。此外还有清除自由基的作用。

6. 刺五加 五茄科植物刺五加的干燥根茎供用。与人参同科，因此有一些近似于人参的性质。根茎呈结节状不规则圆柱形，多扭曲不直，直径 1.4 ~ 4.2 cm，长 7.5 ~ 12 cm。表面灰棕至黄棕色，皮较薄，易剥离。略有特殊香气，味略辛，稍苦涩。主要成分刺五加苷A、B（亦称丁紫香苷）、B_1、C、D、E、F、G、I、K、L、M（后四种为三萜皂苷），总苷含量 0.6% ~ 1.5%（根茎部，干重）。碱溶性多糖（2.6% ~ 6.0%）、水溶性多糖（2.5% ~ 5.7%），共分离得刺五加多糖 A ~ G 七种，以及芦丁等。主要生理功能有：缓解体力疲劳作用；提高缺氧耐受力。

7. 1，6 - 二磷酸果糖 主要生理功能如下。

（1）改善缺氧条件下心肌细胞的能量代谢 心肌缺氧后的能量只能由糖酵解来提供，而1，6 - 二磷酸果糖能改善和恢复心肌缺氧状态时的能量代谢，同时还能提高心肌的工作效率。

（2）避免在缺氧和缺血条件下的组织损伤 1，6 - 二磷酸果糖可抑制心肌缺血时氧自由基的产生，从而保护组织不受损伤。

（3）改善由心功能衰竭时所导致的肾功能下降。

（4）对急性心肌梗死、心功能不全、冠心病、心肌缺血，可作为辅助品。

（5）能促进肝细胞 DNA 的蛋白质的合成。

8. 营养素 食物中的能源物质主要是糖类、脂肪和蛋白质，通过其有氧氧化代谢供应体内的热能。有研究认为，缺氧时膳食营养组成的适宜比例是蛋白质、脂肪、糖类占总热能的15%、25%和60%。由于单纯的营养缺乏病较少见，而补给充足且搭配合理的维生素，对于其他营养素的代谢及充分的利用是大有裨益的。另一方面，由于铜、铁、锰等离子是细胞内多种金属酶的组成成分和激活因子，如铜、铁的含量与细胞色素氧化酶、琥珀酸脱氢酶、过氧化氢酶及铜蓝蛋白有密切关系，所以运动员的运动能力与细胞中这些元素的含量有关。有研究指出，有训练的运动员这些元素在血细胞中的含量比新手高，细胞内铜、铁、锌、锰含量的增加和血液运氧能力的增强，可以看作是机体对运动负荷适应的表现。因此在缺氧条件下应特别注意防止多种微量元素缺乏的发生，适量的补充这些微量元素，能明显改善机体对低氧环境的适应能力，增加机体外呼吸功能并使多种在造血功能方面有重要作用的金属酶活性升高。但在任何需要补充营养的情况下，都应注意不同营养素间的相互关系。如增加维生素的供给量，能促进铜、铁、锰等元素的代谢和金属蛋白复合物的分解，使这些元素的排出量增加，而将铜、铁、锰与复合维生素及谷氨酸结合使用，则对代谢有良好作用，不同微量元素间配比也很重要。

第二节　提高缺氧耐受力功能评价实验基本内容及案例

扫码"学一学"

一、实验项目

1. 体重。

2. 常压耐缺氧实验　存活时间。

3. 亚硝酸钠中毒存活实验　存活时间。

4. 急性脑缺血性缺氧实验　喘气时间。

二、实验原则

所列指标均为必做项目。

三、实验方法

（一）实验动物选择

成年健康小鼠，单一性别，18~22 g，每组 10~15 只。

（二）动物实验剂量分组及受试样品给予时间

实验设 3 个剂量组和 1 个空白对照组，以人体推荐量的 10 倍为其中的 1 个剂量组，另设 2 个剂量组，必要时设阳性对照组。受试样品给予时间原则上不少于 30 天，必要时可适当延长。

（三）提高缺氧耐受力功能评价实验方案

1. 常压耐缺氧实验　将动物置于缺氧环境中，以呼吸停止为指标，观察小鼠因缺氧而死亡的时间，记为存活时间。

2. 亚硝酸钠中毒存活实验　末次给样品 1 小时后，各组动物按 200~240 mg/kg 剂量腹腔注射亚硝酸钠（注射量为 0.1 mL/10 g），立即计时，记录动物存活时间。

3. 急性脑缺血缺氧实验　末次给样品 1 小时后，各组动物（在乙醚浅麻醉下）自颈部逐只断头，立即按秒表记录小鼠断头后至张口喘气停止时间，记为存活时间。

（四）结果判定

常压耐缺氧实验、亚硝酸钠中毒存活实验、急性脑缺血性缺氧实验 3 项实验中任二项实验结果阳性，可判定该受试样品具有提高缺氧耐受力的作用。

四、提高缺氧耐受力功能评价动物实验案例简介

某红景天保健食品的提高缺氧耐受力功能动物实验研究。

（一）材料与方法

1. 实验动物　雌性昆明种小鼠，120 只，体重 18~22 g。

2. 主要仪器和试剂　250 mL 磨口瓶、秒表、凡士林、钠石灰、亚硝酸钠、1 mL 注射器、剪刀、电子天平。

3. 提高缺氧耐受力功能评价方法 实验设 83.3 mg/（kg·bw）、166.6 mg/（kg·bw）、250.0 mg/（kg·bw）3 个剂量组（分别相当于人体推荐量的 10 倍、20 倍、30 倍），对红景天胶囊进行对小鼠体重的影响实验、常压耐缺氧实验、亚硝酸钠中毒存活实验、急性脑缺血性缺氧实验。

（二）实验结果

1. 某保健食品对小鼠体重的影响 各剂量组及对照组动物的初始体重经统计学处理，方差齐（$P > 0.05$），且方差分析结果（$P > 0.05$），表明各组动物的初始体重是均衡的。3 个剂量组动物的中期体重和结束时体重与对照组比较，经统计学处理，均无显著性差异（$P > 0.05$）。

2. 某保健食品对小鼠常压耐缺氧时间的影响 实验结果见表 12 - 1。

表 12 - 1 某保健食品对小鼠常压耐缺氧时间的影响（$\bar{x} \pm S$）

剂量 [mg/（kg·bw）]	动物只数	存活时间（min）	P 值
0	10	20.49 ± 3.05	—
83.3	10	21.03 ± 1.78	0.914
166.6	10	23.25 ± 2.69	0.031
250.0	10	23.08 ± 1.37	0.045

由表 12 - 1 可见，3 个剂量组小鼠的常压耐缺氧时间与对照组比较，经统计学处理，除低剂量组无显著性差异（$P > 0.05$），中、高剂量组常压耐缺氧时间延长有显著性差异（$P < 0.05$）。

3. 某保健食品对小鼠亚硝酸钠中毒存活时间的影响 实验结果见表 12 - 2。

表 12 - 2 某保健食品对小鼠亚硝酸钠中毒存活时间的影响（$\bar{x} \pm S$）

剂量 [mg/（kg·bw）]	动物只数	存活时间（min）	P 值
0	10	12.30 ± 1.94	—
83.3	10	13.01 ± 1.69	0.751
166.6	10	12.83 ± 0.72	0.873
250.0	10	13.77 ± 2.87	0.238

由表 12 - 2 可见，3 个剂量组小鼠亚硝酸钠中毒存活时间与对照组比较，经统计学处理均无显著性差异（$P > 0.05$）。

4. 某保健食品对小鼠急性脑缺血性缺氧时间的影响 实验结果见表 12 - 3。

表 12 - 3 某保健食品对小鼠急性脑缺血性缺氧实验的影响（$\bar{x} \pm S$）

剂量 [mg/（kg·bw）]	动物只数	存活时间（min）	P 值
0	10	19.90 ± 2.08	—
83.3	10	20.70 ± 3.53	0.806
166.6	10	22.70 ± 1.42	0.039
250.0	10	22.80 ± 2.25	0.031

由表 12 - 3 可见，3 个剂量组小鼠急性脑缺血性缺氧时间与对照组比较，经统计学处理，除低剂量组无显著性差异（$P > 0.05$），中、高剂量组急性脑缺血性缺氧时间延长均有

显著性差异（$P < 0.05$）。

（三）结果判定

该保健食品连续 30 天经口灌胃给予雌性小鼠后，可见动物生长良好，体重持续增长。中、高剂量组能明显延长小鼠常压耐缺氧时间，常压耐缺氧实验结果为阳性；中、高剂量组能显著延长小鼠急性脑缺血性缺氧时间，急性脑缺血性缺氧实验结果为阳性；对小鼠亚硝酸钠中毒存活实验结果为阴性。按《保健食品检验与评价技术规范》（2003 年版）中的规定，该保健食品对动物具有提高缺氧耐受力功能。

第三节　提高缺氧耐受力功能评价实验检测方法

扫码"学一学"

一、常压耐缺氧实验

（一）原理

缺氧对机体是一种紧张性刺激，影响机体各种代谢，特别是影响机体的氧化供能，最终会导致机体的心、脑等主要器官缺氧供能不足而死亡。

（二）仪器和材料

250 mL 磨口瓶、秒表、凡士林、钠石灰（或等量氢氧化钠和碳酸钙）。

（三）实验步骤

各剂量组经口连续给予不同浓度受试样品，对照组给予同等容量溶剂，于末次灌胃后 1 小时，将各组小鼠分别放入盛有 5 g 钠石灰的 250 mL 磨口瓶内（每瓶 1 只），用凡士林封瓶口，盖严，使之不漏气，立即计时，以呼吸停止为指标，观察小鼠因缺氧而死亡的时间。

（四）结果判定

受试样品组与对照组比较，存活时间延长，并具有统计学意义，则判定该实验结果阳性。

（五）注意事项

1. 每个磨口瓶内最好只放 1 只小鼠，以防互相干扰影响耐缺氧能力的测定。

2. 磨口瓶一定要密闭封严，以防漏气，否则会影响实验结果。

3. 磨口瓶必须等容量（误差 ±1 mL），实验前先用水加以校正。

4. 每批实验动物的体重应尽量保持一致。

二、亚硝酸钠中毒存活实验

（一）原理

亚硝酸钠使正常二价铁血红蛋白转变为三价铁血红蛋白，破坏血红蛋白携氧能力，造成组织缺氧死亡。

（二）仪器和材料

亚硝酸钠、秒表、1 mL 注射器。

（三）实验步骤

各剂量组经口连续给予不同浓度受试样品，对照组给予同等容量溶剂，于末次灌胃后 1

小时，各组动物按 200 ~ 240 mg/kg 剂量腹腔注射亚硝酸钠（注射量为 0.1 mL/10 g），立即计时，记录动物存活时间。

（四）结果判定

受试样品组与对照组比较，存活时间延长，并具有统计学意义，则判定该实验结果阳性。

三、急性脑缺血性缺氧实验

（一）原理

动物断头后，由于脑供血终止，在短时间内脑中原有的血液和营养物质尚能使脑功能维持短暂时间，显示出有规律地张口喘气，以喘气时间为指标，可观察受试样品对脑缺血性缺氧的保护作用，凡能使脑耗氧降低的受试样品，均能延长动物喘气时间。

（二）材料

剪刀、秒表。

（三）实验步骤

各剂量组经口连续给予不同浓度受试样品，对照组给予同等容量溶剂，于末次灌胃后 1 小时，各组动物（在乙醚浅麻醉下）自颈部逐只断头，立即按秒表记录小鼠断头后至张口喘气停止时间。

（四）结果判定

受试样品组与对照组比较，喘气时间延长，并具有统计学意义，则判定该实验结果阳性。

（五）注意事项

1. 断头用的大剪刀必须锋利，断头时操作要敏捷，捉拿小鼠不宜反复多次或捉拿时间过长。

2. 断头部位在小鼠耳根后部，切勿损伤延脑，否则断头后小鼠不显现喘气活动。

常压耐缺氧实验、亚硝酸钠中毒存活实验、急性脑缺血性缺氧实验 3 项实验中至少 2 项实验结果阳性，可判定该受试样品具有提高缺氧耐受力的作用。

本章小结

缺氧耐受是一种应激反应，是机体多个系统功能的综合表现。航空航天、高原、井下等特殊岗位作业人群，常常存在低压、缺氧等应激因素的影响，短期、轻度的缺氧可很快恢复，不会产生不良后果；而长期、累积性缺氧可能渐进性损害身心功能，加重疲劳，降低工作效率，甚至诱发安全事故。因此，研究制定预防缺氧或提高机体缺氧耐受力的措施与对策具有重要的现实需求和重大的社会、经济效益。提高缺氧耐受力的功能评价主要通过动物实验，包括常压耐缺氧实验、亚硝酸钠中毒存活实验和急性脑缺血性缺氧实验。常压耐缺氧实验与亚硝酸钠中毒存活实验是创造缺氧条件判断存活时间是否延长，急性脑缺血性缺氧实验是动物断头后，以喘气时间延长为该实验结果阳性。常压耐缺氧实验、亚硝酸钠中毒存活实验、急性脑缺血性缺氧实验3项实验中至少2项实验结果阳性，可判定该受试样品具有提高缺氧耐受力的作用。

扫码"练一练"

> **思考题**
>
> 1. 简述缺氧的概念，缺氧对机体生理功能和物质代谢的影响。
>
> 2. 各类型缺氧的发生机制是什么？特点如何？
>
> 3. 提高缺氧耐受力功能性评价实验有哪几个，请列出代表实验。
>
> 4. 提高缺氧耐受力功能性评价实验的结果如何判断？
>
> 5. 举出目前可用于提高缺氧耐受力保健食品的原材料，并简述其提高缺氧耐受力的机制。

（杨 萌）

第十三章　保护化学性肝损伤功能评价

📖 知识目标

1. **掌握**　化学性肝损伤保护功能的实验设计及结果判定方法。
2. **熟悉**　保护化学性肝损伤的保健原料或营养素。
3. **了解**　化学性肝损伤的机制。

📑 能力目标

1. 能够应用相关知识分析化学性肝损伤保护功能案例。
2. 能够应用相关功能评价知识对保护化学性肝损伤保健品开发、申报和营销。

第一节　常见化学性肝损伤及相关保健食品

肝脏是人体内最大的消化腺，也是体内新陈代谢的中心站。据估计，在肝脏中发生的化学反应有 500 种以上。肝脏的血流量极为丰富，约占心输出量的 1/4，每分钟进入肝脏的血流量为 1000 ~ 1200 mL。肝脏是维持生命活动的一个必不可少的重要器官。

一、肝脏的结构与功能

（一）肝脏结构

肝脏是机体内最大的实质性代谢器官，成人的肝重量约占体重的 3% 左右。肝脏的基本结构单位为肝小叶。肝脏在形态结构上的特点为：①具有两条入肝的血管：肝动脉和门静脉；②具有两条输出道路：肝静脉和胆道系统；③肝内有丰富的肝血窦；④肝细胞内含有丰富的细胞器。

人的肝脏约有 25 亿个肝细胞，肝细胞由肝实质性细胞（肝细胞）和非实质性细胞组成。非实质性细胞（约占 40%）包括内皮细胞、库普弗细胞（kupffer 细胞）、贮脂细胞（lto 细胞）、大颗粒淋巴细胞、胆管上皮细胞、成纤维细胞等。肝细胞（约占 60%）是组成肝脏最主要的细胞，它是一种高分化的细胞，功能复杂，在电镜下可观察到多种细胞器和包含物。

（二）肝脏主要功能

1. 胆汁分泌　肝细胞能不断地生成胆汁酸和分泌胆汁，胆汁在消化过程中可促进脂肪在小肠内的消化和吸收。每天有 600 ~ 1100 mL 的胆汁，经胆管输送到胆囊。胆囊发挥浓缩和排放胆汁的功能。

2. 糖代谢　单糖经小肠黏膜吸收后，由门静脉到达肝脏，在肝脏转变为肝糖原而贮存。

一般成人肝内约含 100g 肝糖原，仅够禁食 24 小时之用。肝糖原在调节血糖浓度以维持其稳定中具有重要作用。当劳动、饥饿、发热时，血糖大量消耗，肝细胞又能把肝糖原分解为葡萄糖进入血液循环。

3. 蛋白质代谢 由消化道吸收的氨基酸在肝脏内进行蛋白质合成、脱氨、转氨等作用，合成的蛋白质进入血液循环供全身器官组织需要。肝脏是合成血浆蛋白的主要场所，由于血浆蛋白可作为体内各种组织蛋白的更新之用，所以肝脏合成血浆蛋白的作用对维持机体蛋白质代谢有重要意义。肝脏将氨基酸代谢产生的氨合成尿素，经肾脏排出体外。

4. 脂肪代谢 肝脏是脂肪运输的枢纽。消化吸收后的一部分脂肪进入肝脏，以后再转变为体脂而贮存。饥饿时，贮存的体脂可先被运送到肝脏，然后进行分解。在肝内，中性脂肪可水解为甘油和脂肪酸，此反应可被肝脂肪酶加速，甘油可通过糖代谢途径被利用，而脂肪酸可完全氧化为二氧化碳和水。肝脏还是体内脂肪酸、胆固醇、磷脂合成的主要器官之一。

5. 热量的产生 水、电解质平衡的调节，都有肝脏参与。安静时机体的热量主要由身体内脏器提供。在劳动和运动时产热的主要器官是肌肉。在各种内脏中，肝脏是体内代谢旺盛的器官，安静时，肝脏血流温度比主动脉高 $0.4 \sim 0.8℃$。说明其产热较大。

6. 维生素、激素代谢 肝脏可贮存脂溶性维生素，人体 95% 的维生素 A 都贮存在肝内，肝脏是维生素 C、维生素 D、维生素 E、维生素 K、维生素 B_1、维生素 B_6、维生素 B_{12}、烟酸、叶酸等多种维生素贮存和代谢的场所。正常情况下，血液中各种激素都保持一定含量，多余的经肝脏处理失去活性。

7. 解毒功能 在机体代谢过程中，门静脉收集自腹腔流来的血液，血中的有害物质及微生物等物质，将在肝内被解毒和清除。

8. 防御机能 肝脏是最大的网状内皮细胞吞噬系统。肝静脉窦内皮层含有大量的枯否氏细胞，有很强的吞噬能力，门静脉血中 99% 的细菌经过肝静脉窦时被吞噬。因此，肝脏的这一滤过作用的重要性极为明显。

9. 调节血液循环量 正常时肝内静脉窦可以贮存一定量的血液，在机体失血时，从肝内静脉窦排出较多的血液，以补偿周围循环血量的不足。

10. 制造凝血因子 肝脏是人体内生成多种凝血因子的主要场所，人体内 12 种凝血因子，其中 4 种都是在肝内合成的。肝病时可引起凝血因子缺乏造成凝血时间延长及发生出血倾向。

二、化学性肝损伤

肝损伤可分为病理性肝损伤和化学性肝损伤。化学性肝损伤主要是由于化学性药物中毒、过敏等引起，比如药物、酒精、有机农药中毒等都会引起肝损伤、肝功能异常。

（一）肝脏毒物分类

引起化学性肝损伤的化学物可根据化学性质及毒性反应类型进行分类，具体见表 13 - 1、表 13 - 2。

表 13 - 1 根据化学性质分类的肝毒物

分类	毒物名称
无机物	
金属与类金属	锑、砷、铍、铋、镉、铬、钴、铜、铁、铅、锰、汞、金、磷、硒、铊、锌等
碘化物	
有机物	
植物毒素	苏铁素、双稠吡咯碱、鞣酸等
真菌毒素	黄曲霉素、灰黄霉素、四环素等
细菌毒素	外毒素（白喉杆菌、肉毒杆菌、溶血性链球菌）内毒素（乙硫氨酸）
药物	卤代烷类、硝基烷、卤代芳香族化合物、硝基芳香族化合物、有机胺、偶氮化合物、酚、氯丙嗪、保泰松、氟烷等
非药物	

表 13 - 2 根据毒性反应类型分类

分类	特点				
	发生率	实验验证	机理	组织表现	实例
真性肝毒物					
直接肝毒物	高	+	直接损害肝细胞成分	细胞坏死、脂肪变性	
间接肝毒物	高	+	干扰特异性代谢途径	脂肪变性、细胞坏死	四环素、乙硫氨酸、霉菌毒素
体质依赖性肝毒物					
过敏反应	高	—	药物过敏	胆汁淤积、细胞坏死	磺胺类、氟烷等
代谢异常	高	—	代谢物引起	胆汁淤积、细胞坏死	异烟肼、异丙肼等

（二）化学性肝损伤的类型

1. 急性肝损伤和慢性肝损伤　化学性肝损伤按照损伤发生的快慢可将分为急性肝损伤与慢性肝损伤。

（1）急性肝损伤（acute liver injury）　通常是因短期接触较大剂量肝脏毒物或肝功能不全或机体具有遗传特异性接触某种肝毒物引起。多表现为细胞毒性，由真性肝毒物引起；少数可表现为胆汁淤积，常由药物引起，也有的化学物引起的肝损伤表现为混合型。

（2）慢性肝损伤（chronic liver injury）　可因长期接触低剂量肝毒物引起，也可是一次急性坏死引起的后遗症，病理改变包括纤维化、脂变、癌变等。

2. 药物性和酒精性肝损伤

（1）药物性肝损伤　由于药物及代谢产物的毒性作用或机体对药物产生过敏反应，对肝脏造成损伤，引起肝组织发炎，即为药物性肝损伤。引起药物性肝损伤的药物主要有解热镇痛抗炎药、镇静催眠药、抗结核药、抗寄生虫药及某些抗菌药和激素类药物。药物导致肝损伤的机制包括：①药物代谢产物形成氧自由基使脂质过氧化，引起肝损伤；②部分药物经代谢产物亲电子产物，通过共价结合，损伤肝细胞膜和肝线粒体、微粒体膜，引起细胞损伤；③药物代谢产生超氧化离子，促使脂质过氧化，导致肝细胞损伤。

（2）酒精性肝损伤　长期大量饮酒或含有乙醇的饮料造成的肝脏疾患，包括轻症酒精性肝病、酒精性脂肪肝、酒精性肝炎、酒精性肝纤维化、酒精性肝硬化。乙醇对肝脏的损害途径包括：①乙醇进入机体后，约 90% 在肝脏内氧化，一条途径是在细胞质内经乙醇脱氢酶（ADH）氧化为乙醛，乙醛在线粒体内经乙醛脱氢酶（ALDH）作用氧化为乙酸。乙醇氧化的 ADH 途径会消耗大量的辅酶（NAD），使 NAD/NADH 比值变小，使三羧酸循环受到抑制，影响细胞能量供给；②乙醇损害线粒体的功能，使线粒体脂质过氧化物增加，GSH 水平下降，线粒体形态正常；③乙醇氧化过程中的中间产物乙醛是高活性物质，当乙醛脱氢酶活性降低时，未被氧化的乙醛释放入血，通过黄嘌呤氧化酶变为超氧化物，导致脂质过氧化，破坏细胞膜，促进肝损伤。

（三）化学毒物损伤肝脏的反应与机制

1. 坏死 肝细胞的死亡包括细胞坏死（necrosis）。肝细胞主要表现：细胞核与线粒体肿胀、染色质块状凝聚、脑浆出现空泡、细胞膜破裂，并伴有炎症反应。

肝细胞坏死能使从受损肝脏释出的酶类在血中的水平增高，在大多数情况下表现为谷草转氨酶（AST）及谷丙转氨酶（ALT）在血清中的活性比正常增高 10~100 倍。一些其他酶类也能灵敏地反映这种改变。比如，在四氯化碳（CCl_4）中毒所致的带状坏死中可见酶活性陡增，若损害仅一过性，其下降亦很迅速。在弥漫性多灶性坏死，则可见略为缓慢和渐进性的增高，且到达峰值后又缓慢下降。值得注意的是，AST 及 ALT 两种转氨酶，部分在线粒体内，而部分在细胞质中。其中 AST 主要在线粒体内，ALT 于线粒体内外皆有。中毒时，肝细胞浆与细胞外组织液中的酶可以相互渗透。特别是此种酶从线粒体与肝细胞中释出，导致血清转氨酶活性增高。因此，有人认为，血清转氨酶活性升高，并非如一般认为的肝细胞坏死，或细胞膜渗透性改变所引起，而主要是线粒体损伤的结果。病毒性肝炎时，主要为粗面内质网的损伤，线粒体影响较少，故血清中 ALT 活性升高大于 AST。中毒性肝损伤时，线粒体也有明显损伤，故 AST 也相应升高。坏死肝组织释出的其他蛋白质、铁和维生素 B_{12} 在血中水平的增高是值得注意的。但作为实验性或临床性肝损伤的一种检测手段，则不如血酶增高有用。

另外能说明肝坏死严重程度的较有意义的指标是凝血酶原时间及胆红素含量。但在实验中毒研究中，受损肝脏释出的 AST、ALT、鸟氨酸氨基甲酰转移酶（OCT），琥珀酸脱氢酶（SD）及其他一些酶也能灵敏地反映肝脏坏死的严重程度。在化学物导致的肝坏死中，碱性磷酸酶活性水平，与转氨酶水平能随肝坏死呈对数增长的情况相反，一般增加不超过 1~3 倍。其他酶指标如 5′核苷酸酶、亮氨酸氨肽酶及 γ-谷氨酰转肽酶，表现与碱性磷酸酶相似。坏死的生化指标还可包括血浆蛋白、氨基酸及脂质的改变。急性坏死的早期未见白蛋白水平有明显改变。只有当重复造成急性损害时，才会产生低白蛋白血症。球蛋白水平一般无大变动，虽然亚急性中毒性肝坏死会导致 γ-球蛋白水平会略有增高，但在急性重型肝炎时，血浆胆固醇水平有降低趋势，患急性中毒性肝坏死的患者可出现氨基酸血症及氨基酸尿症，过去在研究三氯甲烷所致的"急性黄色肝萎缩"时，曾把尿中出现亮氨酸和酪氨酸作为该综合征的有效指标。

虽然有众多研究，但化学物引起肝坏死的机理，目前仍不够清楚。引起肝细胞死亡的可能机制包括：①肝细胞膜脂质过氧化，如 CCl_4 等化学毒物在细胞色素 P450 系统作用下，产生三氯甲烷自由基，使细胞质膜或亚细胞结构膜脂质发生过氧化，引起膜通透性增加，最终导致细胞死亡；②毒物及其代谢产物与生物大分子发生结合，如 CCl_4 在体内产生的三氯甲烷自由基可与生物大分子（如蛋白质和不饱和脂质）发生共价结合，使生物大分子功能丧失，导致细胞死亡；③影响肝细胞呼吸链中酶蛋白的合成，由于肝线粒体 DNA（mtDNA）编码电子传递链所需的酶蛋白，导致肝细胞呼吸链中酶蛋白的合成发生障碍、肝细胞内呼吸停止、细胞死亡；④细胞骨架损伤，细胞膜通透性改变，钙稳态失调；⑤通过消耗谷胱甘肽（GSH）损伤肝细胞，GSH 是一种具有重要解毒功能的三肽物质，与化学毒物或其代谢产物相结合，形成硫醚氨酸，经胆汁或尿液排出。GSH 还可参与消除游离自由基作用。

2. 脂肪变性　甘油三酯在肝细胞内蓄积。肝损伤的生化证据在脂肪变性时较不明显，例如四环素引起的急性脂肪变性比肝坏死所致的转氨酶升高的明显程度较高；胆红素水平通常仅呈少量增高，其特点是血浆脂质减少及凝血酶原时间延长。急性中毒性脂变的一个突出方面是出现明显的低血糖，有些化学物引起的慢性脂变甚至未见明显的生化证据。肝毒物质引起肝脂肪变性主要机制包括：①细胞内甘油三酯的排出障碍，血清极低密度脂蛋白（VLDL）的脱辅基蛋白组分的合成减少；形成甘油三酯、磷脂及脱辅基蛋白复合物的组合过程失灵；胞浆膜的改变。这些病理性损害的任何一种或多种原因联合，在肝内脂质含量增高的情况下都能引起肝内脂肪转运的抑制并导致脂肪变性。②脂肪酸氧化减少，许多肝毒物如 CCl_4、乙醇、丙戊酸钠等可通过损害线粒体膜，使线粒体肿胀，导致脂肪酸 β-氧化降低，在线粒体未被氧化的脂肪酸可脂化为甘油三酯，并以脂质小滴形式堆积于细胞质中；有的化学物如乙硫氨酸则可竞争地与 ATP 发生共价结合，使 ATP 耗竭，影响甘油三酯氧化与分泌过程，使甘油三酯蓄积于肝；③甘油三酯合成增加，如氯丙嗪、巴比妥类药物引起的脂肪变性等；④运脂蛋白合成减少，如四环素、甲氨蝶呤等能抑制运脂蛋白的合成，从而使甘油三酯从肝细胞排出减少，导致脂肪变性；⑤肝外游离脂肪酸进入肝脏过多，如 DDT、尼古丁、肼类等化学毒物可通过刺激垂体-肾上腺，导致脂肪组织释放游离脂肪酸过多地进入肝脏。

3. 脂质过氧化反应　20 世纪 60 年代，基于许多抗氧化剂如维生素 E、硒等都能不同程度地防止 CCl_4 引起的肝脏毒性反应并减少死亡，产生了脂质过氧化理论。该理论根据 CCl_4 的实验结果，认为脂质过氧化作用在 CCl_4 的肝脏毒性中起着关键性的起始作用。CCl_4 在肝内 NADPH 和微粒体混合功能氧化酶参与下裂解为·CCl_3 自由基，其生物活性很强，为保持自身稳定，必须从邻近组织夺取一个 H 及一个电子形成 $CHCl_3$，结果使富含不饱和脂肪酸的内质网上的磷脂发生过氧化，并产生新的自由基和形成新的过氧化物。这些新的自由基又攻击其邻近的磷脂，形成一个磷脂的过氧化自催化分解反应链，使膜的稳定性和结构遭到破坏。因此，·CCl_3 不仅能使其裂解位点内质网磷脂迅速过氧化自催化分解，从而使中毒细胞呈现爆炸性病理变化；且可波及远离裂解位点如蛋白合成的位点。生物膜结构完整性遭到脂质过氧化破坏后，那些对膜依赖的酶类（如药物代谢、酶 G-6-P 酶等）的生物功能将受到抑制；脂质过氧化又能生成多种醇醛、酯醛和短链产物如丙二醛（MDA）等，其中许多对细胞具有损伤作用，有些对酶活性亦可有抑制作用。但是，内质网膜的脂质过氧化与细胞坏死之间的因果和相互关系尚未确立，二氯乙烯、二甲基亚硝胺及硫代乙酰胺能导致肝细胞坏死，但活体内未见脂质过氧化作用。此外，有些与脂质过氧化作用不相关的病理、生化现象暂无法解释。

4. 胆汁淤积（cholestasis）　通常是肝脏对外源化学毒物的一种急性毒性反应，但较肝坏死、脂肪变性少见。可伴有轻微的炎症或肝细胞损害。这种损害与肝外阻塞性黄疸相似，生化特点包括 AST 与 ALT 的相对增高。对肝细胞 – 单小管性黄疸及单纯胆小管性黄疸两种损害类型来说，转氨酶水平不易区别，但碱性磷酸酶和胆固醇水平则有不同。大多数肝细胞 – 胆小管性黄疸可导致碱性磷酸酶活性可增高 3 倍以上，胆固醇水平亦明显增高，但胆小管性黄疸能见到这类增高的不到 10% 。

引起胆汁淤积可能的作用机制包括：①损伤肝细胞膜的功能，如慢性给予雌激素，可使胆固醇乙酰辅酶 A 转乙酰酶活性升高，导致细胞质膜胆固醇酯的堆积，影响肝窦状隙膜的流动性与 $Na^+, K^+ - ATP$ 酶活性，使胆汁流动降低，胆小管分泌减少；②胆内胆管损害导致胆汁淤积，如氯丙嗪的代谢产物可损害胆小管上皮细胞，使胆汁流动降低，发生胆汁淤积；③化学物在胆管内沉淀，形成胆栓，阻塞胆管，胆汁排泄障碍，导致胆汁淤积。

5. 肝纤维化和肝硬化 主要表现为肝脏广泛的纤维组织蓄积，特别是胶原纤维。其可能的机制有：①肝细胞坏死后，细胞被分解、吸收，成纤维细胞增生，合成胶原增多，胶原沉积形成纤维化；②肝细胞受损后，激活 Ito 细胞，细胞内脂滴较少甚至消失，内质网增多增大，胞内微丝增多，并产生原纤维，在细胞膜下出现平滑肌丝，Ito 细胞变成肌成纤维细胞，最后成为成纤维细胞，胶原合成增多。常见的可引起纤维化与肝硬化的化学毒物包括：黄曲霉毒素、多氯联苯、乙醇、四氯化碳、维生素 A 等。

三、常用于保护化学性肝损伤功能的物品或原料

1. 牛磺酸 可以通过调节肝脏脂肪代谢，稳定细胞膜通透性，增加机体抗脂质过氧化能力，清除氧自由基，抑制细胞因子的异常升高，抑制胶原沉积，从而多方面、多环节、多层次的抑制酒精性肝损伤的发生与发展。此外，牛磺酸还可以通过加速或对肝细胞极低密度脂蛋白分泌的保护作用，防止高脂血清诱发的原代培养肝细胞脂肪病变。

2. 维生素 维生素 B 族（包括维生素 B_1、维生素 B_2、维生素 B_6、维生素 B_{12}、烟酸、泛酸、叶酸等）和肝脏关系密切，缺少 B 族维生素，会导致细胞功能降低，引起代谢障碍。而大剂量维生素 C 能减轻细胞脂肪性病变，促进肝细胞再生及肝糖原的合成，增强肝脏的解毒功能。有研究表明对肝炎或肝性昏迷者，大剂量维生素 C 确有治疗作用。

3. 牡蛎提取物 对 CCl_4 所致的小鼠急性肝损伤有明显的保护作用，它可抑制 CCl_4 所致小鼠血清中 ALT、AST 和 LDH 的升高，还可以抑制 H_2O_2 所引起的细胞培养液中 ALT、AST 的升高。改善急性肝损伤的肝脏的显微结构，肝组织灶状坏死减少，范围减小，细胞肿胀、气球样变及间质炎症减轻。牡蛎中含有大量的糖原，其提取物中糖原占 20% ~40%。糖原的组织能源物质的储备形式，是体力脑力活动效率及持久力的物质保证，改善心脏及血液循环的功能，并能增进肝脏的功能，具有保肝作用。

4. 五味子素 木兰科植物五味子果实的提取物，主要有效成分为木脂素类如五味子甲素、五味子乙素、五味子醇甲、五味子酯甲等。主要用于治疗肝炎、神经衰弱等症。具有抗氧化、保肝抗肝损伤、降低转氨酶及解毒作用。主要功效包括：①避免肝受损；②促进肝脏细胞再生；③强化呼吸系统；④改善脑部机能；⑤增强心肌收缩，血管收缩，调节消化系统及胃液分泌。

5. 甘草酸 甘草中最主要的活性成分。其具有抗炎、抗病毒和保肝解毒及增强免疫功能等作用。甘草酸具有肾上腺皮质激素样作用，能抑制毛细血管通透性，减轻过

敏性休克的症状。可以降低高血压患者的血清胆固醇。由于甘草酸有糖皮质激素样药理作用而无严重不良反应，在临床中被广泛用于治疗各种急慢性肝炎、支气管炎和艾滋病。

6. 总三萜 一类基本母核由 30 个碳原子（含 6 个异戊二烯单位）缩合而成的萜类化合物，可分为三萜皂苷及其苷元和其他三萜类（树脂、苦味素、三萜生物碱及三萜醇）两大类。三萜类化合物具有广泛的生理活性，通过对三萜类化合物的生物活性及毒性研究结果显示，其具有调节免疫力、溶血、抗癌、抗炎、抗菌、抗病毒、保肝、降低胆固醇、杀软体动物、抗生育等功效。

扫码"学一学"

第二节　保护化学性肝损伤功能评价实验基本内容及案例

保护化学性肝损伤实验仅进行动物实验。

一、实验项目

动物实验分为方案一（刀豆蛋白 A 急性肝损伤模型）、方案二（急性酒精性肝损伤模型）和方案三（亚急性酒精性肝损伤模型）三种。

（一）刀豆蛋白 A 急性肝损伤模型

1. 体重。

2. 血清中谷丙转氨酶（ALT）。

3. 血清中谷草转氨酶（AST）。

4. 血清中乳酸脱氢酶（LDH）。

5. 肝组织病理学检查

（二）急性酒精性肝损伤模型

1. 体重。

2. 血清甘油三酯（TG）。

3. 血清极低密度脂蛋白（VLDL）。

4. 肝组织病理学检查。

（三）亚急性酒精性肝损伤模型

1. 体重。

2. 血清中胆固醇（CHOL）。

3. 血清中低密度脂蛋白胆固醇（LDL）。

4. 血清中胆红素（TBIL）。

5. 肝组织病理学检查

二、实验原则

所列指标均为必做项目。根据受试样品作用原理的不同，方案一、方案二和方案三任选其一进行动物实验。

三、结果判定

（一）各方案功能判定

方案一（刀豆蛋白 A 急性肝损伤模型）：在模型成立的前提下，ALT、AST 和 LDH 中任两项血液生化指标阳性和病理结果阳性，可判定受试样品对化学性肝损伤有辅助保护功能。

方案二（急性酒精性肝损伤模型）：血清中 TG、VLDL 指标阳性和病理学检查结果阳性，可判定该受试样品具有对急性酒精性肝损伤有辅助保护功能。

方案三（亚急性酒精性肝损伤模型）：①血清中 CHOL、LDL 和 TBIL 三项检测指标结果阳性，可判定该受试样品具有对亚急性酒精性肝损伤有辅助保护功能作用；②血清中 CHOL、LDL 和 TBIL 三项指标中任两项结果阳性，且肝脏病理组织学检查结果阳性，可判定该受试样品具有对亚急性酒精性肝损伤有辅助保护功能。

（二）总体功能判断

在急性或亚急性酒精性肝损伤结果判定中，任何一项方案为阳性时，可认为该受试物具有降低酒精性肝损伤危害功能。

四、保护化学性肝损伤功能评价动物实验案例简介

某保肝颗粒保护化学性肝损伤研究。

1. 选取 SPF 级昆明健康雄性小鼠，体重为 18～22 g，共 75 只。分成 5 个剂量组，每个剂量组 15 只小鼠。实验结束后，小鼠禁食不禁水 24 小时后，每只小鼠眼球取血，取肝脏，称重。将血静置一段时间后用低温离心机 2500 r/min 离心 10 分钟制备血清，按试剂盒说明用生化分析仪分析 ALT、AST、TBIL、LDL，计算肝脏指数（肝脏质量/体重）。肝组织以多聚甲醛固定，石蜡切片机制备 5 μm 的石蜡切片，进行 HE 染色。显微镜 400 倍镜下观察肝组织病理情况。

2. 受试样品人体推荐剂量为 1.2 g/d（成年人以 60 kg 体重计），某保肝颗粒高、中、低分别为 3.0 g/(kg·d)、6.0 g/(kg·d)、12.0 g/(kg·d)。正常组和模型组每天灌胃给予生理盐水。每天分别灌胃给药 1 次，体积均为 0.2 mL，连续 30 天，除正常组外，每组分别灌胃 50% 乙醇，0.012 mL/g 相当于 4800 mg/kg，造成急性肝损伤模型。

3. 实验结果

（1）体重及肝脏系数　所有实验组小鼠的体重差别无统计学意义（$P > 0.05$），模型组肝脏系数显著高于对照组（$P < 0.05$），保肝颗粒中，高剂量组肝脏系数显著低于模型组（$P < 0.05$）见表 13 - 3。

表 13 - 3　某保肝颗粒对小鼠体重及肝脏系数的影响（$\bar{x} \pm S$）

剂量 [g/(kg·d)]	动物数（只）	处死体重（g）	肝脏/体重（%）
对照	15	30.62 ± 2.57	42.83 ± 1.23
模型	15	31.10 ± 1.82	50.22 ± 1.51[#]
3.0	15	29.95 ± 1.93	46.91 ± 2.10
6.0	15	29.47 ± 3.76	45.60 ± 2.83[*]
12.0	15	30.83 ± 2.14	44.87 ± 1.50[*]

注：[#] 与对照组比较 $P < 0.05$，[*] 与模型组比较 $P < 0.05$。

（2）ALT、AST 测定结果　模型组 ALT、AST 显著高于对照组（$P < 0.05$），保肝颗粒中，高剂量组 ALT、AST 显著低于模型组（$P < 0.05$），见表 13 – 4。

表 13 – 4　某保肝颗粒对小鼠血清 ALT 及 AST 的影响（$\bar{x} \pm S$）

剂量［g/（kg·d）］	动物数（只）	ALT（U/L）	AST（U/L）
对照	15	61.91 ± 9.21	110.05 ± 15.65
模型	15	1802.72 ± 64.01#	902.30 ± 72.70#
3.0	15	1604.31 ± 41.82	886.71 ± 30.31
6.0	15	1540.10 ± 62.73*	756.68 ± 29.63*
12.0	15	1386.21 ± 30.77*	650.82 ± 39.94*

注：# 与对照组比较 $P < 0.05$，* 与模型组比较 $P < 0.05$。

（3）TBIL 测定结果　模型组 TBIL 显著高于对照组（$P < 0.05$），保肝颗粒各剂量组 TBIL 显著低于模型组（$P < 0.05$），见表 13 – 5。

表 13 – 5　某保肝颗粒对小鼠血清 TBIL 的影响（$\bar{x} \pm S$）

剂量［g/（kg·d）］	动物数（只）	TBIL
对照	15	1.36 ± 0.24
模型	15	3.12 ± 0.23#
3.0	15	1.99 ± 0.58*
6.0	15	1.78 ± 0.32*
12.0	15	1.45 ± 0.36*

注：# 与对照组比较 $P < 0.05$，* 与模型组比较 $P < 0.05$。

（4）CHOL 测定结果　模型组 CHOL 显著高于对照组（$P < 0.05$），保肝颗粒中，高剂量组 CHOL 水平显著低于模型组（$P < 0.05$），见表 13 – 6。

表 13 – 6　某保肝颗粒对小鼠血清 CHOL 的影响（$\bar{x} \pm S$）

剂量［g/（kg·d）］	动物数（只）	CHOL（mmol/L）
对照	15	3.23 ± 0.63
模型	15	8.75 ± 0.98#
3.0	15	8.03 ± 1.03
6.0	15	5.28 ± 0.89*
12.0	15	4.62 ± 0.53*

注：# 与对照组比较 $P < 0.05$，* 与模型组比较 $P < 0.05$。

（5）LDL 测定结果　模型组 LDL 显著高于对照组（$P < 0.05$），保肝颗粒各剂量组 LDL 水平均显著低于模型组（$P < 0.05$），见表 13 – 7。

表 13 – 7　某保肝颗粒对小鼠血清 LDL 的影响（$\bar{x} \pm S$）

剂量［g/（kg·d）］	动物数（只）	LDL（mmol/L）
对照	15	0.48 ± 0.03
模型	15	0.87 ± 0.08#

续表

剂量 [g/(kg·d)]	动物数（只）	LDL（mmol/L）
3.0	15	0.74 ± 0.02*
6.0	15	0.64 ± 0.07*
12.0	15	0.58 ± 0.06*

注：#与对照组比较 $P < 0.05$，*与模型组比较 $P < 0.05$。

（6）病理学观察结果　模型组病变总分显著高于对照组（$P < 0.05$），保肝颗粒各剂量组病变总分显著低于模型组（$P < 0.05$），见表 13 - 8。

表 13 - 8　某保肝颗粒对小鼠肝病理的影响（$\bar{x} \pm S$）

剂量 [g/(kg·d)]	动物数（只）	病变积分
对照	15	0.20 ± 0.01
模型	15	21.30 ± 0.12#
3.0	15	17.20 ± 0.24*
6.0	15	13.52 ± 0.39*
12.0	15	10.85 ± 0.51*

注：#与对照组比较 $P < 0.05$，*与模型组比较 $P < 0.05$。

4. 结果判定　采用亚急性酒精性肝损伤模型方案，该实验条件下，模型成立，而保肝颗粒各剂量组的 TBIL 及 LDL 两项指标阳性，肝脏病理组织学检查结果亦为阳性。最终认为该保肝颗粒产品具有保护化学性肝损伤的功能。

第三节　保护化学性肝损伤功能评价实验检测方法

一、刀豆蛋白 A 急性肝损伤模型

（一）原理

刀豆蛋白 A（concanavalin A，ConA）是一种人体内对肝细胞有特异性毒性作用的植物凝集素，它能在体外激活 T 细胞的丝裂原，进入循环后首先活化 T 淋巴细胞，继而激活肿瘤坏死因子（TNF）和白介素 2 等细胞因子，引发炎症反应，可诱导淋巴细胞、巨噬细胞的细胞素毒作用，通过肝细胞凋亡等多种途径损伤肝细胞。

（二）实验动物

成年大鼠或小鼠，单一性别，大鼠（180～220 g），每组 8～12 只，小鼠（18～22 g），每组 10～15 只。

（三）实验方法

1. 剂量分组及受试样品给予时间　至少设三个剂量组，同时设一个阴性对照组和一个模型对照组，必要时设溶剂对照组。以人体推荐量的 10 倍（小鼠）或 5 倍（大鼠）设置一个剂量（等效应剂量），另设二个剂量组，最高剂量不得超过人体推荐量（以千克计算）的 30 倍。

2. 给予受试样品的途径　经口灌胃给予受试样品，无法灌胃时将受试样品参入饲料或

扫码"学一学"

饮水亦可，并记录每只动物的饲料摄入量或饮水量。

3. 实验步骤 每日经口灌胃给予受试样品，阴性对照组和模型对照组给予纯净水。将动物每周称重两次，以调整受试样品剂量。模型组及各样品组于实验结束时一次尾静脉给予剂量为 15 ~ 20 mg/kg 的 ConA，小鼠 10 mL（kg·bw），禁食 8 小时后经腹腔注射 60 mg/kg 的戊巴比妥钠溶液麻醉，腹主动脉采血，并取肝组织，进行各项指标的检测及病理组织学检查。

4. 检测指标 体重、血清谷丙转氨酶（ALT）、谷草转氨酶（AST）、血清中乳酸脱氢酶（LDH）、肝脏病理组织检查。

血样离心（2500 r/min）后取上清，血清中 ALT、AST 和 LDH 的检测采用全自动或半自动生化分析仪进行。血清中 ALT、AST 推荐采用速率法，LDH 推荐采用乳酸为底物的速率法（LD – L 法）。

（四）结果判定

模型对照组与阴性对照组比较，血清 ALT、AST 和 LDH 含量升高有统计学意义（$P < 0.05$），表示模型成立。在模型成立的前提下，受试样品组 ALT、AST 和 LDH 含量与模型对照组比较降低，差异有显著性（$P < 0.05$），判定 ALT、AST 和 LDH 指标结果阳性。

（五）肝脏病理组织学检查

1. 实验材料 取小鼠肝脏左叶用 10% 福尔马林固定，从肝左叶中部做横切面取材，常规病理制片（石蜡包埋，HE 染色）。

2. 镜检 从肝脏的一端视野开始记录细胞的病理变化，用 5 倍物镜连续观察整张组织切片，可见肝脏多发的灶状、片状坏死。评分标准见表 13 – 9。

表 13 – 9 肝脏损伤评分标准

镜下状态	分数
大致正常	0 分
偶见坏死细胞	1 分
坏死细胞小于整个视野的 1/4	2 分
坏死细胞占整个视野的 1/4 ~ 1/2	3 分
坏死细胞占整个视野的 1/2 ~ 3/4	4 分
坏死细胞弥漫整个视野	5 分

3. 病理结果判定 模型对照组与阴性对照组比较肝细胞坏死程度加重有统计学意义（$P < 0.05$），表示模型成立。在模型成立的前提下，受试样品任何一个剂量组与模型对照组比较，肝细胞坏死程度减轻，有统计学意义（$P < 0.05$），可判断为阳性结果。

4. 结果判断 在模型成立的前提下，ALT、AST 和 LDH 中任两项血液生化指标阳性和病理结果阳性，可判定受试样品对化学性肝损伤有辅助保护功能。

二、急性酒精性肝损伤模型

（一）原理

机体大量摄入乙醇后，在乙醇脱氢酶的催化下大量脱氢氧化，使三羧酸循环和脂肪酸氧化减弱而影响脂肪代谢。乙醇通过增加甘油三酯合成，减少脂肪氧化，降低肝脏运出脂肪的功能，增加脂肪组织的脂肪动员，引起早期酒精性脂肪肝和高脂血症。

（二）实验动物

成年大鼠或小鼠，单一性别，大鼠 180～220 g，每组 8～12 只；小鼠 18～22 g，每组 10～15 只。

（三）实验方法

1. 剂量和分组　至少设三个剂量组，同时设阴性对照组和模型对照组，必要时设溶剂对照组。以人体推荐量的 10 倍（小鼠）或 5 倍（大鼠）为其中的一个剂量组，另设两个剂量组，最高剂量不得超过人体推荐量（以千克计算）的 30 倍。用无水乙醇（分析纯）造成肝损伤模型，无水乙醇浓度为 50%（以纯净水稀释），灌胃量 12～14 mL/kg（乙醇密度 0.8 g/mL，折合乙醇的剂量为 4800～5600 mg/kg）。

2. 给予受试样品的途径和时间　经口灌胃给予受试样品，无法灌胃时将受试样品掺入饲料或饮水亦可，并记录每只动物的饲料摄入量或饮水量。原则上连续给予 30 天。

3. 实验步骤和造模方法　每日经口灌胃给予受试样品，阴性对照组和模型对照组给予纯净水。将动物每周称重两次，按体重调整受试样品量。模型对照组和各样品组于实验结束时一次灌胃给予 50% 的乙醇，小鼠灌胃量 12 mL/kg·bw，阴性对照组给予纯净水，禁食 16 小时。动物腹腔注射 60 mg/kg·bw 的戊巴比妥钠溶液麻醉后腹主动脉采血，并取肝组织，进行各项指标的检测及病理组织学检查。

4. 体测指标　体重、血清 TG、血清 VLDL、肝组织病理学检查（肝细胞脂肪变性）。

采用全自动或半自动生化仪测定血清中 TG 的含量。TG 测定推荐采用酶法（GPO-PAP 法）。VLDL 测定推荐采用 ELISA 法。

（四）结果判定

模型对照组与阴性对照组比较 TG 或 VLDL 含量升高有统计学意义（$P < 0.05$），表示模型成立。在模型成立的前提下，受试样品组 TG 或 VLDL 含量与模型对照组比较降低，差异有显著性（$P < 0.05$），判定该指标结果阳性。

（五）肝脏病理组织学检查

1. 实验材料　从小鼠肝左叶中部做横切面取材，冰冻切片，苏丹Ⅲ染色。

2. 镜检　从肝脏的一端视野开始记录细胞的病理变化，用 5 倍物镜连续观察整组织切片。主要观察脂滴在肝脏的分布范围和面积。评分标准见表 13-10。

表 13-10　肝脏脂肪变性损伤评分标准

镜下状态	分数
肝细胞内脂滴无或稀少	0 分
含脂滴的肝细胞不超过 1/4	1 分
含脂滴的肝细胞占 1/4～1/2	2 分
含脂滴的肝细胞占 1/2～3/4	3 分
肝组织几乎被脂滴代替	4 分

3. 结果判定　模型对照组与阴性对照组比较，血清 VLDL 含量升高有统计学意义

（$P < 0.05$），表示模型成立。在模型成立的前提下，受试样品组血清 VLDL 含量与模型对照组比较降低，差异有显著性（$P < 0.05$），判定该指标结果阳性。

三、亚急性酒精性肝损伤模型

（一）原理

机体反复多次过量摄入乙醇后，乙醇可通过诱导 CYP4502E1，引起氧化应激、脂质过氧化、代谢/营养的紊乱以及线粒体结构和功能的改变等一系列反应，导致肝细胞的功能损伤，进而引起肝组织中甘油三酯含量蓄积，胆固醇合成加强，并引起相应载脂蛋白含量的改变。

（二）实验动物

成年大鼠或小鼠，单一性别，大鼠（180 ~ 220 g），每组 8 ~ 12 只；小鼠（18 ~ 22 g），每组 10 ~ 15 只。

（三）实验方法

1. 剂量和分组 至少设三个剂量组，同时设阴性对照组和模型对照组，必要时设溶剂对照组。以人体推荐量的 10 倍（小鼠）或 5 倍（大鼠）为其中的一个剂量组，另设两个剂量组，最高剂量不得超过人体推荐量（以千克计算）的 30 倍。

2. 给予受试样品的途径和时间 经口灌胃给予受试样品，无法灌胃时将受试样品掺入饲料或饮水亦可，并记录每只动物的饲料摄入量或饮水量。原则上连续给予 30 天，必要时可延长至 45 天。

3. 实验步骤和造模方法 每日经口灌胃给予受试样品，阴性对照组和模型对照组给予纯净水。将动物每周称重两次，按体重调整受试样品量。模型组和样品组于实验结束前 14 天每天经口灌胃给予 30% 的乙醇，小鼠灌胃量 10 mL/（kg·bw）［乙醇密度 0.8 g/mL，折合乙醇的剂量为 2400 mg/（kg·bw）］。样品灌胃后间隔 4 小时以上再给予乙醇。实验结束前禁食 4 小时，经腹腔注射 60 mg/（kg·bw）的戊巴比妥钠溶液麻醉后腹主动脉采血，并取肝组织，进行各项指标的检测及病理组织学检查。

4. CHOL、LDL 和 TBIL 测定 血样离心（2500 r/min）后取上清，上全自动或半自动生化仪测定血清中 CHOL、LDL 和 TBIL 的含量。血清 CHOL 推荐采酶法（COD – PAP 法），血清 LDL 推荐采用匀相测定法，血清 TBIL 推荐采用改良 J – G 法。

（四）结果判定

模型对照组与阴性对照组比较，血清 CHOL、LDL 和 TBIL 含量升高有统计学意义（$P < 0.05$），表示模型成立。在模型成立的前提下，受试样品组血清 CHOL、LDL 和 TBIL 含量与模型对照组比较降低，差异有显著性（$P < 0.05$），判定该指标结果阳性。

（五）肝脏病理组织学检查

1. 实验材料 取小鼠肝脏左叶用 10% 福尔马林固定，从肝左叶中部做横切面取材，常规制片，HE 染色。

2. 镜检 用 5 倍物镜连续观察整张组织切片，主要观察肝细胞变性（脂肪变性、水样变性、胞质凝聚、气球样变）、肝细胞坏死和炎症改变等，并给予记录。评分标准见表 13 – 11 至表 13 – 16。

表 13 - 11　肝细胞气球样变评分标准

镜下状态	分级	分数
无肝细胞气球样变	0 级	0 分
偶见肝细胞气球样变	I 级	1 分
气球样变的肝细胞占整个视野的 1/3 以内	II 级	2 分
气球样变的肝细胞占整个视野的 1/3 以上	III 级	3 分
肝细胞广泛的气球样变	IV 级	4 分

表 13 - 12　肝细胞脂肪变性评分标准

镜下状态	分级	分数
无肝细胞脂肪变性	0 级	0 分
偶见肝细胞脂肪变性	I 级	1 分
灶状肝细胞脂肪变性，占肝细胞总数 1/3 以内	II 级	2 分
脂肪变性肝细胞占 1/3 以上	III 级	3 分
肝细胞弥散脂变	IV 级	4 分

表 13 - 13　胞质凝聚评分标准

镜下状态	分级	分数
未见肝细胞胞质凝聚	0 级	0 分
偶见肝细胞胞质凝聚	I 级	1 分
胞质凝聚的肝细胞占整个视野的 1/3 以内	II 级	2 分
胞质凝聚的肝细胞占整个视野的 1/3 以上	III 级	3 分
肝细胞广泛的胞质凝聚	IV 级	4 分

表 13 - 14　水样变性评分标准

镜下状态	分级	分数
未见水样变性的肝细胞	0 级	0 分
偶见肝细胞水样变性	I 级	1 分
水样变性的肝细胞占整个视野的 1/3 以内	II 级	2 分
水样变性的肝细胞占整个视野的 1/3 以上	III 级	3 分
水样变性的肝细胞弥漫性存在占整个视野	IV 级	4 分

表 13 - 15　炎症改变评分标准

镜下状态	分级	分数
未见炎症改变	0 级	0 分
偶见小炎症灶	I 级	1 分
少数小炎症灶	II 级	2 分
多数小炎症灶	III 级	3 分
炎症灶广泛存在	IV 级	4 分

表 13 – 16　肝细胞坏死评分标准

镜下状态	分级	分数
无肝细胞坏死	0 级	0 分
单个肝细胞嗜酸性坏死或偶见小坏死灶	I 级	1 分
散在分布的小坏死灶	II 级	2 分
多数小坏死灶，无碎屑状坏死或桥接坏死	III 级	3 分
小坏死灶广泛存在伴碎屑状坏死或桥接坏死	IV 级	4 分

3. 肝脏病变计分方法　将每只动物肝细胞各种病理变化得分相加，肝细胞坏死评分 2 倍计入，以总分进行统计分析。每只动物肝脏病变得分 = 肝细胞变性得分（气球样变得分 + 脂肪变性得分 + 胞质凝聚得分 + 水样变性得分）×1 + 肝细胞炎症改变得分 ×1 + 肝细胞坏死得分 ×2。

4. 病理结果判定　模型对照组与阴性对照组比较，肝细胞病变程度与模型对照组明显加重，病变总分值增加且有统计学意义（$P < 0.05$），表示模型成立。在模型成立的前提下，样品任何一个剂量组与模型对照组之间，肝细胞病变程度明显减轻，病变总分值降低且有统计学意义（$P < 0.05$），可判断动物实验病理结果阳性。

（六）亚急性酒精性肝损伤结果判定

在模型成立前提下，满足以下任一条件，可判定受试样品对亚急性酒精性肝损伤有辅助保护功能。

1. 血清中 CHOL、LDL 和 TBIL 三项检测指标结果阳性。

2. 血清中 CHOL、LDL 和 TBIL 三项检测指标中任两项结果阳性和病理组织学检查结果阳性。

本章小结

肝脏是机体内最大的实质性代谢器官，具有胆汁分泌、物质代谢、产热及解毒等多种生理功能。化学性肝损伤主要是由于化学性物质引起肝损伤、肝功能异常，以药物性肝损伤及酒精性肝损伤最常见。急性化学性肝损伤的病理损伤包括：坏死、脂肪变性、脂质过氧化、胆汁淤积、肝纤维化及肝硬化。对化学性肝损伤的保护功能的保健食品一般由中草药或其提取物研制而成，含有多种功效成分。目前，对保护化学性肝损伤功能的评价主要采用动物实验，包括三种实验方案：刀豆蛋白 A 急性肝损伤模型；急性酒精性肝损伤模型；亚急性酒精性肝损伤模型。

？思考题

1. 常见的肝脏毒物如何分类？

2. 肝脏对外源性化学物常见的毒性反应与可能机制。

3. 保健食品化学性肝损伤保护功能的检测方案。

4. 保护化学性肝损伤评价实验的结果如何判断？

5. 举出目前保健食品中具有保护化学性肝损伤的原材料，并简述其检测方法。

扫码"练一练"

（何庆峰）

参考文献

［1］ 李朝霞．保健食品研发原理与应用［M］．南京：东南大学出版社，2010.

［2］ 陈文．功能食品功效评价原理与动物实验方法［M］．北京：中国质检出版社，2011.

［3］ 杨杏芬，吴永宁，贾旭东，黄俊明．食品安全风险评估－毒理学原理、方法与应用
［M］．北京：化学工业出版社，2017.

［4］ 徐海斌，徐丽萍．食品安全性评价［M］．北京：中国林业出版社，2008.

［5］ 庄志雄，曹佳，张文昌．现代毒理学［M］．北京：人民卫生出版社，2018.

［6］ 张小莺，孙建国．功能性食品学［M］．北京：科学出版社，2012.

［7］ 迟玉杰．保健食品学［M］．北京：中国轻工业出版社，2016.

［8］ 孔祥臣．保健食品［M］．武汉：武汉理工大学出版社，2013.

［9］ 曹雪涛．医学免疫学［M］．北京：人民卫生出版社，2013.

［10］ 杜文欣．现代保健食品研发与生产新技术新工艺及注册申报实用手册［M］．北京：
中国科技文化出版社，2005.

［11］ 李钧．保健食品注册技术精讲［M］．北京：中国医药科技出版社，2006.

［12］ 常锋，顾宗珠．功能食品［M］．北京：化学工业出版社，2011.

［13］ 李三强．肝脏损伤与修复分子生物学［M］．北京：科学出版社，2015.

［14］ 秦川．实验动物学［M］．北京：人民卫生出版社，2011.

［15］ 臧茜茜等．辅助降血糖功能食品及其功效成分研究进展［J］，中国食物与营养．
2017，23（7）：55－59.

［16］ 刘永兰，赵喜荣，李燕．高脂血症的危害及其预防对策［J］．中国医学创新，2012，
9（26）：150－151.

［17］ 张莉华，葛文津，夏立营，等．叶黄素对眼的保健作用和临床观察［J］．中国食品添
加剂，2013（5）：61－65.

［18］ 鲍德国．疲劳的概念和分类［J］．全科医学临床与教育，2005，3（3）：135.

［19］ 张力新，张春翠，何峰，等．体脑疲劳交互影响及神经机制研究进展［J］．生物医学
工程学杂志，2015，32（5）：1135－1140.

［20］ 吴文华等．复方霍山石斛含片增强免疫力功能的试验研究［J］．安徽农业科学，
2015，（3）：52－54.

［21］ 赵晶，张印红，董崇山，等．复合配方软胶囊人体抗氧化功能试食效果评价［J］．食
品工业科技，2016，37（11）：342－344，349.

［22］ 陈燕．虾青素人参当归茶软胶囊抗氧化功能与安全性评价［D］．武汉：武汉理工大
学，2016：25－26.

［23］ 黄远英，殷光玲．大豆肽共轭亚油酸复合粉减肥作用研究［J］．食品安全质量检测学
报，2016，7（6）：2529－2532.

［24］黄维，金邦荃，程光宇等．酸枣仁功效成分测定及改善睡眠保健功能的研究［J］．时珍国医国药，2008，（05）：1173－1175.

［25］刘琳，郭艳，向晋龙，曾凡骏．提高缺氧耐受力的红景天保健胶囊的实验评价［J］．食品工业，2011，（5）：6～8.

［26］刘丽等．保肝颗粒对小鼠急性化学性肝损伤的保护作用［J］．中国实验方剂学杂志，2015，21（20）：123－126.